U0156481

AutoCAD 2024 机械制图实例教程

李少坤　黄继刚　主　编
皮　威　李孝元　副主编

清华大学出版社
北京

内 容 简 介

本书从初学者角度出发，通过大量的典型机械零件设计实例，详细地介绍了 AutoCAD 2024 中文版软件的基本功能。本书共分为 12 章，分别介绍了国家标准《机械制图》的基本规定，AutoCAD 2024 入门，二维绘图命令，二维编辑命令，一般图形的绘制方法、技巧与实例，图案填充和块操作，文字与表格，尺寸及公差标注，简单零件工程图设计，齿轮类零件工程图设计，箱体类零件图设计，装配图设计等知识。为方便学习，本书配备了微课视频、习题答案等资源，读者可扫描书中或前言末尾左侧二维码观看或下载；针对老师，本书另赠电子课件、教学大纲等资源，老师可扫描前言末尾右侧二维码获取。

本书主题明确、讲解详细，紧密结合工程实际，实用性强，适合作为高等院校计算机辅助设计课程的教材和零基础 CAD 爱好者自学入门用书。

本书封面贴有清华大学出版社防伪标签，无标签者不得销售。

版权所有，侵权必究。举报：010-62782989，beiqinquan@tup.tsinghua.edu.cn。

图书在版编目(CIP)数据

AutoCAD 2024 机械制图实例教程/李少坤，黄继刚主编. —北京：清华大学出版社，2024.6
ISBN 978-7-302-65309-7

Ⅰ. ①A… Ⅱ. ①李… ②黄… Ⅲ. ①机械制图—AutoCAD 软件—教材 Ⅳ. ①TH126

中国国家版本馆 CIP 数据核字(2024)第 038805 号

责任编辑：桑任松
封面设计：李 坤
责任校对：李玉茹
责任印制：刘 菲
出版发行：清华大学出版社
　　　　　网　　　址：https://www.tup.com.cn, https://www.wqxuetang.com
　　　　　地　　　址：北京清华大学学研大厦 A 座　　　邮　　编：100084
　　　　　社 总 机：010-83470000　　　　　　　　　邮　　购：010-62786544
　　　　　投稿与读者服务：010-62776969, c-service@tup.tsinghua.edu.cn
　　　　　质量反馈：010-62772015, zhiliang@tup.tsinghua.edu.cn
　　　　　课件下载：https://www.tup.com.cn, 010-62791865
印 装 者：三河市少明印务有限公司
经　　销：全国新华书店
开　　本：185mm×260mm　　印　张：20.25　　字　数：487 千字
版　　次：2024 年 6 月第 1 版　　印　次：2024 年 6 月第 1 次印刷
定　　价：59.00 元

产品编号：105145-01

前　　言

党的二十大报告提出要建设现代化产业体系，推进新型工业化，加快建设制造强国。建设创新型国家，建设制造强国，急需高素质、高技术的工科人才。先进成图技术和计算机建模能力，正是这类人才不可或缺的核心技能。本书以 AutoCAD 2024 软件为载体，以典型机械零件的设计为实例，旨在让学生掌握计算机绘图的方法与技巧，全面提高大学生的绘图能力。

目前，市面上关于 AutoCAD 工程制图的教材很多，大部分教材的内容试图囊括 AutoCAD 软件的所有功能，最终导致教材内容宽而不精、重点不突出。不少学生学习 AutoCAD 很长时间后，却似乎感觉还没有入门，不能将它有效地应用到实际的设计工作中。造成这种情况的一个重要原因是：在学习 AutoCAD 时，对于软件功能、命令一知半解，难以灵活应用。有的学生则是过多地注重软件功能，而忽略了实战操作的锻炼和设计经验的积累等。事实上，一本好的 AutoCAD 制图教程，除了要介绍基本的软件功能外，还要结合典型实例和设计经验来介绍应用知识与使用技巧等，并兼顾设计思路和实战性。

本书以 AutoCAD 2024 中文版为软件蓝本，结合大量的典型机械零件设计实例来详细讲解绘图的知识要点，让学生在学习案例的过程中潜移默化地掌握 AutoCAD 2024 的操作技巧，同时培养学生的机械设计实践能力。因此，本书适合机械专业零基础 CAD 学生和有一定基础的工程技术人员使用。本书共分 12 章，各章的主要内容介绍如下。

第 1 章重点讲述了有关《机械制图》国家标准的基本规定。

第 2 章主要介绍了 AutoCAD 2024 绘图软件的基础知识。学生可以了解 AutoCAD 2024 熟悉绘图软件、绘图环境和操作界面，懂得如何设置绘图环境、图层，熟悉文件管理、基本输入操作、辅助绘图工具等，为进行系统学习准备必要的前提知识。

第 3 章主要介绍了 AutoCAD 2024 常用绘图工具的使用方法和操作技巧，具体有点、直线、射线、构造线、多段线、矩形、正多边形、圆、圆弧、椭圆、圆环及样条曲线等。只有熟练掌握本章的内容，才能进行后续课程的学习。

第 4 章主要介绍了对象选择，图形的镜像、偏移、复制和阵列，以及图形的移动、旋转和缩放等各种基本编辑命令，熟练掌握这些命令的操作方法可以快速、准确地进行绘图。

第 5 章主要介绍了使用 AutoCAD 2024 软件绘制一般图形的方法、技巧与实例，主要内容包括绘图的一般步骤，直线图形绘制的方法、技巧与实例，圆弧连接图形绘制的方法、技巧与实例，对称图形绘制的方法、技巧与实例，均布图形绘制的方法、技巧与实例。

第 6 章主要介绍了图案填充和块操作，主要内容包括创建及编辑图案填充、创建和存储块、插入块、创建带有属性的块。

第 7 章主要介绍了的文字和表格，主要内容包括文字样式的设置、创建单行文字、创建多行文字、文字标注的编辑、创建表格样式和表格。

第 8 章主要介绍了尺寸及公差标注，主要内容包括基本尺寸标注、复合尺寸标注、标注样式的设置与管理、尺寸公差与形位公差标注。

第 9 章主要介绍了二维机械制图的基本技巧及简单机械零件平面工程图的绘制思路，主要内容包括螺栓和螺母的二维工程图绘制流程和操作方法、传动轴的工程图设计方法及技巧、轴承零件的工程图绘制方法及技巧。

第 10 章主要介绍了齿轮类零件工程图设计，主要内容包括直齿圆柱齿轮的几何要素及尺寸关系、直齿圆柱齿轮的制图规则、直齿圆柱齿轮和蜗轮的工程图设计方法及技巧。

第 11 章以减速器为例介绍了箱体类零件图设计，主要内容包括减速器箱盖和箱体零件的视图表达方案、箱盖和箱体零件的设计流程及绘图技巧。

第 12 章主要介绍了装配图的内容、装配图的一般绘制过程及方法，并以一级齿轮减速机为实例介绍其绘图的步骤、方法及技巧。

本书由武汉工程科技学院李少坤、南京航空航天大学金城学院黄继刚担任主编，由湖北孝感美珈职业学院皮威担任第一副主编，武汉工程科技学院李孝元担任第二副主编。具体编写分工如下：第 1 章、第 9～12 章由李少坤编写；第 6～8 章由黄继刚编写；第 4、5 章由皮威编写；第 2、3 章由李孝元编写。李少坤负责全书的统稿、定稿工作。

本书由武汉工程科技学院教材建设项目资助。由于笔者知识水平有限，书中不足之处在所难免，恳请广大读者批评、指正，笔者将不胜感激。

编　者

读者资源下载

教师资源服务

目　　录

第 **1** 章

国家标准《机械制图》的基本规定

国家标准对图样中的图纸幅面、比例、字体、图线、尺寸标注等做出了规定，供从事机械行业的各类人员共同遵守，便于交流。本章重点讲述有关《机械制图》国家标准的基本规定，为机械制图标准化打下基础。

本章导读

本章主要介绍《机械制图》国家标准的基本规定，主要内容如下：

- ◎ 图纸幅面及图框格式；
- ◎ 标题栏格式；
- ◎ 绘图比例；
- ◎ 绘图字体的一般规定；
- ◎ 图线型式及应用；
- ◎ 尺寸标注的一般规定。

1.1　图纸幅面及图框格式

1.1.1　图纸幅面

　　图纸幅面是指图纸的大小。绘制工程图样时，应优先采用表 1-1 中规定的基本幅面，基本幅面有 5 种，代号分别为 A0、A1、A2、A3、A4。必要时可以按规定加长图纸的幅面，加长幅面的尺寸由基本幅面的短边成整数倍增加得出。

表 1-1　图纸幅面及图框尺寸

单位：mm

幅面代号		A0	A1	A2	A3	A4
幅面尺寸 $B×L$		841×1189	594×841	420×594	297×420	210×297
图框尺寸	e	20			10	
	c	10			5	
	a	25				

1.1.2　图框格式

　　在图纸上，必须用粗实线画出图框来限定绘图区域，其格式分为留有装订边和不留装订边两种，同一产品的图样只能采用一种格式。留有装订边图纸的图框格式如图 1-1 所示，周边尺寸 a、c 见表 1-1；不留装订边的图纸，其图框线距图纸边界的距离相等，尺寸见表 1-1。

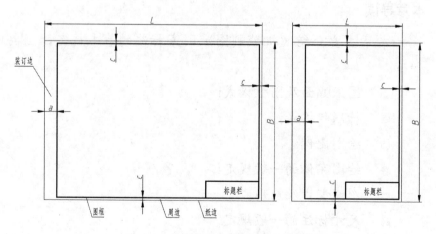

图 1-1　留有装订边图纸的图框格式

1.2　标题栏格式

　　图纸既可以横放也可以竖放。每张图纸上都必须画出标题栏，其位置应处于图框右下角，标题栏中文字方向为看图方向，如图 1-1 所示。其格式和尺寸应符合国家标准《技术制图标题栏》(GB/T 10609.1—2008)的规定，如图 1-2(a)所示。另外，各设计生产单位也常采用自制的简易标题栏，如图 1-2(b)所示。

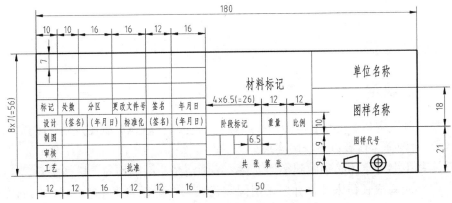

(a) 国家标准规定的标题栏格式

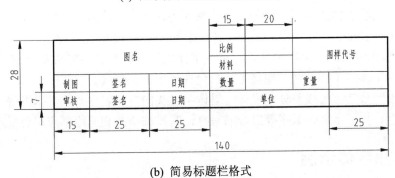

(b) 简易标题栏格式

图 1-2　标题栏格式

1.3　绘制比例

图中图形与其实物对应要素的线性尺寸之比称为绘制比例。比例分为原值比例、放大比例和缩小比例 3 种，绘图时根据需要选用表 1-2 所列的比例。绘制同一机械零部件的各个图形一般应采用相同的比例，并在标题栏的"比例"栏内填写，如"1∶1""2∶1"等。当某个图形需要采用不同的比例时，必须按规定另行标注。

表 1-2　标准比例系列

种　类	优先选用	允许选用
原值比例	$1∶1$	$4∶1$　$2.5∶1$
放大比例	$2∶1$　$5∶1$ $1×10^n∶1$　$2×10^n∶1$　$5×10^n∶1$	$4×10^n∶1$　$2.5×10^n∶1$
缩小比例	$1∶2$　$1∶5$　$1∶1×10^n$ $1∶2×10^n$　$1∶5×10^n$	$1∶1.5$　$1∶2.5$　$1∶3$　$1∶4$　$1∶6$ $1∶1.5×10^n$　$1∶2.5×10^n$　$1∶3×10^n$ $1∶4×10^n$　$1∶6×10^n$

注：n 为正整数。

为了使图形更好地反映机械零部件实际大小，绘图时应尽量采用 1∶1 的比例。不宜采用 1∶1 的比例时，可选用放大或缩小的比例。无论采用何种比例绘图，图上所注尺寸一律按零部件的实际大小标注。

1.4 绘图字体

1.4.1 一般规定

按《技术制图字体》(GB/T 14691—1993)、《机械工程 CAD 制图规则》(GB/T 14665—2012)规定，对图样字体有以下一般要求。

(1) 图样中书写字体必须做到字体工整、笔画清楚、间隔均匀、排列整齐。

(2) 汉字应写成长仿宋体，并应采用国家正式公布推行的简化字。汉字的高度不应小于 3.5mm，其字宽一般为 $h/\sqrt{2}$ (h 表示字高)。

(3) 字号，即字体的高度，其公称尺寸系列为 1.8mm、2.5mm、3.5mm、5mm、7mm、10mm、14mm、20mm。如需书写更大的字，其字高应按 $\sqrt{2}$ 的比率递增。

(4) 字母和数字分为 A 型和 B 型。A 型字体的笔画宽度 d 为字高 h 的 1/14；B 型字体的笔画宽度为字高的 1/10。同一图样上，只允许使用一种型式。

(5) 字母和数字可写成斜体或直体。斜体字字头向右倾斜，与水平基准线成 75°。

(6) 汉字、拉丁字母、数字等组合书写时，其排列格式和间距都应符合标准规定。

1.4.2 常用字体示例

(1) 汉字，如图 1-3 所示。

字体工整 笔画清楚 间隔均匀 排列整齐
10 号字

横平竖直 注意起落 结构均匀 填满方格
7 号字

技术制图 机械电子 汽车航空 船舶土木 建筑矿山 井坑港口 纺织服装
5 号字

螺纹齿轮 端子接线 飞行指导 驾驶舱位 挖填施工 饮水通风 闸阀闸坝 棉麻化纤
3.5 号字

图 1-3 不同字号的长仿宋体汉字示例

(2) 阿拉伯数字，如图 1-4 所示。

(3) 拉丁字母，如图 1-5 所示。

0123456789
斜体

0123456789
直体

图 1-4 阿拉伯数字示例

ABCDEFGHIJKLMNOP
A 型大写斜体

abcdefghijklmnop
A 型小写斜体

ABCDEFGHIJKLMNOP
B 型大写斜体

图 1-5 拉丁字母示例

1.5 图线型式及应用

图线的相关使用规则在《技术制图图线》(GB/T 17450—1998)、《机械制图》(GB/T 4457.4—2002)中做了详细的规定，下面进行简要介绍。

1.5.1 图线宽度

国标规定了各种图线的名称、型式、宽度以及在图上的一般使用规范，如表 1-3 及图 1-6 所示。图线分粗、细两种，粗线的宽度 b 应按图的大小和复杂程度在 0.5～2mm 选择。图线宽度的推荐系列为 0.18mm、0.25mm、0.35mm、0.5mm、0.7mm、1mm、1.4mm、2mm。

表 1-3 机械图样中的常用图线

图线名称	图线型式	图线宽度	应用举例
粗实线		b	可见轮廓线、可见过渡线、移出断面轮廓线
细实线		约 $b/2$	尺寸线、尺寸界线、剖面线、重合断面的轮廓线、引出线、可见过渡线、牙底线、齿根线等
细点画线		约 $b/2$	轴线、对称中心线、齿轮节线等
粗点画线		b	有特殊要求的线或表面的表示线
细虚线		约 $b/2$	不可见轮廓线、不可见过渡线
波浪线		约 $b/2$	断裂处的边界线、视图和剖视图的分界线
双折线		约 $b/2$	断裂处的边界线
细双点画线		约 $b/2$	相邻辅助零件的轮廓线、极限位置的轮廓线、假想投影轮廓线、中心线

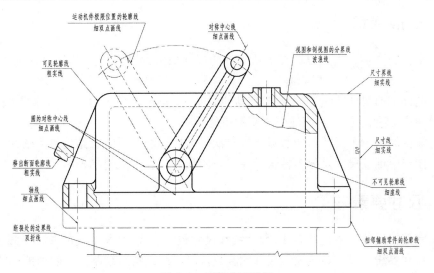

图 1-6 图线应用示例

1.5.2　图线画法

(1)　在同一图样中，同类图线的宽度应基本一致。同一条虚线、点画线和双点画线中的点、长画和短间隔的长度应各自相等。

(2)　点画线和双点画线的首尾两端应是长画，而不是点。画圆的对称中心线(细点画线)时，点画线两端应超出圆弧或相应图形 2～5mm，圆心应为长画的交点，如图 1-7 所示。

(3)　在较小的图形上画点画线或双点画线有困难时，可用细实线代替。

(4)　当图线相交时，应是线段相交。当虚线在粗实线的延长线上时，在虚线和粗实线的分界点处应留出空隙，如图 1-8 所示。

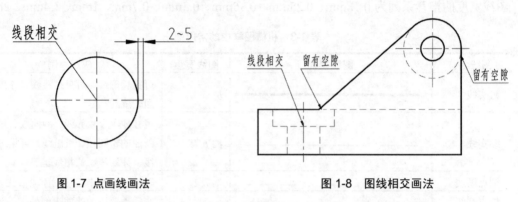

图 1-7　点画线画法　　　　　　　　　图 1-8　图线相交画法

(5)　由于图纸复制中所存在的困难，应尽量避免采用 0.18mm 线宽的图线。

1.6　尺寸标注

在图样中，除需表达零件的结构形状外，还需标注尺寸以确定零件的大小。《机械制图　尺寸注法》(GB 4458.4—2003)中对尺寸标注的基本方法做了一系列规定，必须严格遵守。

1.6.1　一般规定

(1)　零件的真实大小应以图样上所标注的尺寸数值为准，与图形的大小及绘图的准确度无关。

(2)　图样中的尺寸(包括技术要求和其他说明)以 mm 为单位时，无须标注单位符号(或名称)，若采用其他单位，则应注明相应的单位符号。

(3)　零件的每一个尺寸，一般只标注一次，并应标注在反映该结构最清晰的视图上。

(4)　图样中标注尺寸是该零件最后完工时的尺寸，否则应另加说明。

1.6.2　尺寸要素

一个完整的尺寸应由尺寸界线、尺寸线和尺寸数字组成，其相互间的关系如图 1-9 所示。

(1)　尺寸界线。尺寸界线表示尺寸的度量范围，用细实线绘制。一般由图形的轮廓线、轴线、对称中心线引出，也可用轮廓线、轴线、对称中心线作为尺寸界线。尺寸界线应超出尺寸线 2～5mm，如图 1-9 所示。尺寸界线一般与尺寸线垂直，在光滑过渡处标注尺寸时，必须用细实线将轮廓线延长，从它们的交点处引出尺寸界线，如图 1-10 所示。

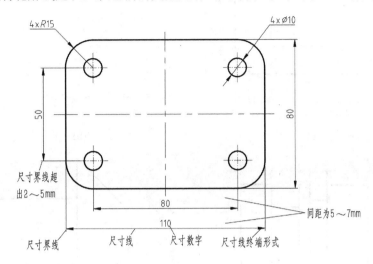

图 1-9　尺寸要素

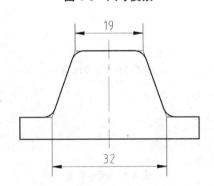

图 1-10　光滑过渡处尺寸标注

(2) 尺寸线。尺寸线表示尺寸的度量方向，用细实线绘制，终端一般有两种形式：箭头或斜线，机械图样中一般采用箭头。

画尺寸线时应注意：尺寸线必须单独画出，不允许与其他任何图线重合或画在其他任何图线延长线上，也不能用其他图线代替，尽量避免尺寸线与尺寸界线相交，如图 1-11(a)所示；标注角度尺寸时，尺寸线为圆弧，圆心为角顶点，如图 1-11(b)和图 1-11 (d)所示；同一张图纸中，只采用一种终端形式，只有在狭小部位允许用圆点或斜线代替，如图 1-11 (c)所示。

(3) 尺寸数字。

① 位置：一般写在尺寸线上方或中断处(同一张图纸中用一种形式)，特殊情况下可标注在尺寸线延长线上或引出标注。

② 字头方向：水平尺寸数字朝上，垂直尺寸数字朝左，倾斜时尺寸数字垂直于尺寸线且字头趋于向上。避免在30°的角度范围内注写尺寸数字，如图 1-11 (b)所示，若不可避免，则引出标注，角度数字一律水平注写，且写在尺寸线中断处，如图 1-11(b)和图 1-11(d)所示。

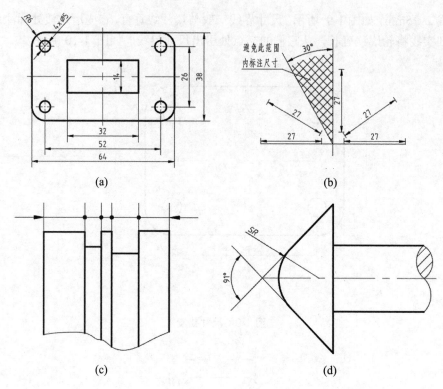

图 1-11　尺寸标注

1.6.3　尺寸符号

表 1-4 所示为不同类型的尺寸符号。

表 1-4　尺寸符号

符　号	含　义	输入方式
$\varnothing$	直径	字体：gdt，输入字符：n 或%%c
R	半径	字体：仿宋，输入字符：R
S	球面	字体：仿宋，输入字符：S
EQS	均匀分布	字体：仿宋，输入字符：EQS
C	45°倒角	字体：仿宋，输入字符：C
t	厚度	字体：仿宋，输入字符：t
□	正方形	字体：gdt，输入字符：o
∠	斜度	字体：gdt，输入字符：a
∨	埋头孔	字体：gdt，输入字符：w
⊔	沉孔	字体：gdt，输入字符：v
▼	深度	字体：gdt，输入字符：x
▷	锥度	字体：gdt，输入字符：y
±	正负号	字体：gdt，输入字符：%%p

1.6.4　尺寸标注示例

常用的尺寸标注示例如表 1-5 所示。

表 1-5　尺寸标注示例

分　类	示　例	说　明
线性尺寸标注		尺寸线必须与所标注的线段平行，在几条相邻且平行的尺寸线中，大尺寸线在外，小尺寸线在内，且尺寸线间距离相等(5～7mm)，同一方向上的尺寸线应尽量在一条直线上
圆及圆弧尺寸标注		圆和大于半圆的圆弧标注直径ϕ，尺寸线通过圆心；小于和等于半圆的圆弧尺寸标注半径R
角度和弧长尺寸标注		角度的尺寸界线沿径向引出，尺寸线画成圆弧，其圆心是角顶，角度数字一律水平注写。标注弧长尺寸时，尺寸界线平行于弦的垂直平分线，尺寸线画成圆弧，并在相应的尺寸数字左方加注符号"⌒"
斜度和锥度尺寸标注		斜度和锥度采用引出标注，斜度符号"∠"的斜边方向应与斜度方向一致，锥度符号"▷"的方向应与圆锥方向一致
对称零件尺寸标注		对称机件的图形只画一半或略大于一半时，尺寸线应略超出对称中心线或断裂处的边界，且仅在尺寸线一端画箭头

1.7　本章小结

本章主要介绍了国家标准《机械制图》(GB/T 4457.4—2002)及其基本内容，具体包括图纸的幅面、图框格式和标题栏，国标中推荐的绘图比例、字体的一般规定、图线的类型及应用、尺寸标注的一般规定等。本章作为本书开篇的主要目的是希望每一位工程技术人员都树立标准化的概念，自觉贯彻执行国家标准。

1.8 思考与练习

(1) 标注图 1-12 所示的尺寸。

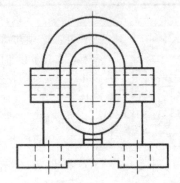
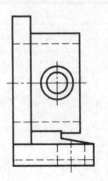

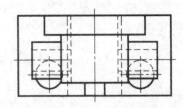

图 1-12 标注尺寸

(2) 补画图 1-13 所示剖视图中缺漏的线条。

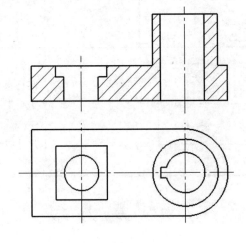

图 1-13 补画线条

第 2 章

AutoCAD 2024 入门

本章学习 AutoCAD 2024 绘图软件的基础知识。了解 AutoCAD 2024 绘图软件、绘图环境和操作界面，懂得如何设置绘图环境、图层，熟悉文件管理、基本输入操作、辅助绘图工具等，是进行系统学习准备必要的前提知识。

本章导读

本章主要内容如下：

◎ AutoCAD 2024 操作界面；

◎ AutoCAD 2024 绘图环境设置；

◎ 文件的新建、保存、打开；

◎ 基本输入操作；

◎ 新建图层及图层管理；

◎ 绘图中常用的辅助工具。

2.1 操作界面

AutoCAD 2024 软件安装

AutoCAD 2024 操作界面是软件显示、编辑图形的区域，完整的 AutoCAD 2024 操作界面如图 2-1 所示，包括标题栏、快速访问工具栏、导航栏、菜单栏、功能区、绘图区、十字光标、坐标系、命令行窗口、布局标签、状态栏等。

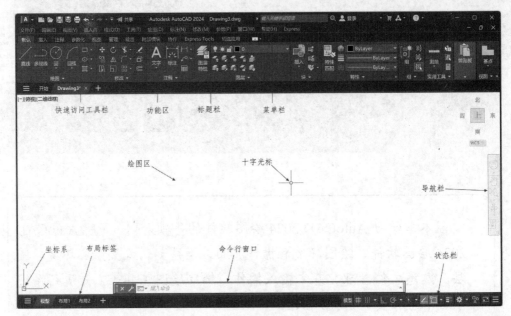

图 2-1　AutoCAD 2024 中文版操作界面

1. 标题栏

标题栏位于 AutoCAD 2024 中文版操作界面的最上端。在标题栏中，显示了当前软件的版本(AutoCAD 2024)和用户正在使用的图形文件名称。

软件界面的介绍

2. 菜单栏

在标题栏的下方是菜单栏，菜单采用下拉列表形式。AutoCAD 2024 的菜单栏中包含 13 个菜单项，这些菜单项几乎包含了 AutoCAD 的所有绘图命令，后面的章节将对这些绘图命令做详细讲解。

3. 功能区

功能区代替了低版本 AutoCAD 软件中众多的工具栏，它以面板的形式将各工具按钮分门别类地集合在选项卡内，如图 2-1 所示。用户在调用工具时，只需在功能区中展开相应选项卡，然后在所需面板上单击所需工具按钮即可。由于在使用功能区时无须显示 AutoCAD 的工具栏，因此应用程序窗口变得简洁而有序。用户单击功能区选项板后面的 按钮，可以控制功能的展开与收缩。选择菜单栏中的"工具"→"选项板"→"功能区"命令，可以打开或关闭功能区。

4. 绘图区

绘图区位于操作界面的正中央，是用户的工作区域。图形的设计与修改工作就是在此区域内进行的。默认状态下绘图区是一个无限大的电子屏幕，无论尺寸多大或多小的图形，都可以在绘图区中绘制和灵活显示。

在绘图区中有一个十字光标，由十字架和靶区组成，主要用于对象的选择。在不同状态下光标的形状也不同，如图 2-2 所示。

空闲状态(等待)　　　绘图状态　　　编辑状态(选择对象)

图 2-2　不同状态的十字光标

(1) 修改绘图区十字光标的大小。

选择菜单栏中的"工具"→"选项"命令，打开"选项"对话框。切换到"显示"选项卡，在"十字光标大小"文本框中直接输入数值，或拖动文本框后面的滑块，即可对十字光标的大小进行调整，如图 2-3 所示。

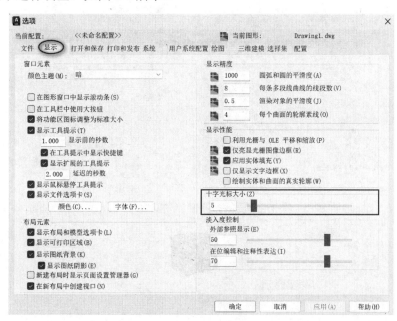

图 2-3　在"显示"选项卡中修改十字光标大小

(2) 修改绘图区的颜色。

在默认情况下，AutoCAD 绘图区的背景为黑色，线条为白色，用户可以根据自己的习惯修改绘图区颜色。修改绘图区颜色的方法如下。

选择菜单栏中的"工具"→"选项"命令，打开"选项"对话框，切换到"显示"选项卡，再单击"窗口元素"选项组中的"颜色"按钮，如图 2-4 所示，打开如图 2-5 所示的"图形窗口颜色"对话框。

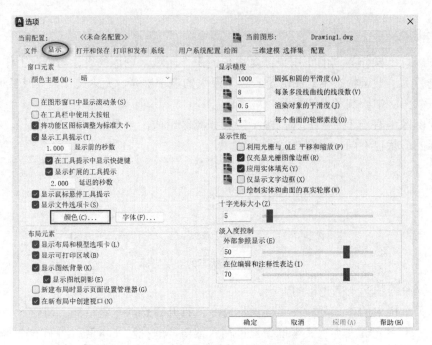

图 2-4 在"显示"选项卡中修改绘图区颜色

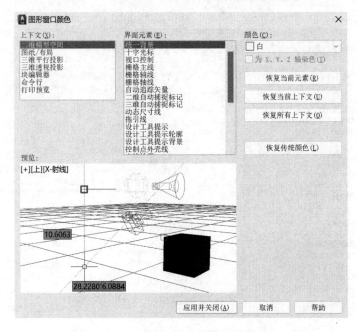

图 2-5 "图形窗口颜色"对话框

在"颜色"下拉列表框中选择需要的窗口颜色，然后单击"应用并关闭"按钮，此时 AutoCAD 的绘图区就变换了背景色。通常按视觉习惯选择白色为窗口颜色。

5. 坐标系

坐标系位于绘图区的左下角，为点的坐标确定一个参照系。根据工作需要，用户可以选择将其关闭。方法是选择菜单栏中的"视图"→"显示"→"UCS 图标"→"开"命令。

6. 命令行窗口

命令行窗口是输入命令和显示命令提示的区域，默认命令行窗口布置在绘图区下方，由若干文本行构成。

7. 布局标签

AutoCAD 2024 系统默认设定一个"模型"空间，以及"布局 1"和"布局 2"两个图样空间布局标签。

(1) 布局。布局是系统为绘图设置的一种环境，包括图样大小、尺寸单位、角度设定、数值精确度等，在系统预设的 3 个标签中，这些环境变量都按默认设置。

(2) 模型。AutoCAD 的空间分为模型空间和图样空间两种。模型空间是绘图的环境；而在图样空间中，用户可以创建一个名为"浮动视口"的区域，来以不同视图显示所绘图形。

8. 状态栏

状态栏在屏幕的底部，如图 2-1 所示，状态栏中包含 30 个功能按钮，默认情况下不会显示所有功能按钮。单击部分开关按钮，可以实现其功能的开与关，下面对部分常用按钮做简单介绍。

(1) 坐标：显示工作区鼠标放置点的坐标。

(2) 栅格：栅格是由覆盖整个用户坐标系(UCS)XY 平面的直线或点组成的矩形图案。栅格类似于在图形下放置一张坐标纸，利用栅格可以对齐对象并直观显示对象之间的距离。

(3) 捕捉模式：对象捕捉对于在对象上指定精确位置非常重要。无论何时提示输入点，都可以指定对象捕捉。系统默认情况下，当光标移动到对象的捕捉位置时，系统将显示标记和工具提示。

(4) 正交模式：将光标限制在水平或垂直方向上移动，便于精确地创建和修改对象。当创建或移动对象时，可以使用正交模式将光标限制在相对于用户坐标系(UCS)的水平或垂直方向上。

(5) 对象捕捉追踪：使用对象捕捉追踪，可以沿着基于对象捕捉点的对齐路径进行追踪。已获取的点将显示一个小加号(+)，一次最多可以获取 7 个追踪点。获取追踪点之后，在绘图路径上移动光标，将显示相对于获取点的水平、垂直或极轴对齐路径。

(6) 线宽：显示对象所在图层设置的线宽。

2.2　配置绘图环境

一般来讲，使用 AutoCAD 2024 的默认配置就可以绘图，但对于习惯了 AutoCAD 经典界面的老用户而言，则不太适应新版软件的界面风格。本节主要学习绘图界面、绘图单位的设置方法。

界面设置

2.2.1　设置绘图界面

下面介绍如何将 AutoCAD 2024 默认的操作界面设置成经典的 AutoCAD 界面。

1. 关闭功能区

关闭功能区的方式如下。

◎ 选择菜单栏中的"工具"→"选项板"→"功能区"命令。

◎ 在功能区的选项卡中右键单击鼠标，弹出如图 2-6 所示的快捷菜单，选择"关闭"命令即可关闭功能区。

图 2-6　关闭功能区

2. 打开工具条

打开工具条的方式如下。

选择菜单栏中的"工具"→"工具栏"→AutoCAD 命令，然后在弹出的子菜单中勾选"标准""绘图""修改""标注""图层""图层Ⅱ""工作空间""特性"等工具条即可，如图 2-7 所示。

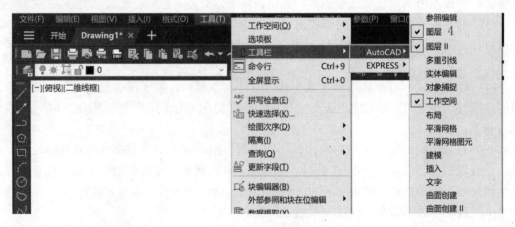

图 2-7　打开工具条

3. 拖动并摆放工具条

根据 AutoCAD 经典界面以及个人绘图习惯，可以拖动并随意摆放工具条的位置，界面显示如图 2-8 所示。

4. 保存设置

单击"工作空间"工具条中"草图与注释"旁的下三角按钮，在弹出的下拉菜单中选择"将当前工作空间另存为…"命令，如图 2-9 所示。在弹出的"保存工作空间"对话框中输入"经典界面"，如图 2-10 所示。

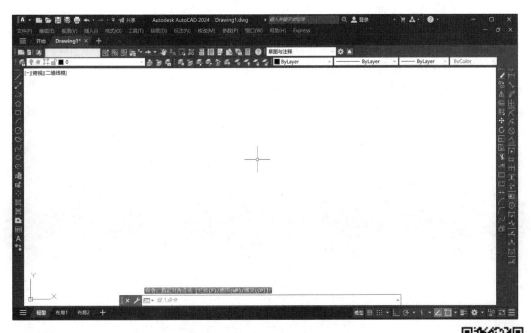

图 2-8　AutoCAD 经典界面

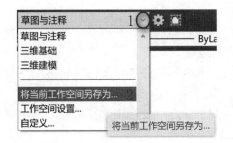

图 2-9　另存为工作空间

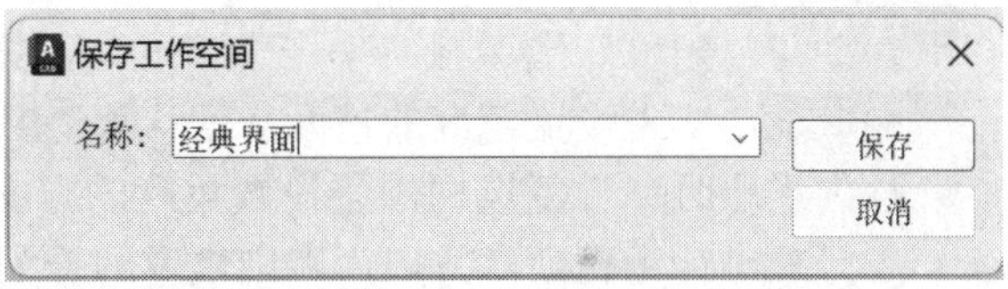

图 2-10　保存设置

设置经典界面

此时，单击状态栏中的"切换工作空间"按钮 ，可看到在弹出的下拉菜单中新增"经典界面"命令，如图 2-11 所示。

2.2.2　设置绘图单位

在 AutoCAD 2024 中，"单位"命令主要用于设置长度单位、角度单位、角度方向及各自的精度等参数。可以通过以下几种方式执行此命令。

◎　选择菜单栏中的"格式"→"单位"命令。

◎　在命令行中输入 units 后按 Enter 键。

◎　按 U+N 组合键。

图 2-11　新增"经典界面"命令

执行"单位"命令后，可打开如图 2-12 所示的"图形单位"对话框，在此对话框中可以进行以下参数设置。

◎ 在"长度"选项组中单击"类型"下拉列表框右侧的按钮，展开"类型"下拉列表，从中设置长度的类型，默认为"小数"。

◎ 在"长度"选项组中单击"精度"下拉列表框右侧的按钮，展开"精度"下拉列表，从中设置长度的精度。

图 2-12 "图形单位"对话框

◎ 在"角度"选项组中单击"类型"下拉列表框右侧的按钮，展开"类型"下拉列表，从中设置角度的类型，默认为"十进制度数"。

◎ 在"角度"选项组中单击"精度"下拉列表框右侧的按钮，展开"精度"下拉列表，从中设置角度的精度，默认为"0"，用户可以根据需要进行设置。

◎ "顺时针"复选框用于设置角度的方向，如果勾选该复选框，在绘图过程中就以顺时针为正角度方向，否则以逆时针为正角度方向。

◎ "插入时的缩放单位"选项组用于设置缩放插入内容的单位，默认为"毫米"。

2.3 文件管理

1. 新建图形文件

在系统默认设置下，"新建"命令主要用于将预置样板文件作为基础样板，新建空白的绘图文件。可以通过以下几种方式执行"新建"命令。

文件管理

◎ 单击快速访问工具栏中的"新建"按钮。

◎ 选择菜单栏中的"文件"→"新建"命令。

◎ 在命令行中输入 New 后按 Enter 键。

◎ 单击"标准"工具栏中的"新建"按钮。

◎ 按 Ctrl+N 组合键。

执行"新建"命令后，打开图 2-13 所示的"选择样板"对话框。在此对话框中，选择 acadISO-Named Plot Styles.dwt 或 acadiso.dwt 样板文件后单击"打开"按钮，即可创建一个公制单位的空白文件，进入 AutoCAD 默认设置的二维操作界面。

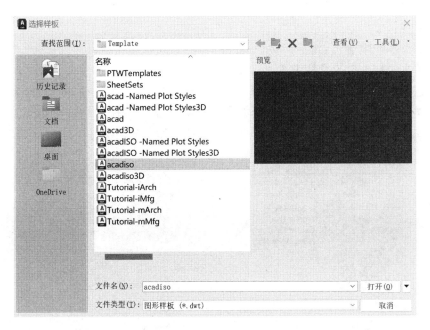

图 2-13 "选择样板"对话框

如果用户需要创建一个三维操作空间的公制单位绘图文件，则可以执行"新建"命令，在打开的"选择样板"对话框中，选择 acadISO-Named Plot Styles3D.dwt 或 acadiso3D.dwt 样板文件后单击"打开"按钮，即可创建三维绘图文件，进入三维操作空间。

2. 保存与另存文件

"保存"命令用于将绘制的图形以文件的形式进行存盘，存盘的目的就是方便以后查看、使用或编辑等。可以通过以下几种方式执行"保存"命令。

◎ 单击快速访问工具栏中的"保存"按钮📗。

◎ 选择菜单栏中的"文件"→"保存"命令。

◎ 在命令行中输入 Save 后按 Enter 键。

◎ 单击"标准"工具栏中的"保存"按钮📗。

◎ 按 Ctrl+S 组合键。

执行"保存"命令后，可打开如图 2-14 所示的"图形另存为"对话框，在此对话框内设置存盘路径、文件名和文件格式后，单击"保存"按钮，即可将当前图形文件存盘。

当用户在已存盘的图形文件基础上进行了其他修改工作，又不想将原来的图形文件覆盖时，可以使用"另存为"命令，将修改后的图形以不同的路径或不同的文件名进行存盘。执行"另存为"命令主要有以下几种方式。

◎ 选择菜单栏中的"文件"→"另存为"命令。

◎ 按 Ctrl+Shift+S 组合键。

3. 打开文件

当用户需要查看、使用或编辑已经存盘的图形文件时，可以使用"打开"命令，将此图形文件打开。可以通过以下几种方式执行"打开"命令。

◎ 单击快速访问工具栏中的"打开"按钮📂。

◎ 选择菜单栏中的"文件"→"打开"命令。

◎ 在命令行中输入 Open 后按 Enter 键。

◎ 单击"标准"工具栏中的"打开"按钮 。

◎ 按 Ctrl+O 组合键。

执行"打开"命令后，系统将打开如图 2-15 所示的"选择文件"对话框。在此对话框中选择需要打开的图形文件，再单击"打开"按钮，即可将此文件打开。

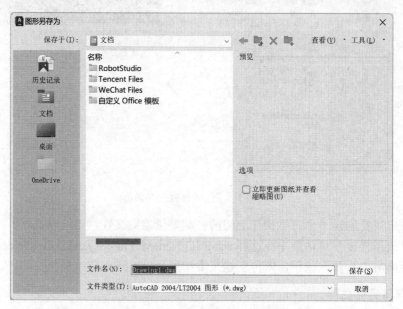

图 2-14 "图形另存为"对话框

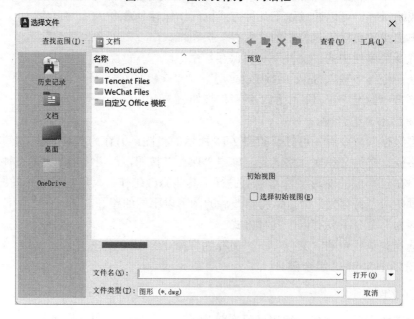

图 2-15 "选择文件"对话框

4．清理垃圾文件

为了节约文件的存储空间，可以使用"清理"命令，将文件内部的一些无用的垃圾资源(如图层、样式、图块等)清理掉。可以通过以下几种方式执行"清理"命令。

◎ 选择菜单栏中的"文件"→"图形实用程序"→"清理"命令。

◎ 在命令行中输入 Purge 后按 Enter 键。

◎ 按快捷键 PU。

执行"清理"命令后，系统可打开如图 2-16 所示的"清理"对话框。在此对话框中，带有"+"号的选项表示该选项内含有未使用的垃圾项目，单击该选项将其展开，即可选择需要清理的项目。如果用户需要清理文件中所有未使用的垃圾项目，可以单击该对话框底部的"全部清理"按钮。

图 2-16 "清理"对话框

2.4 基本输入操作

鼠标及键盘操作

2.4.1 命令输入方式

AutoCAD 中有多种命令输入方式，下面以画直线为例介绍命令输入方式。

◎ 在命令行中输入命令名。命令字符可不区分大小写，如命令"LINE"。执行命令时，在命令行提示中经常会出现命令选项。在命令行中输入绘制直线命令"LINE"后，命令行中的提示如下。

```
命令：LINE✓
指定第一个点：在绘图区指定一点或输入一个点的坐标
指定下一点或 [放弃(U)]：
```

命令行中不带括号的提示为默认选项(如上面的"指定下一点或")，因此可以直接输入直线段的起点坐标或在绘图区指定一点，如果要选择其他选项，则应该首先输入该选项的标识字符，如"放弃"选项的标识字符"U"，然后按系统提示输入数据即可。在命令选项的后面有时还带有尖括号，尖括号内的数值为默认数值。

◎ 在命令行中输入命令缩写字，如 L(Line)。

◎ 选择"绘图"菜单栏中对应的命令，在命令行窗口中可以看到对应的命令说明及命令名。

◎ 单击"绘图"工具栏中对应的按钮，命令行窗口中也可以看到对应的命令说明及命令名。

◎ 在绘图区右击。如果用户要重复使用上次使用的命令，可以直接在绘图区右击，则系统立即重复执行上次使用的命令，这种方法适用于需要重复执行某个命令的操作。

2.4.2 命令的重复、撤销、重做

1. 命令的重复

可以通过以下几种方式重复命令。

◎ 按 Enter 键可重复调用上一个命令，不管上一个命令是完成了还是被取消了。

◎ 按空格键可重复调用上一个命令。

2. 命令的撤销

可以通过以下几种方式撤销命令。

◎ 在命令行中输入 UNDO 后按 Enter 键。

◎ 选择菜单栏中的"编辑"→"放弃"命令。

◎ 单击"标准"工具栏中的"放弃"按钮 。

◎ 单击快速访问工具栏中的"放弃"按钮 。

◎ 按 Esc 键。

3. 命令的重做

已被撤销的命令如果要恢复，可以使用重做命令。重做命令只能恢复最近一次被撤销的命令。可以通过以下几种方式执行重做命令。

◎ 在命令行中输入 REDO 后按 Enter 键。

◎ 选择菜单栏中的"编辑"→"重做"命令。

◎ 单击"标准"工具栏中的"重做"按钮 。

◎ 单击快速访问工具栏中的"重做"按钮 。

◎ 按 Ctrl+Y 组合键。

2.5 图层设置

AutoCAD 2024 提供了图层工具，对每个图层规定其颜色和线型，可以把具有相同特征的图形对象放在同一图层上绘制，这样绘图时不用分别设置对象的线型和颜色，不仅方便绘图，而且保存图形时只需存储其几何数据和所在图层即可，因而既节省了存储空间，又可以提高工作效率。

2.5.1　新建图层

新建的 AutoCAD 文档中自动创建一个不能删除和重命名的名为 0 的特殊图层。默认情况下，图层 0 将被指定使用 7 号颜色、Continuous 线型、默认线宽以及 NORMAL 打印样式。通过创建新的图层，可以将类型相似的对象指定给同一个图层使其相关联。例如，可以将线条、文字、标注、图框以及标题栏置于不同的图层上，并为这些图层指定通用特性。通过将对象分类放到各自的图层中，可以快速、有效地控制对象的显示以及对其进行更改。

在图 2-17 所示的"图层特性管理器"对话框中，可以进行新建图层操作，可以通过以下方式打开"图层特性管理器"对话框。

◎　在命令行中输入 LAYER 后按 Enter 键。

◎　选择菜单栏中的"格式"→"图层"命令。

◎　单击"图层"工具栏中的"图层特性管理器"按钮🔲。

◎　单击"默认"选项卡"图层"面板中的"图层特性"按钮🔲。

◎　单击"视图"选项卡"选项板"面板中的"图层特性"按钮🔲。

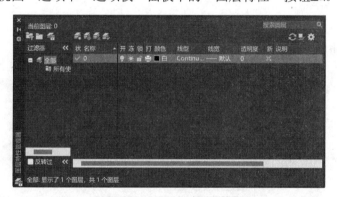

图 2-17　"图层特性管理器"对话框

单击"图层特性管理器"对话框中的"新建图层"按钮🔲，建立新图层，默认的图层名为"图层 1"。可以根据绘图需要更改图层名，如改为实体层、中心线层或标准层等。

在每个图层属性设置中，包括"状态""图层名称""关闭/打开图层""冻结/解冻图层""打印/不打印图层""锁定/解锁图层""图层线条颜色""图层线条线型""图层线条宽度""图层打印样式""透明度""新视口冻结/解冻"及"说明"13 个参数。下面讲述其中部分图层参数的设置方法。

1. 设置图层线条颜色

一张工程图包含多种不同功能的图形对象，如实体、剖面线与尺寸标注等，为了便于直观区分它们，有必要针对不同的图形对象使用不同的颜色，如实体层使用白色，剖面线层使用绿色等。

2. 设置图层线型

单击图层所对应的线型图标，弹出"选择线型"对话框，如图 2-18 所示。默认情况下，在"已加载的线型"列表框中，系统中只添加了 Continuous 线型。单击"加载"按钮，打开"加载或重载线型"对话框，如图 2-19 所示，可以看到 AutoCAD 还提供了许多其他线型，选择所需线型后，单击"确定"按钮，即可把该线型加载到"已加载的线型"列表框中，也可以按住 Ctrl 键选择几种线型同时加载。

图 2-18 "选择线型"对话框   图 2-19 "加载或重载线型"对话框

3. 设置图层线宽

单击图层所对应的线宽图标，弹出"线宽"对话框，如图 2-20 所示。选择所需线宽，单击"确定"按钮即可完成对图层线宽的设置。

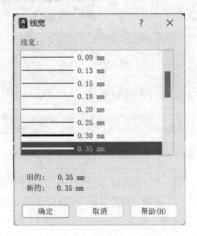

图 2-20 "线宽"对话框

2.5.2 图层管理

1. 切换图层

图层管理

在"图层特性管理器"对话框中选中某一图层后，单击"置为当前"按钮，便可将该层设置为当前层，这样用户便可在该层上绘制和编辑图形了。

用户在实际绘图时，有时为了便于操作，需要在各个图层之间进行切换。切换图层有以下 3 种方法。

◎ 在命令行中输入 CLAYER 后按 Enter 键。

◎ 单击"图层"工具栏中的"图层控制"下拉按钮，在弹出的下拉列表中选择所需的图层即可，如图 2-21 所示。

图 2-21　"图层控制"下拉列表框

◎　在"图层特性管理器"对话框的图层列表中选中图层，使其高亮显示，然后单击"置为当前"按钮。

2. 过滤图层

图层过滤功能用于控制在图层列表中显示符合过滤条件的图层，还可用于同时对多个图层进行修改。当图形文件包含多个图层时，用过滤器对图形进行过滤能极大地方便用户的操作。过滤图层可以通过"图层过滤器特性"对话框过滤，也可以通过"新组过滤器"过滤。

(1)　使用"图层过滤器特性"对话框过滤图层。

单击"图层特性管理器"对话框中的"新特性过滤器"按钮，打开"图层过滤器特性"对话框来命名图层过滤器，如图 2-22 所示。

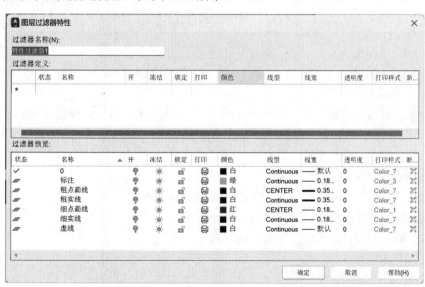

图 2-22　"图层过滤器特性"对话框

在此对话框中的"过滤器名称"文本框中可以输入过滤器名称，但不允许使用<、>、/等字符。在"过滤器定义"列表框中可设置过滤条件，如图层名称、状态和颜色等。

(2)　使用"新组过滤器"过滤图层。

单击"图层特性管理器"对话框中的"新组过滤器"按钮，就会在"图层特性管理器"对话框左侧的过滤器列表中添加一个新的"组过滤器 1"(也可以重命名组过滤器)。单击"所有使用的图层"节点或者其他过滤器，显示对应的图层信息后，用户把需要分组过滤的图层拖到"组过滤器 1"中即可，如图 2-23 所示。

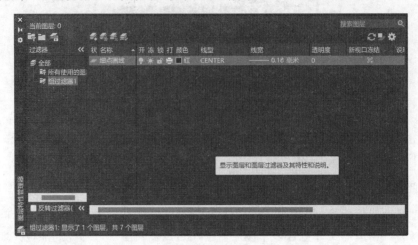

图 2-23　使用"新组过滤器"过滤图层

2.6　辅助绘图工具

辅助绘图工具是指能够快速、准确地定位某些特殊点(如端点、中点、圆心等)和特殊位置(如水平位置、垂直位置)的工具，包括"正交模式""栅格""对象捕捉"等。

辅助绘图工具

2.6.1　正交模式

在 AutoCAD 绘图过程中，经常需要绘制水平直线和垂直直线，但是用光标控制选择线段的端点时很难保证两个点严格在一条水平或垂直线上，为此，AutoCAD 提供了正交功能。当启用正交模式时，画线或移动对象时只能沿水平方向或垂直方向移动光标，也只能绘制平行于坐标轴的正交线段。

可以通过以下几种方式开启正交模式。

◎　在命令行中输入 ORTHO 后按 Enter 键。

◎　单击状态栏中的"正交模式"按钮 。

◎　按 F8 键。

命令行提示与操作如下。

```
命令：ORTHO✓
输入模式 [开(ON)/关(OFF)] <开>：设置开或关
```

2.6.2　栅格

用户可以应用栅格工具使绘图区显示网格，本小节介绍控制栅格显示及设置栅格参数的方法。

选择菜单栏中的"工具"→"绘图设置"命令，打开"草图设置"对话框，选择"捕捉和栅格”选项卡，如图 2-24 所示。

图 2-24　"草图设置"对话框

其中，"启用栅格"复选框用于控制是否在绘图界面中显示栅格；"栅格 X 轴间距"和"栅格 Y 轴间距"文本框用于设置栅格在水平方向与垂直方向的间距。如果"栅格 X 轴间距"和"栅格 Y 轴间距"设置为 0，则 AutoCAD 系统会自动采用捕捉栅格的间距作为栅格间距，且其原点和角度总是与捕捉栅格的原点和角度相同。另外，还可以执行 Grid 命令，在命令行设置栅格间距。

2.6.3　对象捕捉

AutoCAD 2024 为所有的图形对象都定义了特征点，对象捕捉则是指在绘图过程中，通过捕捉这些特征点，迅速、准确地将新的图形对象定位在现有对象的确切位置上，如圆的圆心、线段中点或两个对象的交点等。在 AutoCAD 2024 中可以通过单击状态栏中的"对象捕捉"按钮，或在"草图设置"对话框的"对象捕捉"选项卡中选中"启用对象捕捉"复选框，来启用对象捕捉功能。在绘图过程中，对象捕捉功能的调用可以通过以下方式来完成。

◎　使用"对象捕捉"工具栏。在绘图过程中，当系统提示需要指定点位置时，可以单击"对象捕捉"工具栏(见图 2-25)中相应的特征点按钮，再把光标移动到要捕捉对象上的特征点附近，AutoCAD 会自动提示并捕捉这些特征点。例如，如果需要用直线连接一系列圆的圆心，可以选择"圆心"特征点执行对象捕捉。如果有两个可能的捕捉点落在选择区域，则 AutoCAD 2024 将捕捉离光标中心最近的符合条件的点。如果在指定点时需要检查哪一个对象捕捉有效(如在指定位置有多个对象捕捉符合条件)，在指定点之前按 Tab 键即可遍历所有可能的点。

图 2-25　"对象捕捉"工具栏

◎ 使用"对象捕捉"快捷菜单。在需要指定点位置时，按住 Ctrl 键或 Shift 键的同时右击，在打开的快捷菜单(见图 2-26)中选择某一种特征点执行对象捕捉，把光标移动到要捕捉对象的特征点附近，即可捕捉这些特征点。

菜单项
⊶ 临时追踪点(K)
⌐ 自(F)
两点之间的中点(T)
点过滤器(T) ▶
三维对象捕捉(3) ▶
⌿ 端点(E)
⌿ 中点(M)
✕ 交点(I)
✕ 外观交点(A)
─ 延长线(X)
⊙ 圆心(C)
▣ 几何中心
◇ 象限点(Q)
⟲ 切点(G)
⊥ 垂直(P)
∥ 平行线(L)
· 节点(D)
⊡ 插入点(S)
⚘ 最近点(R)
⋔ 无(N)
⋔ 对象捕捉设置(O)…

图 2-26　"对象捕捉"快捷菜单

◎ 使用命令行。当需要指定点位置时，在命令行中输入相应特征点的关键字(见表 2-1)，然后把光标移动到要捕捉对象上的特征点附近，即可捕捉这些特征点。

表 2-1　对象捕捉模式及关键字

模　式	关 键 字	模　式	关 键 字	模　式	关 键 字
临时追踪点	TT	捕捉自	FROM	端点	END
中点	MID	交点	INT	外观交点	APP
延长线	EXT	圆心	CEN	象限点	QUA
切点	TAN	垂足	PER	平行线	PAR
节点	NOD	最近点	NEA	无捕捉	NON

在绘制图形的过程中，使用对象捕捉的频率非常高，如果每次在捕捉时都要先选择对象捕捉模式，工作效率将大大降低。出于此种考虑，AutoCAD 提供了自动对象捕捉模式。如果启用自动捕捉功能，当光标距指定的捕捉点较近时，系统会自动精确地捕捉这些特征点，并显示相应的标记以及该捕捉的提示。在"草图设置"对话框的"对象捕捉"选项卡中选中"启用对象捕捉"复选框，即可启用自动捕捉功能，如图 2-27 所示。

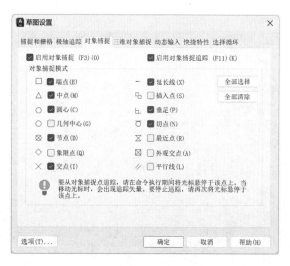

图 2-27　"对象捕捉"选项卡

2.7　本　章　小　结

本章主要讲解了 AutoCAD 2024 的操作界面、绘图界面以及绘图单位的设置，AutoCAD 2024 中命令输入方式，图层创建及管理，常用的辅助绘图工具等。在学习过程中应将对理论知识的理解和上机操作相结合。

本章重点与难点：

(1) 经典 CAD 界面的设置方法；

(2) 调用工具栏的方法；

(3) 图层的创建及管理方法；

(4) 辅助绘图工具的应用。

2.8　思考与练习

(1) 熟悉 AutoCAD 2024 的工作界面，试着进行打开、关闭 AutoCAD 提供的各种工具栏的操作。

(2) 练习 AutoCAD 2024 的新建文件、保存/另存为文件操作。

(3) 打开 AutoCAD 2024，创建表 2-2 所列的 4 个新的图层，并以"图层练习"为名称进行存盘。

表 2-2　图层

图层名称	颜　色	线　型	线　宽
轮廓线	黑色	Continuous	0.5
中心线	红色	CENTER	0.2
细实线	品红	Continuous	0.2
虚线	蓝色	HIDDEN	0.2

第 3 章

二维绘图命令

在完成初始绘图环境的设置之后，就可以利用 AutoCAD 2024 "绘图"菜单中的命令绘制点、直线、圆、圆弧和多边形等简单二维图形。二维图形对象的绘制是整个 AutoCAD 2024 绘图的基础，因此要熟练掌握它们的绘制方法。

本章导读

本章主要介绍 AutoCAD 2024 基本绘图命令，主要内容如下：

◎ 点坐标的输入方法；

◎ 直线、矩形、多边形以及各种曲线等基本绘图命令的功能及操作方法。

3.1 绘制点

绘制点

在 AutoCAD 2024 中，点对象可用作捕捉对象的节点，也可作为偏移对象的参考点。在学习点的绘制方法之前，要先掌握点坐标的输入方法及点样式的设置方法。

3.1.1 点坐标的输入方法

AutoCAD 绘图系统中点坐标的输入方法有以下几种。

1. 绝对坐标

二维绘图过程中，输入一个点的绝对坐标的格式为(X,Y)。

2. 相对坐标

二维绘图过程中，输入一个点的相对坐标的格式为$(@\Delta X, \Delta Y)$，即输入 X、Y 两个方向上相对于前一个点的坐标增量。

3. 极坐标

二维绘图过程中，输入一个点的极坐标的格式为$(R<\theta)$，其中，R 为线长，θ 为相对于 X 方向的角度。

4. 相对极坐标

二维绘图过程中，输入一个点的相对极坐标的格式为$(@R<\theta)$。

3.1.2 点样式的设置方法

设置点样式的操作步骤如下。

(1) 选择菜单栏中的"格式"→"点样式"命令，弹出"点样式"对话框，如图 3-1 所示。

(2) 选择"点样式"对话框中的某一种样式。

(3) 在"点大小"文本框中输入数值，确定点的形状大小。

(4) 单击"确定"按钮，即可完成对点样式的设置。

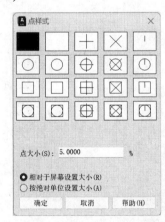

图 3-1 "点样式"对话框

3.1.3 点绘制实例

例 3-1 画出 A、B、C 三点，如图 3-2 所示。

绘图步骤如下。

(1) 打开"点样式"对话框。

(2) 在"点样式"对话框中选择⊗样式，在"点大小"文本框中输入 3.5，选中"按绝对单位设置大小"单选按钮。

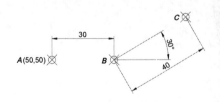

图 3-2 绘制点

(3) 单击"确定"按钮。

(4) 单击"绘图"工具栏中的"多点"按钮 。

(5) 在命令行中输入(50,50)，按 Enter 键确定 A 点。

(6) 在命令行中输入相对直角坐标(@30,0)，按 Enter 键确定 B 点。

(7) 在命令行中输入相对极坐标(@40<30)，按 Enter 键确定 C 点。

(8) 按 Esc 键结束命令。

3.2 绘制直线、射线、构造线和多段线

绘制直线、射线、
构造线和多段线

3.2.1 绘制直线

"直线"命令主要用于绘制一条或多条直线段，以及绘制首尾相连的闭合图形。执行"直线"命令有以下几种方式。

◎ 在命令行中输入 L 后按 Enter 键。

◎ 选择菜单栏中的"绘图"→"直线"命令。

◎ 单击"绘图"工具栏中的"直线"按钮 ◢ 。

执行"直线"命令后，操作步骤如下。

(1) 在绘图窗口中任意位置单击或利用点的输入方式确定直线的第一个端点。

(2) 利用点的输入方式确定直线的第二个端点，即可完成直线段的绘制。

(3) 按 Esc 键结束命令。

3.2.2 直线段绘制实例

例 3-2 画出三角形 ABC，如图 3-3 所示。

绘图步骤如下。

(1) 启动"直线"命令。

(2) 在绘图窗口中任意位置单击，确定 A 点。

(3) 在命令行中输入相对直角坐标(@30,0)，按 Enter 键确定 B 点。

(4) 在命令行中输入相对极坐标(@60<45)，按 Enter 键确定 C 点。

(5) 按 Esc 键结束命令。

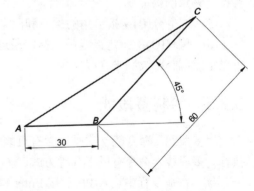

图 3-3 绘制三角形 ABC

3.2.3 绘制射线

射线是通过指定点的单向无限长直线，通常作为辅助作图线。执行"射线"命令有以下几种方式。

◎ 选择菜单栏中的"绘图"→"射线"命令。

◎ 在命令行中输入 RAY 后按 Enter 键。

执行"射线"命令后，操作步骤如下。

(1) 在绘图窗口中任意位置单击或利用点的输入方式确定射线的起点。

(2) 利用点的输入方式确定射线通过的点，即可完成射线的绘制。

(3) 按 Esc 键结束命令。

3.2.4　绘制构造线

构造线是通过定点的双向无限长直线，通常作为辅助作图线，该线也称为参照线。执行"构造线"命令有以下几种方式。

◎　在命令行中输入 XL 后按 Enter 键。

◎　选择菜单栏中的"绘图"→"构造线"命令。

◎　单击"绘图"工具栏中的"构造线"按钮。

执行"构造线"命令后，操作步骤如下。

(1) 在绘图窗口中任意位置单击或利用点的输入方式确定构造线的第一个点。

(2) 利用点的输入方式确定构造线通过的点，即可完成构造线的绘制。

(3) 按 Esc 键结束命令。

命令行提示说明

指定点或［水平(H)/垂直(V)/角度(A)/二等分(B)/偏移(O)］

各选项含义如下。

(1) 指定点：指定直线经过的点，为默认选项。

(2) 水平(H)：给出通过点，画出水平线。

(3) 垂直(V)：给出通过点，画出垂直线。

(4) 角度(A)：指定构造线和 X 轴的角后，再指定构造线的通过点，即可画出和 X 轴具有指定夹角的构造线。

(5) 二等分(B)：指定角的顶点和两个端点，即可画出通过该角顶点的角平分线。

(6) 偏移(O)：指定直线后，指定通过点，则可以过通过点画出指定直线的平行线，也可以指定偏移距离画平行线。

3.2.5　绘制多段线

"多段线"命令能一次画出含有直线和圆弧的一个有序线段组，且可以随意改变线宽。执行"多段线"命令有以下几种方式。

◎　在命令行中输入 PL 后按 Enter 键。

◎　选择菜单栏中的"绘图"→"多段线"命令。

◎　单击"绘图"工具栏中的"多段线"按钮。

执行"多段线"命令后，操作步骤如下。

(1) 在绘图窗口中任意位置单击或利用点的输入方式确定起点。

(2) 按命令行提示操作。

(3) 按 Esc 键结束命令。

命令行提示说明

指定下一点或［圆弧(A)/闭合(C)/半宽(H)/长度(L)/放弃(U)/宽度(W)］

各选项含义如下。

(1)　指定下一点：给出直线段的另一个端点。利用点的输入方式确定端点，为默认选项。

(2)　圆弧(A)：表示由绘制直线方式转为绘制圆弧方式。操作步骤如下。

①　输入 A，并按 Enter 键。

②　按以下命令行提示操作。

指定圆弧的端点或[角度(A)/圆心(CE)/闭合(CL)/方向(D)/半宽(H)/直线(L)/半径(R)/第二点(S)/放弃(U)/宽度(W)]

各选项含义如下。

◎　指定圆弧的端点：确定圆弧的端点。利用点的输入方式确定端点。

◎　角度(A)：表示采用输入圆弧所对应的圆心角的方式绘制此圆弧段。

◎　圆心(CE)：表示采用指定圆弧中心的方式绘制此圆弧段。

◎　闭合(CL)：表示以圆弧作为多段线最后的封闭线段。

◎　方向(D)：表示给出两点构成一条直线，重新确定圆弧的起始方向。

◎　半宽(H)：表示重新设定圆弧的线宽。

◎　直线(L)：表示从绘制圆弧方式转换到绘制直线方式。

◎　半径(R)：表示采用指定圆弧半径的方式来绘制圆弧。

◎　第二点(S)：表示采用三点画弧方式绘制圆弧。

◎　放弃(U)：表示放弃最后绘制的一段圆弧，退回前一步。

◎　宽度(W)：表示重新设定圆弧的线宽。

(3)　闭合(C)：表示从点的当前位置到多段线的起点绘制一段线，形成一条封闭的多段线。

(4)　半宽(H)：用于指定多段线的半宽度。

(5)　长度(L)：表示绘制一条与前面线段方向相同的直线。如果前面的线段是一段弧线，则绘制出一条与弧线相切并通过弧线终点的直线。

(6)　放弃(U)：表示将最后绘制的一段线删除，退回前一步。

(7)　宽度(W)：用于指定下一段多段线的宽度。当宽度等于 0 时，其线条效果相当于"直线"命令画出的线条效果。

例 3-3　用"多段线"命令绘制如图 3-4 所示的图形。

绘图步骤如下。

(1)　画线宽为 0.5mm 的直线。

①　启动"多段线"命令。

②　将光标移至适当位置单击，确定直线的起点。

③　在命令行中输入 W，按 Enter 键。

④　在命令行中输入起点宽度 0.5，按 Enter 键。

⑤　在命令行中输入端点宽度 0.5，按 Enter 键。

⑥　在命令行中输入(@20,0)，按 Enter 键。

(2)　画线宽为 1mm 的半圆弧。

①　在命令行中输入 A，按 Enter 键。

②　在命令行中输入 W，按 Enter 键。

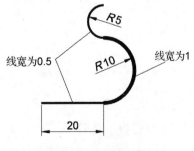

图 3-4　绘制多段线

③ 在命令行中输入起点宽度 1，按 Enter 键。

④ 在命令行中输入端点宽度 1，按 Enter 键。

⑤ 在命令行中输入 R，按 Enter 键。

⑥ 在命令行中输入圆弧的半径 10，按 Enter 键。

⑦ 在命令行中输入 A，按 Enter 键。

⑧ 在命令行中输入包含角 180，按 Enter 键。

⑨ 在命令行中输入弦方向角 90，按 Enter 键。

(3) 画线宽为 0.5mm 的半圆弧。

① 在命令行中输入 W，按 Enter 键。

② 在命令行中输入起点宽度 0.5，按 Enter 键。

③ 在命令行中输入端点宽度 0.5，按 Enter 键。

④ 在命令行中输入 R，按 Enter 键。

⑤ 在命令行中输入圆弧的半径 5，按 Enter 键。

⑥ 在命令行中输入 A，按 Enter 键。

⑦ 在命令行中输入包含角-180，按 Enter 键。

⑧ 在命令行中输入弦方向角 90，按 Enter 键。

⑨ 按 Esc 键，结束命令。

3.3 绘制矩形和正多边形

绘制矩形和正多边形

在 AutoCAD 中，矩形和正多边形的各边并非单一对象，它们构成一个单独的对象。本节介绍矩形和正多边形的绘制方法。

3.3.1 绘制矩形

执行"矩形"命令有以下几种方式。

◎ 在命令行中输入 REC 后按 Enter 键。

◎ 选择菜单栏中的"绘图"→"矩形"命令。

◎ 单击"绘图"工具栏中的"矩形"按钮 。

利用"矩形"命令可绘制如图 3-5 所示的几种矩形。

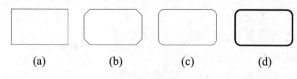

(a)　　　　(b)　　　　(c)　　　　(d)

图 3-5　矩形种类

命令行提示说明

指定第一个角点或 [倒角(C)/标高(E)/圆角(F)/厚度(T)/宽度(W)]:

各选项含义如下。

(1) 倒角(C)：给定倒角距离，确定一个带倒角的矩形，如图 3-5(b)所示。

(2)　标高(E)：确定矩形所在平面的高度，默认情况下矩形在 *XY* 平面内，标高为 0。

(3)　圆角(F)：给定圆弧的半径，确定带圆角过渡的矩形，如图 3-5(c)所示。

(4)　厚度(T)：设置矩形的厚度，在三维绘图时常使用该选项。

(5)　宽度(W)：给定宽度，确定矩形的线宽，如图 3-5(d)所示。

例 3-4　绘制矩形，矩形线宽为 1mm，如图 3-6 所示。

绘图步骤如下。

(1)　在命令行中输入 REC 后按 Enter 键。

(2)　在命令行中输入 W 后按 Enter 键。

(3)　在命令行中输入 1 后按 Enter 键，将矩形的线宽设置为 1mm。

(4)　在命令行中输入 C 后按 Enter 键。

(5)　在命令行中输入 5 后按 Enter 键，指定矩形的第一个倒角距离为 5mm。

图 3-6　绘制矩形

(6)　在命令行中输入 5 后按 Enter 键，指定矩形的第二个倒角距离为 5mm。

(7)　将光标移至适当位置并单击，确定矩形的第一个角点。

(8)　在命令行中输入 D 后按 Enter 键。

(9)　在命令行中输入 50 后按 Enter 键，指定矩形的长度尺寸。

(10) 在命令行中输入 30 后按 Enter 键，指定矩形的宽度尺寸。

(11) 将光标移至适当位置并单击，完成矩形的绘制，如图 3-6 所示。

3.3.2　绘制正多边形

执行"正多边形"命令有以下几种方式。

◎　在命令行中输入 POL 后按 Enter 键。

◎　选择菜单栏中的"绘图"→"正多边形"命令。

◎　单击"绘图"工具栏中的"正多边形"按钮。

利用"正多边形"命令可绘制边数为 3～1024 的正多边形。

命令行提示说明

指定正多边形的中心点或 [边(E)]：

各选项含义如下。

(1)　指定正多边形的中心点：为默认选项，根据正多边形的中心点来绘制多边形。

(2)　边(E)：根据正多边形的边长来绘制多边形。

例 3-5　圆的直径为 ϕ40mm，画出该圆的内接正五边形，如图 3-7 所示。

绘图步骤如下。

(1)　在命令行中输入 POL 后按 Enter 键。

(2)　在命令行中输入 5，按 Enter 键，指定正多边形的边数。

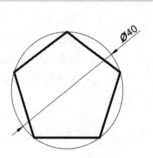
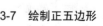

图 3-7　绘制正五边形

(3) 将光标移至圆心并单击。

(4) 在命令行中输入 I 后按 Enter 键。

(5) 在命令行中输入半径值 20 后按 Enter 键，完成内接正五边形的绘制。

3.4　绘制曲线

在 AutoCAD 2024 中，圆、圆弧、椭圆、圆环和样条曲线都属于曲线对象，其绘制方法相对于直线对象要复杂，但绘制的方法也较多。

3.4.1　绘制圆

执行"圆"命令有以下几种方式。

◎　在命令行中输入 C 后按 Enter 键。

◎　选择菜单栏中的"绘图"→"圆"命令。

◎　单击"绘图"工具栏中的"圆"按钮。

绘制圆

圆的绘制有 6 种方式，如图 3-8 所示。

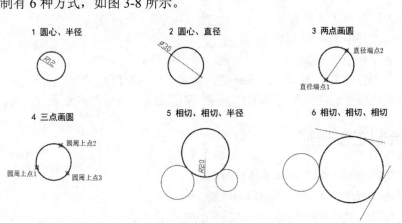

图 3-8　圆的绘制方式

绘图时需要根据给定的条件进行选择，相切时要注意选择点的位置。

例 3-6　绘制一个以(100,120)为圆心、直径为 40mm 的圆，如图 3-9 所示。

绘图步骤如下。

(1) 在命令行中输入 C 后按 Enter 键。

(2) 在命令行中输入(100,120)后按 Enter 键，确定圆的圆心。

(3) 在命令行中输入直径值为 40 后按 Enter 键，即可完成圆的绘制。

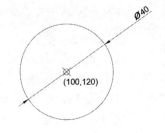

图 3-9　绘制圆

3.4.2　绘制圆弧

执行"圆弧"命令有以下几种方式。

◎　在命令行中输入 ARC 后按 Enter 键。

绘制圆弧

◎　选择菜单栏中的"绘图"→"圆弧"命令。

◎　单击"绘图"工具栏中的"圆弧"按钮 ⌒ 。

绘制圆弧的操作方法有 11 种，如图 3-10 至图 3-20 所示。

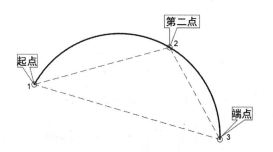

图 3-10　三点绘制圆弧

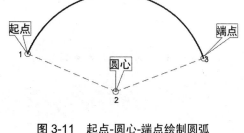

图 3-11　起点-圆心-端点绘制圆弧

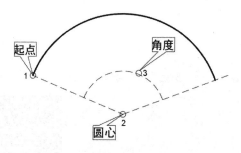

图 3-12　起点-圆心-角度绘制圆弧

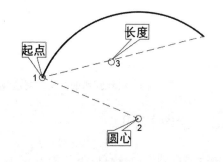

图 3-13　起点-圆心-长度(弦长)绘制圆弧

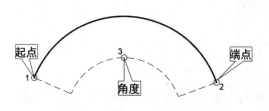

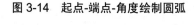
角度：起点端点间的圆弧角

图 3-14　起点-端点-角度绘制圆弧

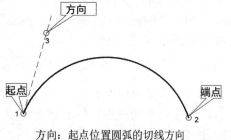

方向：起点位置圆弧的切线方向

图 3-15　起点-端点-方向绘制圆弧

图 3-16　起点-端点-半径绘制圆弧

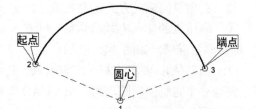

图 3-17　圆心-起点-端点绘制圆弧

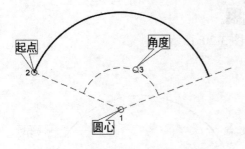

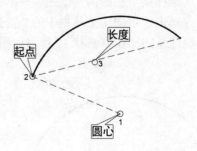

图 3-18　圆心-起点-角度绘制圆弧　　　　　图 3-19　圆心-起点-长度(弦长)绘制圆弧

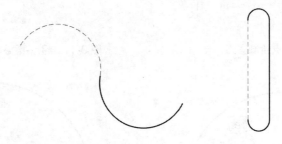

图 3-20　绘制圆弧的方法，对应菜单栏"绘图"→"圆弧"→"继续"命令

3.4.3　绘制椭圆

绘制椭圆

执行"椭圆"命令有以下几种方式。

◎　在命令行中输入 EL 后按 Enter 键。

◎　选择菜单栏中的"绘图"→"椭圆"命令。

◎　单击"绘图"工具栏中的"椭圆"按钮 。

命令行提示说明

指定椭圆的轴端点或 [圆弧(A)/中心点(C)]:

各选项的含义及操作如下。

(1)　指定椭圆的轴端点：表示通过给定椭圆的一条长轴的两个端点和另一条短轴的一个端点生成椭圆。该选项为默认选项。操作步骤如下。

①　在命令行中输入 EL 后按 Enter 键。

②　利用点的输入方式确定长轴上的一个端点 A。

③　利用点的输入方式确定长轴上的另一个端点 B。

④　利用点的输入方式确定短轴上的一个端点 C，即可画出椭圆，如图 3-21 所示。

(2)　圆弧(A)：表示绘制一段椭圆弧。其绘图过程是先画一个完整的椭圆，然后 AutoCAD 提示选择要删除的部分，留下所需的椭圆弧。操作步骤如下。

①　在命令行中输入 EL 后按 Enter 键。

②　在命令行中输入 A 后按 Enter 键。

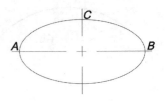

图 3-21　用"指定椭圆的轴端点"画椭圆

③ 利用点的输入方式确定长轴上的一个端点 A。

④ 利用点的输入方式确定长轴上的另一个端点 B。

⑤ 利用点的输入方式确定短轴上的一个端点 C，即可画出椭圆，如图 3-22(a)所示。

⑥ 在命令行中输入起始角度数值，按 Enter 键。

⑦ 在命令行中输入终止角度数值，按 Enter 键，即画出椭圆弧，如图 3-22(b)所示。

(3) 中心点(C)：表示利用椭圆中心点及长轴、短轴来绘制椭圆。操作步骤如下。

① 在命令行中输入 EL 后按 Enter 键。

② 在命令行中输入 C，按 Enter 键。

③ 利用点的输入方式确定椭圆的中心点 O。

④ 利用点的输入方式确定轴上的一个端点 A。

⑤ 利用点的输入方式确定轴上的一个端点 B，即画出椭圆，如图 3-23 所示。

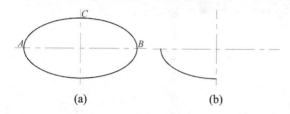

图 3-22 画椭圆弧

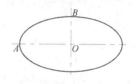

图 3-23 用"中心点"画椭圆

例 3-7 绘制如图 3-24 所示的椭圆。

绘图步骤如下。

(1) 在命令行中输入 EL 后按 Enter 键。

(2) 在绘图窗口中任意位置单击，确定点 A。

(3) 在命令行中输入(@40,0)后按 Enter 键。

(4) 在命令行中输入(@0,20)后按 Enter 键，即可完成椭圆
的绘制。

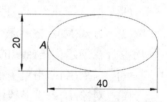

图 3-24 绘制椭圆

3.4.4 绘制圆环

使用"圆环"命令可绘制实心圆和平面填充圆环。执行"圆环"命令有
以下几种方式。

绘制圆环

◎ 在命令行中输入 DO 后按 Enter 键。

◎ 选择菜单栏中的"绘图"→"圆环"命令。

绘制圆环的操作步骤如下。

(1) 在命令行中输入 DO 后按 Enter 键。

(2) 在命令行中输入圆环内径尺寸，按 Enter 键。

(3) 在命令行中输入圆环外径尺寸，按 Enter 键。

(4) 利用点的输入方式确定圆环的中心点，即可完成圆环的绘制。

(5) 按 Esc 键结束命令。

例 3-8 绘制如图 3-25 所示内径为 30mm、外径为 40mm 的圆环。

绘图步骤如下。

(1) 在命令行中输入 DO 后按 Enter 键。

图 3-25 绘制圆环

(2) 在命令行中输入圆环内径尺寸 30mm，按 Enter 键。

(3) 在命令行中输入圆环外径尺寸 40mm，按 Enter 键。

(4) 利用点的输入方式确定圆环的中心点，即可完成圆环的绘制。

(5) 按 Esc 键结束命令。

3.4.5　绘制样条曲线

绘制样条曲线

使用"样条曲线"命令，可以将给定的控制点按照一定的公差拟合为一条光滑的曲线。执行"样条曲线"命令有以下几种方式。

◎ 在命令行中输入 SPL 后按 Enter 键。

◎ 选择菜单栏中的"绘图"→"样条曲线"命令。

◎ 单击"绘图"工具栏中的"样条曲线"按钮 。

命令行提示说明

```
命令：SPLINE
当前设置：方式=拟合  节点=弦
指定第一个点或 [方式(M)/节点(K)/对象(O)]：
输入下一个点或 [起点切向(T)/公差(L)]：
输入下一个点或 [端点相切(T)/公差(L)/放弃(U)/闭合(C)]：
```

各选项含义如下。

(1) 指定第一个点：根据点的位置绘制样条曲线，该选项为默认值。

(2) 方式(M)：控制是使用拟合点还是使用控制点来创建样条曲线。选项会因选择的是使用拟合点创建样条曲线的选项还是使用控制点创建样条曲线的选项而不同。

(3) 节点(K)：指定节点参数化，它会影响曲线在通过拟合点时的形状。

(4) 对象(O)：将多段线进行拟合，转换为等价样条曲线，然后删除原多段线。

(5) 起点切向(T)：定义样条曲线的第一个点和最后一个点的切向。如果在样条曲线的两端都指定切向，可以输入一个点，或使用"切点"和"垂足"对象捕捉模式使样条曲线与已有的对象相切或垂直。如果按 Enter 键，系统将默认为切向。

(6) 公差(L)：指定距样条曲线必须经过的指定拟合点的距离。公差应用于除起点和端点外的所有拟合点。

(7) 端点相切(T)：停止基于切向创建曲线。可通过指定拟合点继续创建样条曲线。

(8) 闭合(C)：将最后一个点的定义与第一个点一致，并使其在连接处相切，以闭合样条曲线。

3.5　本章小结

本章主要学习了 AutoCAD 2024 常用绘图工具的使用方法和操作技巧，具体有点、直线、矩形、正多边形、圆、圆弧、椭圆、圆环及样条曲线等。只有熟练掌握本章的内容，才能进行后续课程的学习。

本章重点与难点：

(1) 掌握点的绝对坐标、相对坐标、极坐标和相对极坐标的输入方法，点样式设置方法；

(2) 掌握直线、多段线的绘制方法和技巧；

(3) 掌握矩形、正多边形、圆、椭圆及圆环的绘制方法和技巧；

(4) 掌握圆弧、椭圆弧、样条曲线等图形的绘制方法和技巧。

3.6　思考与练习

(1) 绘制如图 3-26 所示的扳手零件。

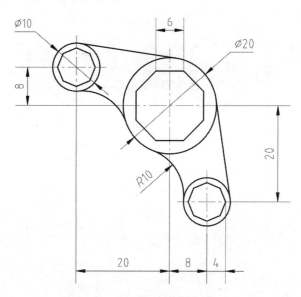

图 3-26　多边形、圆及圆弧练习

(2) 绘制如图 3-27 所示的零件。

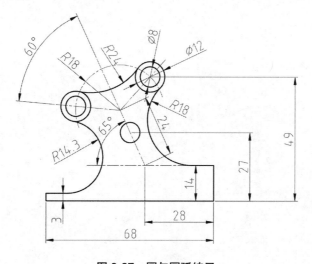

图 3-27　圆与圆弧练习

(3) 利用点的绝对坐标或相对坐标绘制如图 3-28 所示的图形。

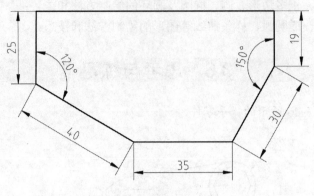

图 3-28   直线练习

第 **4** 章

二维编辑命令

在实际绘图过程中，用户除了利用绘图命令绘制图形外，更多的是对已绘制的图形进行编辑处理。对图形进行编辑处理包括对已有的图形进行复制、删除、移动、放大、缩小，以及对图形的连接部分进行倒角修改等各种操作。这些编辑命令的菜单操作主要集中在"修改"菜单；工具栏操作主要集中在"修改"和"修改Ⅱ"工具栏。本章主要介绍最常用的编辑命令，使用这些命令可以十分方便、快捷地对图形进行编辑，从而大大提高绘图的效率和质量。

本章导读

本章主要介绍 AutoCAD 2024 的基本编辑命令，主要内容如下：
◎ 选择对象的方法；
◎ 图形的镜像、偏移、复制和阵列方法；
◎ 图形的移动、旋转和缩放；
◎ 修剪、延伸、圆角、倒角等各种基本编辑命令的功能及操作方法。

4.1 选择对象

在系统执行编辑(修改)命令的过程中，经常需要选择一个或多个图形对象。通常先启动编辑(修改)命令，此时光标在屏幕上变成一个小方框，称为拾取框，再选择图形对象，被选取的图形对象将高亮显示出来。AutoCAD 2024提供了十几种不同的选择对象方式，下面介绍几种常用的选择方式。

选择对象

4.1.1 点取方式

点取方式即直接通过点取的方式选择对象。利用鼠标或键盘移动拾取框，使其框住要选择的对象，然后单击，被选中的对象就会高亮显示。用点取方式选择对象时要注意，不要将拾取框放在两个或多个对象的交汇处。

4.1.2 窗选方式

窗选方式是利用鼠标拖放出一个矩形线框，即一个窗口，从而将图形对象选中。窗口的大小可根据图形对象的大小确定。拖放矩形线框有两种方法：一种是窗口选择，从左至右拖放矩形线框；另一种是窗交选择，从右至左拖放矩形线框。

1. 窗口选择

窗口选择时，在屏幕的左上角适当位置单击，将光标拖放到右下角适当位置，产生一个实线矩形线框，将完全处于矩形窗口中的图形对象选中，如图4-1所示。

2. 窗交选择

窗交选择时，在屏幕的右下角适当位置单击，将光标拖放到左上角适当位置，产生一个虚线矩形线框，将与窗口边界相交的图形对象及窗口内的图形对象都选中，如图4-2所示。

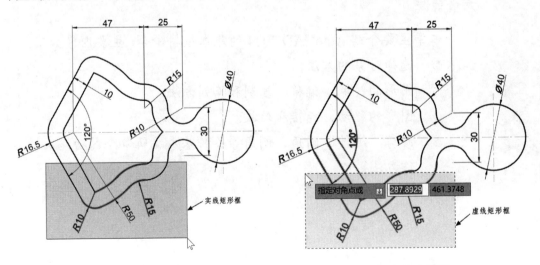

图 4-1　窗口选择　　　　　　　　　　图 4-2　窗交选择

4.1.3　栏选方式

在启动编辑(修改)命令后，光标处于拾取状态。在命令行中输入 F 后按 Enter 键，选择方式被切换为栏选。此时，用户临时绘制一些直线，这些直线不必构成封闭图形，凡是与这些直线相交的对象均被选中，如图 4-3 所示。

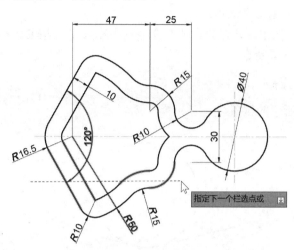

图 4-3　栏选方式

4.1.4　全部对象选择

全部对象选择方式是用来选择屏幕上所有的图形对象，但不能选择被冻结层或锁定层中的对象。

当光标处于拾取状态时，在命令行中输入 ALL 后按 Enter 键，屏幕上所有对象都会被选择，并将高亮显示。

4.2　图形的镜像、偏移、复制和阵列

本节详细介绍 AutoCAD 2024 的复制类命令及其操作方法，包括镜像、偏移、复制和阵列命令。利用这些编辑命令，可以极大提高绘图效率。

4.2.1　镜像对象

使用"镜像"命令可以将指定的对象按给定的镜像线进行对称复制，此命令很适合画对称图形。

镜像

1. 执行方式

◎　在命令行中输入 MI 后按 Enter 键。

◎　选择菜单栏中的"修改"→"镜像"命令。

◎　单击"修改"工具栏中的"镜像"按钮 ⚠。

2. 操作步骤

(1) 在命令行中输入 MI 后按 Enter 键。

(2) 当光标处于拾取状态时，选择需要镜像的对象。

(3) 按 Enter 键，光标变成"＋"形状。

(4) 单击镜像线的第一个端点。

(5) 单击镜像线的第二个端点。

(6) 按 Enter 键，保留原始对象；或在命令行中输入 Y 后按 Enter 键，删除原始对象，即可完成镜像，同时结束命令。

3. 操作实例——压盖

下面绘制图 4-4 所示的压盖。

镜像练习

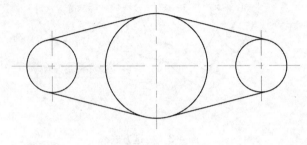

图 4-4　压盖

绘图步骤

(1) 创建图层。选择菜单栏中的"格式"→"图层"命令或单击"图层"工具栏中的"图层特性"按钮，打开"图层特性管理器"对话框，创建"轮廓线"图层和"中心线"图层。

① "轮廓线"图层：颜色为白色，线型为 Continuous，线宽为 0.35mm。

② "中心线"图层：颜色为红色，线型为 CENTER，线宽为 0.18mm。

(2) 绘制中心线。设置"中心线"图层为当前图层，在屏幕上适当的位置指定直线端点坐标，绘制一条水平中心线和两条竖直中心线，结果如图 4-5 所示。

图 4-5　绘制中心线

(3) 将"轮廓线"图层设置为当前图层，在命令行中输入 C 后按 Enter 键，分别捕捉两中心线交点为圆心，绘制 ϕ 99mm 和 ϕ 50mm 两个圆，如图 4-6 所示。

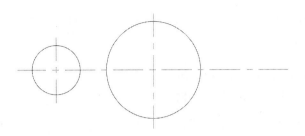

图 4-6 绘制圆

(4) 仅将对象捕捉功能中的"切点"勾选。在命令行中输入 L 后按 Enter 键，绘制一条直线与两圆相切，如图 4-7 所示。

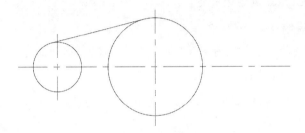

图 4-7 绘制切线

(5) 在命令行中输入 MI 后按 Enter 键，以水平中心线为对称线镜像刚绘制的切线，命令行提示如下。

```
MIRROR
选择对象：找到 1 个
选择对象：指定镜像线的第一点：
指定镜像线的第二点：
要删除源对象吗？[是(Y)/否(N)] <否>：*取消*
```

绘制结果如图 4-8 所示。

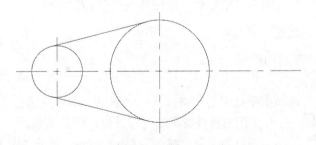

图 4-8 镜像切线

(6) 用同样的方法，选择左侧 ϕ50mm 圆、两条切线以及左侧中心线为镜像对象，以右侧中心线为镜像线进行镜像，绘制结果如图 4-4 所示。

4.2.2 偏移对象

"偏移"命令是对指定的图形对象按给定的偏移方向和偏移距离进行复

偏移对象

制，或按通过给定的点进行定向复制。偏移距离为垂直于对象方向的距离。

1. 执行方式

◎ 在命令行中输入 O 后按 Enter 键。

◎ 选择菜单栏中的"修改"→"偏移"命令。

◎ 单击"修改"工具栏中的"偏移"按钮 。

2. 操作步骤

(1) 在命令行中输入 O 后按 Enter 键。

(2) 按命令行提示进行操作。

(3) 按 Esc 键或 Enter 键结束命令。

3. 命令行提示说明

指定偏移距离或 [通过(T)/删除(E)/图层(L)]

部分选项含义及操作如下。

(1) 指定偏移距离：按给定的平行线间的距离进行复制，该选项为默认选项。操作步骤如下。

① 在命令行中输入 O 后按 Enter 键。

② 当光标变成"＋"形状时，输入偏移距离并按 Enter 键。

③ 选择偏移的对象。

④ 将光标移至偏移方向上适当位置后单击，完成偏移对象操作。

⑤ 重复②、③可实现等距偏移，或按 Enter 键结束命令。

(2) 通过(T)：按通过给定的点进行复制。其操作步骤如下。

① 在命令行中输入 O 后按 Enter 键。

② 选择偏移的对象。

③ 移动光标捕捉指定的点，即可完成偏移对象。

④ 重复②、③可实现不等距偏移，或按 Enter 键结束命令。

4. 操作实例——挡圈

下面绘制图 4-9 所示的挡圈。

偏移练习

绘图步骤

(1) 创建图层。选择菜单栏中的"格式"→"图层"命令或单击"图层"工具栏中的"图层特性"按钮 ，打开"图层特性管理器"对话框，创建图层。

① "粗实线"图层：颜色为白色，线型为 Continuous，线宽为 0.35mm。

② "中心线"图层：颜色为红色，线型为 CENTER，线宽为 0.18mm。

(2) 设置"中心线"图层为当前图层，在命令行中输入 L 后按 Enter 键，绘制互相垂直的两条中心线，如图 4-10 所示。

(3) 设置"粗实线"图层为当前图层，在命令行中输入 C 后按 Enter 键，绘制挡圈ϕ16mm 内孔，如图 4-11 所示。

(4) 在命令行中输入 O 后按 Enter 键，光标变成"＋"形状。在命令行中输入偏移距离 2 并按 Enter 键。选择ϕ16mm 圆，然后将光标移至圆内侧适当位置后单击，完成偏移对象，

从而绘制出 ϕ12mm 圆，如图 4-12 所示。

(5)　用相同的方法，将 ϕ16mm 圆向外侧分别偏移 6mm 和 7mm，分别得到 ϕ28mm 和 ϕ30mm 的圆，绘制结果如图 4-13 所示。

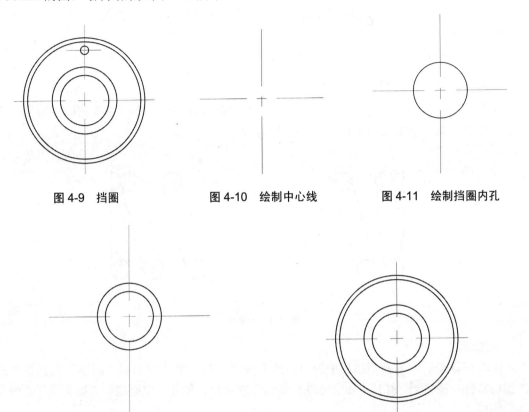

图 4-9　挡圈　　　　　　　图 4-10　绘制中心线　　　　　　图 4-11　绘制挡圈内孔

图 4-12　偏移圆　　　　　　　　　图 4-13　偏移得到 ϕ28mm 和 ϕ30mm 两圆

(6)　用相同的方法，将水平中心线向上偏移 12mm。

(7)　在命令行中输入 C 后按 Enter 键，绘制直径为 2mm 的小孔，最终结果如图 4-9 所示。

4.2.3　复制对象

复制对象

使用"复制"命令可将指定的对象进行一次或多次复制，原对象还保留在它原来的位置上。

1. 执行方式

◎　在命令行中输入 CO 后按 Enter 键。

◎　选择菜单栏中的"修改"→"复制"命令。

◎　单击"修改"工具栏中的"复制"按钮。

2. 操作步骤

(1)　在命令行中输入 CO 后按 Enter 键。

(2) 此时光标处于拾取状态，选择需要复制的对象。

(3) 按 Enter 键，光标变成"＋"形状。

(4) 利用点的输入方式或拾取方式确定基点，出现动态的对象。

(5) 移动光标，被复制的对象随之移动，利用点的输入方式确定第二个点，即完成对象的复制。

(6) 按 Esc 键或 Enter 键，结束命令。

3. 操作实例——弹簧

弹簧作为机械设计中的常见零件，其样式及画法多种多样，本例主要利用"圆""直线""复制"命令绘制如图 4-14 所示的简化弹簧。

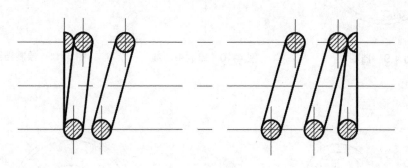

图 4-14　弹簧

绘图步骤

(1) 创建图层。选择菜单栏中的"格式"→"图层"命令或单击"图层"工具栏中的"图层特性"按钮 ，打开"图层特性管理器"对话框，创建"中心线""粗实线""细实线"图层。

① "中心线"图层：颜色为红色，线型为 CENTER，线宽为 0.18mm。

② "粗实线"图层：颜色为白色，线型为 Continuous，线宽为 0.35mm。

③ "细实线"图层：颜色为白色，线型为 Continuous，线宽为 0.18mm。

(2) 绘制中心线。将"中心线"图层设置为当前图层。在命令行中输入 CO 后按 Enter 键。以坐标点{(150,150), (230,150)}绘制水平中心线，以坐标点{(160,164), (160,154)}绘制竖直中心线 A，以坐标点{(162,146), (162,136)}绘制竖直中心线 B，修改线型比例为 0.5。绘制结果如图 4-15 所示。

图 4-15　绘制中心线

(3) 偏移中心线。在命令行中输入 CO 后按 Enter 键，启动"偏移"命令。将绘制的水平中心线向上、下两侧偏移，偏移距离为 9mm；将图 4-15 中的竖直中心线 A 向右偏移，偏移距离分别为 4mm、13mm、49mm、58mm、62mm；将图 4-15 中的竖直中心线 *B* 向右偏移，偏移距离分别为 6mm、42mm、51mm、58mm。绘制结果如图 4-16 所示。

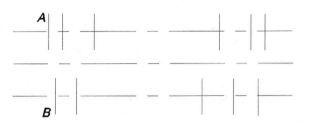

图 4-16 偏移中心线

（4）绘制圆。将"粗实线"图层设置为当前图层。在命令行中输入 C 后按 Enter 键，启动"圆"命令。以最上水平中心线与左边第 2 根竖直中心线交点为圆心，绘制半径为 2mm 的圆，如图 4-17 所示。

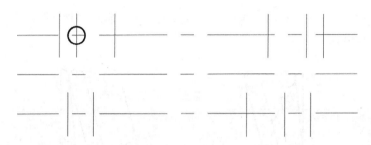

图 4-17 绘制圆

（5）复制圆。在命令行中输入 CO 后按 Enter 键，启动"复制"命令，将刚绘制的圆进行复制，命令行提示与操作如下。

```
COPY
选择对象：找到 1 个
选择对象：
当前设置：复制模式 = 多个
指定基点或 [位移(D)/模式(O)] <位移>：
指定第二个点或 [阵列(A)] <使用第一个点作为位移>：
```

绘制结果如图 4-18 所示。

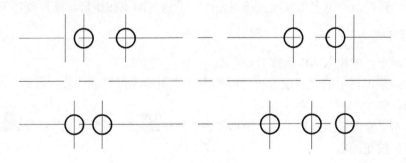

图 4-18 复制圆

(6) 绘制圆弧。在命令行中输入 ARC 后按 Enter 键，启动"圆弧"命令，绘制以最左边竖直中心线与最上水平中心线交点为圆心，起点坐标为(@0,-2)、端点坐标为(@0,4)的圆弧。

用相同方法绘制另一段圆弧，以最右边竖直中心线与最上水平中心线交点为圆心，起点坐标为(@0,2)，端点坐标为(@0,-4)，绘制结果如图 4-19 所示。

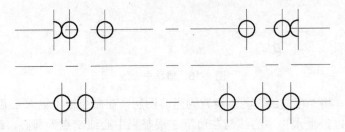

图 4-19　绘制圆弧

(7) 绘制连接线。在命令行中输入 L 后按 Enter 键，启动"直线"命令，绘制连接线，绘制结果如图 4-20 所示。

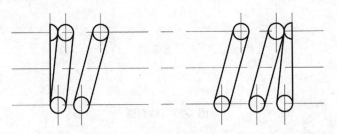

图 4-20　绘制连接线

(8) 将"细实线"图层设置为当前图层。在命令行中输入 H 后按 Enter 键，打开"图案填充和渐变色"对话框，设置填充图案为 ANSI31，角度为 0，比例为 0.2，单击"添加：拾取点(K)"按钮，依次拾取弹簧截面，然后单击"确定"按钮，完成剖面线的绘制。单击状态栏中的"线宽"按钮，绘制结果如图 4-14 所示。

4.2.4　阵列对象

使用"阵列"命令可多重复制选择对象，并把这些副本按矩形、路径或环形排列。

1. 执行方式

◎　在命令行中输入 AR 后按 Enter 键。

◎　选择菜单栏中的"修改"→"阵列"→"矩形阵列"或"环形阵列"或"路径阵列"命令。

◎　单击"修改"工具栏中的"矩形阵列"按钮 或"环形阵列"按钮 或"路径阵列"按钮 。

2. 操作步骤

(1) 在命令行中输入 AR 后按 Enter 键，启动"阵列"命令。

(2)　此时光标处于拾取状态，选择需要阵列的对象。

(3)　输入阵列类型。

(4)　输入行数、行间距。

(5)　输入列数、列间距。

(6)　按 Esc 键或 Enter 键，结束命令。

阵列在平面作图时有 3 种方式，可以在矩形、路径或环形(圆形)阵列中创建对象的副本。对于矩形阵列，可以控制行和列的数目及其之间的距离。对于路径阵列，可以沿整个路径或部分路径平均分布对象副本。对于环形阵列，可以控制对象副本的数目并决定是否旋转副本。

3. 操作实例——密封垫

不同材质的密封垫在各大机械零件中是不可或缺的，本例主要利用"圆""环形阵列"命令绘制图 4-21 所示的密封垫。

环形阵列练习

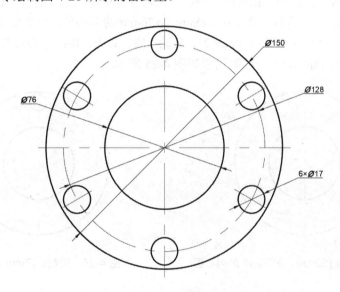

图 4-21　密封垫

绘图步骤

(1)　创建图层。选择菜单栏中的"格式"→"图层"命令或单击"图层"工具栏中的"图层特性"按钮，打开"图层特性管理器"对话框，创建"中心线""粗实线""细实线"图层。

①　"中心线"图层：颜色为红色，线型为 CENTER，线宽为 0.18mm。

②　"粗实线"图层：颜色为白色，线型为 Continuous，线宽为 0.35mm。

③　"细实线"图层：颜色为白色，线型为 Continuous，线宽为 0.18mm。

(2)　绘制中心线。单击状态栏线宽显示/隐藏按钮，将"中心线"图层设置为当前图层。

①　在命令行中输入 L 后按 Enter 键，启动"直线"命令。绘制相交中心线{(120,180), (280,180)}和{(200,260), (200,100)}，绘制结果如图 4-22 所示。

②　在命令行中输入 C 后按 Enter 键，启动"圆"命令，捕捉中心线交点为圆心，绘制

ϕ128mm 的圆，绘制结果如图 4-23 所示。

图 4-22　绘制中心线

图 4-23　绘制ϕ128mm 的圆

（3）绘制垫片轮廓。

①　将当前图层设置为"粗实线"图层。在命令行中输入 C 后按 Enter 键，启动"圆"命令，捕捉中心线交点为圆心，绘制ϕ150mm、ϕ76mm 的同心圆，绘制结果如图 4-24 所示。

②　在命令行中输入 C 后按 Enter 键，启动"圆"命令，捕捉中心线与ϕ128mm 圆的交点为圆心，绘制ϕ17mm 的圆，绘制结果如图 4-25 所示。

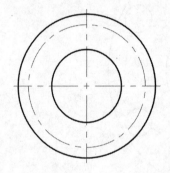

图 4-24　绘制ϕ150mm、ϕ76mm 的同心圆

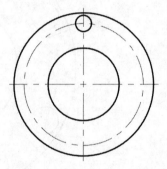

图 4-25　绘制ϕ17mm 的同心圆

（4）阵列。

①　在命令行中输入 AR 后按 Enter 键，启动"阵列"命令。

②　此时光标处于拾取状态，选择ϕ17mm 的圆作为阵列对象，按 Enter 键。

③　在命令行中输入 PO 后按 Enter 键，选择极轴(环形阵列)阵列方式。

④　指定阵列的中心点：单击同心圆圆心。

⑤　在命令行中输入 I 后按 Enter 键，指定输入阵列的项目数为 6 后按 Enter 键。

⑥　按 Esc 键或 Enter 键，结束命令。

阵列结果如图 4-21 所示。

4.3 图形的移动、旋转和缩放

4.3.1 图形的移动

移动命令

"移动"命令用于将指定对象进行重定位。

1. 执行方式

◎　在命令行中输入 M 后按 Enter 键。

◎　选择菜单栏中的"修改"→"移动"命令。

◎　单击"修改"工具栏中的"移动"按钮⬚。

2. 操作步骤

(1)　在命令行中输入 M 后按 Enter 键。

(2)　此时光标处于拾取状态，选择需要移动的对象。

(3)　按 Enter 键，光标变成"＋"形状。

(4)　利用点的输入方式或拾取方式确定基点，出现动态的对象。

(5)　移动光标，需要移动的对象随之移动，利用点的输入方式确定第二个点，即可完成对象的移动。

(6)　按 Esc 键或 Enter 键，结束命令。

3. 操作实例

使用"移动"命令，将圆从位置 A 移动到位置 B，如图 4-26 所示。

操作步骤

(1)　在命令行中输入 M 后按 Enter 键。

(2)　此时光标处于拾取状态，选择圆作为移动的对象。

(3)　按 Enter 键，光标变成"＋"形状。

(4)　拾取圆心，出现动态的对象。

(5)　移动光标，需要移动的对象随之移动，单击 B 点，即可将圆从 A 点移动到 B 点，如图 4-27 所示。

(6)　按 Esc 键或 Enter 键，结束命令。

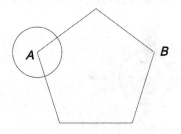
图 4-26　"移动"命令实例

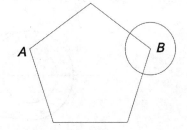
图 4-27　移动后的效果

4.3.2　图形的旋转

旋转命令

"旋转"命令是将所选取的对象绕指定的基点旋转指定的角度，旋转角度为与 X 轴的夹角，正负均可。角度的正负与旋转的方向有关，正角度表示沿着顺时针方向转动，负角度表示沿着逆时针方向转动。

1. 执行方式

◎ 在命令行中输入 RO 后按 Enter 键。

◎ 选择菜单栏中的"修改"→"旋转"命令。

◎ 单击"修改"工具栏中的"旋转"按钮 。

2. 操作步骤

(1) 在命令行中输入 RO 后按 Enter 键，启动"旋转"命令。

(2) 选择要旋转的对象后按 Enter 键。

(3) 利用点的输入方式或拾取方式确定基点，此时对象呈动态显示。

(4) 按命令行提示操作。

(5) 按 Esc 键或 Enter 键，结束命令。

3. 操作实例

使用"旋转"命令将图 4-28(a)所示的图形编辑为图 4-28(b)所示的图形。

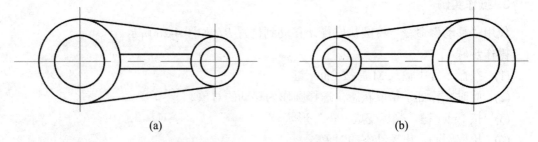

(a)   (b)

图 4-28　使用"旋转"命令编辑图形

操作步骤

(1) 在命令行中输入 RO 后按 Enter 键，启动"旋转"命令。

(2) 框选图 4-29 所示的图形对象后按 Enter 键，选择方式为窗交(从右下向左上拖动)。

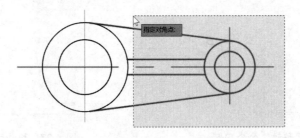

图 4-29　选择旋转对象

(3) 单击左侧同心圆圆心，将其作为旋转基点，按 Enter 键。

(4) 在命令行中输入 180 后按 Enter 键，完成旋转操作。

4.3.3　图形的缩放

"缩放"命令是将所选取的对象按指定的比例因子相对于指定的基点缩小

缩放命令

或放大。该功能可方便地实现局部放大视图的操作。方法是先按 1：1 绘制图形，再用"缩放"命令将其按指定比例缩放。

1. 执行方式

◎　在命令行中输入 SC 后按 Enter 键。

◎　选择菜单栏中的"修改"→"缩放"命令。

◎　单击"修改"工具栏中的"缩放"按钮 🔲。

2. 操作步骤

(1)　在命令行中输入 SC 后按 Enter 键。

(2)　此时光标处于拾取状态，选择需要缩放的对象。

(3)　按 Enter 键，光标变成"＋"形状。

(4)　利用点的输入方式或拾取方式确定基点，出现动态的对象。

(5)　在命令行中输入比例因子后按 Enter 键。

(6)　按 Esc 键或 Enter 键，结束命令。

注意：选择"复制(C)"选项时可以复制缩放对象，缩放对象时保留源对象。

3. 操作实例

使用"缩放"命令将图 4-30(a)所示的图形编辑为图 4-30(b)所示的图形。

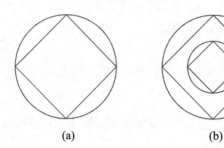

(a)　　　　　　　　　　(b)

图 4-30　使用"缩放"命令编辑图形

操作步骤

(1)　在命令行中输入 SC 后按 Enter 键，启动"缩放"命令。

(2)　框选要缩放的对象圆和四边形，按 Enter 键。

(3)　单击圆心，指定其为缩放基点。

(4)　在命令行中输入 C 后按 Enter 键，复制缩放对象。

(5)　在命令行中输入比例因子 0.5，按 Enter 键，完成缩放图形操作。

(6)　按 Esc 键或 Enter 键，结束命令。

4.4　图形的修剪和延伸

4.4.1　图形的修剪

修剪与延伸

"修剪"命令用于将多余的图形对象(主要是线段)很精确、简捷地修剪掉，相当于用橡皮擦去多余的线条。

1. 执行方式

◎ 在命令行中输入 TR 后按 Enter 键。

◎ 选择菜单栏中的"修改"→"修剪"命令。

◎ 单击"修改"工具栏中的"修剪"按钮 ✂。

2. 操作步骤

(1) 在命令行中输入 TR 后按 Enter 键,启动"修剪"命令。

(2) 此时命令行提示如下。

```
命令: TR
TRIM
当前设置: 投影=UCS,边=无,模式=快速
选择要修剪的对象,或按住 Shift 键选择要延伸的对象或[剪切边(T)/窗交(C)/模式(O)/投影
(P)/删除(R)]:
```

各选项的含义及操作如下。

◎ 选择要修剪的对象:该选项为默认选项。将光标移至被修剪对象后单击。

◎ 按住 Shift 键选择要延伸的对象:恢复被修剪的线段,但线段要符合延伸条件。在选择对象时,如果按住 Shift 键,系统就会自动将"修剪"命令切换成"延伸"命令。

(3) 选择要修剪的对象,按 Enter 键。

(4) 按命令行提示操作。

(5) 按 Enter 键,结束命令。

3. 操作实例

使用"修剪"命令修剪多余的线段,绘制结果如图 4-31(b)所示。

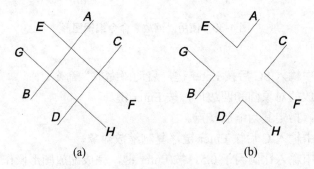

(a)　　　　　　　　　　　(b)

图 4-31　使用"修剪"命令编辑对象

操作步骤

(1) 在命令行中输入 TR 后按 Enter 键。

(2) 依次选择 4 条线段相交点之间的线段,所选线段即被删除。

(3) 按 Enter 键,结束命令,绘制结果如图 4-31(b)所示。

4.4.2　图形的延伸

"延伸"命令与"修剪"命令相反，使用"延伸"命令可以拉长或延伸直线或弧，使直线或弧与其他图形相接。

1. 执行方式

◎　在命令行中输入 EX 后按 Enter 键。

◎　选择菜单栏中的"修改"→"延伸"命令。

◎　单击"修改"工具栏中的"延伸"按钮 ⊐⊐。

2. 操作步骤

(1)　在命令行中输入 EX 后按 Enter 键，启动"延伸"命令。

(2)　选择边界线后按 Enter 键。

(3)　选择要延伸的对象后按 Enter 键，结束命令。

注意：当要延伸的对象与多条边界线存在交点时，如果不指定边界线，则要延伸的对象将会延伸至最近的边界线。

3. 操作实例

使用"延伸"命令延长图线，绘制结果如图 4-32(b)所示。

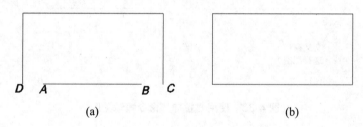

(a)　　　　　　　　　　　　　　　　(b)

图 4-32　使用"延伸"命令编辑对象

操作步骤

(1)　在命令行中输入 EX 后按 Enter 键。

(2)　选择线段 *AB*，将光标靠近 *A* 端单击后按 Enter 键，线段 *AB* 的左端延伸至 *D* 点。

(3)　选择线段 *AB*，将光标靠近 *B* 端单击后按 Enter 键，线段 *AB* 的右端延伸至 *C* 点。

(4)　按 Enter 键，结束命令。

4.5　图形的拉伸和拉长

4.5.1　图形的拉伸

拉伸与拉长

"拉伸"命令用于拉伸、缩短或移动对象。本命令必须用窗选方式选取对象，完全位于窗口内的对象才能实现移动，与边界相交的对象实现的是拉伸或缩短变化。

1. 执行方式

◎ 在命令行中输入 S 后按 Enter 键。

◎ 选择菜单栏中的"修改"→"拉伸"命令。

◎ 单击"修改"工具栏中的"拉伸"按钮📐。

2. 操作步骤

(1) 在命令行中输入 S 后按 Enter 键。

(2) 利用窗选方式选取对象，按 Enter 键。

(3) 利用点的输入方式，在适当位置确定基点，此时对象呈动态显示。

(4) 利用点的输入方式确定第二个点，结束命令。

3. 操作实例

将图 4-33(a)所示的虚线框住部分向右拉伸 20mm，结果如图 4-33(b)所示。

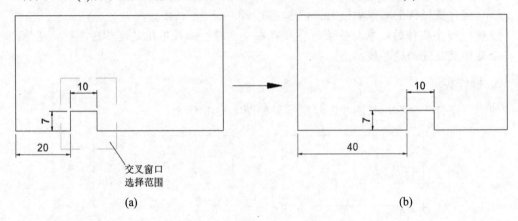

图 4-33　使用"拉伸"命令编辑图形

操作步骤

(1) 在命令行中输入 STR 后按 Enter 键。

(2) 按图 4-33(a)所示，用窗选方式(具体为窗交方式)选中虚线部分，按 Enter 键。

(3) 在屏幕任意位置单击确定基点。

(4) 在命令行中输入(@20,0)后按 Enter 键，即可完成对对象的拉伸操作，绘制结果如图 4-33(b)所示。

4.5.2　图形的拉长

"拉长"命令用于修改线性对象的长度及圆弧的包含角。

1. 执行方式

◎ 在命令行中输入 LEN 后按 Enter 键。

◎ 选择菜单栏中的"修改"→"拉长"命令。

◎ 单击"修改"工具栏中的"拉长"按钮🖊。

2. 操作步骤

(1) 在命令行中输入 LEN 后按 Enter 键。

(2) 按命令行提示操作。

(3) 按 Esc 键或 Enter 键，结束命令。

3. 操作实例

将图 4-34(a)所示的 1/4 圆弧拉长成半圆弧，结果如图 4-34(b)所示。

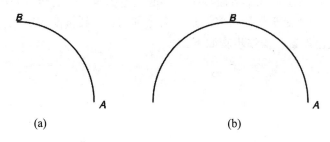

(a)　　　　　　　　　　　　　(b)

图 4-34　使用"拉长"命令编辑图形

操作步骤

(1) 在命令行中输入 LEN 后按 Enter 键。

(2) 单击圆弧 *AB* 后按 Enter 键，将圆弧 *AB* 作为拉长对象。

(3) 在命令行中输入 A 后按 Enter 键。

(4) 按命令行提示输入总角度 180 后按 Enter 键。

(5) 单击圆弧 *B* 端点后按 Enter 键，即可完成对圆弧 *AB* 的拉长操作，如图 4-34(b)所示。

注意：当步骤(4)命令行提示输入长度增量或 [角度(A)]时，输入的角度增量值应为 90。

4.6　圆角和倒角

4.6.1　圆角命令

圆角与倒角

"圆角"命令是用来把指定的两个对象按指定的半径光滑地连接起来，常用于直线、圆弧和圆之间的光滑连接，以及调整两者的长度，使其准确连接。

1. 执行方式

◎　在命令行中输入 F 后按 Enter 键。

◎　选择菜单栏中的"修改"→"圆角"命令。

◎　单击"修改"工具栏中的"圆角"按钮 。

2. 操作步骤

(1) 在命令行中输入 F 后按 Enter 键。

(2) 按命令行提示，设置圆角大小。

(3) 按 Enter 键，启动"圆角"命令。

(4) 选择指定的圆角对象，按默认值方式，即可完成圆角操作。

3. 命令行提示说明

选择第一个对象或 〔放弃(U)/多段线(P)/半径(R)/修剪(T)/多个(M)〕

各选项含义及操作如下。

(1) 选择第一个对象：该选项为默认值，选择第一个、第二个对象，即完成圆角操作。

(2) 放弃(U)：放弃命令。

(3) 多段线(P)：表示在二维多段线中，凡能满足圆角条件的转折处都同时生成圆角，如图 4-35(b)所示。用"矩形"或"多边形"命令画的封闭线框能实现此功能。使用此功能时，圆角形成方式已设置。操作步骤如下。

(a)   (b)

图 4-35　在多段线上使用"圆角"命令

① 在命令行中输入 P，按 Enter 键。

② 选择二维多段线，即可完成圆角操作。

(4) 半径(R)：用于设置圆角的半径。操作步骤如下。

① 在命令行中输入 R，按 Enter 键。

② 在命令行中输入半径值，按 Enter 键，即可完成圆角半径设置。

(5) 修剪(T)：确定圆角处两种修剪状态。选择"修剪"，变为圆角后修剪直角，如图 4-36(a)所示；选择"不修剪"，则变为圆角后不修剪直角，如图 4-36(b)所示。操作步骤如下。

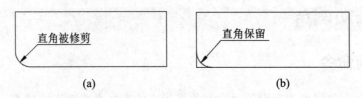

直角被修剪   直角保留

(a)   (b)

图 4-36　设置"修剪"方式

① 在命令行中输入 T 后按 Enter 键。

② 在命令行中输入 T 就修剪；在命令行中输入 N，则不修剪。

③ 按 Enter 键完成修剪设置。

(6) 多个(M)：能连续多次进行倒圆角。

4. 操作实例

使用"圆角"命令完成图 4-37(b)所示的圆角。

操作步骤

(1) 在命令行中输入 F 后按 Enter 键。

(2) 在命令行中输入 M 后按 Enter 键，连续倒圆角。

(3) 在命令行中输入 R 后按 Enter 键。

(4) 在命令行中输入 5 后按 Enter 键，指定倒圆角半径大小。

(5) 单击倒圆角对象(即线段 *AB*、*BC*、*DE*、*EF*)后按 Enter 键，完成 *R*5 倒圆角。

(6) 重复步骤(1)～(5)，其中，步骤(4)中设置圆角半径大小为 10。

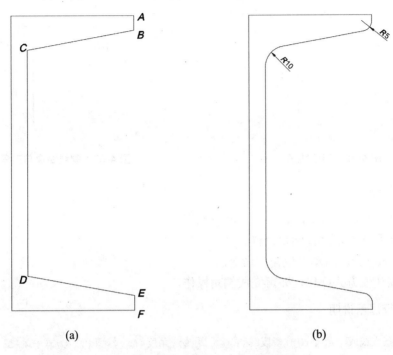

(a)　　　　　　　　　　　　　　　　　　(b)

图 4-37　使用"圆角"命令编辑图形

4.6.2　倒角命令

"倒角"命令是在两条不平行的直线之间连接一条斜线，形成一个倒角，倒角的大小取决于它离角点的距离，如果一个倒角两个点的距离相等，则是 45°的倒角。

AutoCAD 2024 系统采用两种方法确定连接两个对象的斜线：指定两个斜线距离；指定斜线角度和一个斜线距离。下面分别介绍这两种使用方法。

(1) 指定两个斜线距离。

斜线距离是指从被连接对象与斜线的交点到被连接的两对象交点之间的距离，如图 4-38 所示。

(2) 指定斜线角度和一个斜线距离。

采用这种方法连接对象时需要输入两个参数：斜线与一个对象的斜线距离、斜线与该对象的夹角，如图 4-39 所示。

1. 执行方式

◎　在命令行中输入 CHA 后按 Enter 键。

◎　选择菜单栏中的"修改"→"倒角"命令。

◎　单击"修改"工具栏中的"倒角"按钮▨。

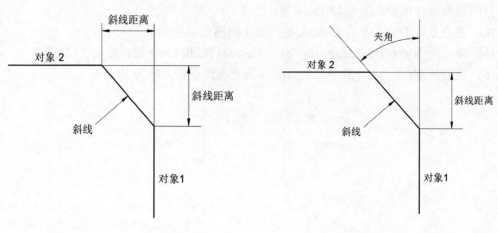

图 4-38　斜线距离　　　　　　　　　　　图 4-39　斜线距离与夹角

2. 操作步骤

(1) 在命令行中输入 CHA 后按 Enter 键。

(2) 按命令行提示进行倒角设置。

(3) 按 Enter 键，启动"倒角"命令。

(4) 按默认值方式操作，即可完成倒角操作。

3. 命令行提示说明

选择第一条直线或〔放弃(U)/多段线(P)/距离(D)/角度(A)/修剪(T)/方式(E)/多个(M)〕

各选项的含义及操作如下。

(1) 选择第一条直线：该选项为默认值，用户需要选择两条不平行的直线。操作步骤如下。

① 单击第一条直线。

② 单击第二条直线，即完成倒角操作。

(2) 放弃(U)：放弃命令。

(3) 多段线(P)：表示在二维多段线中，凡能满足倒角条件的转折处同时生成倒角线。用"矩形"或"多边形"命令画的封闭线框能实现此功能。使用此功能时倒角形成方式已设置。操作步骤如下。

① 在命令行中输入 P，按 Enter 键。

② 选择多段线，即完成多段线倒角。

(4) 距离(D)：采用指定倒角距离的方式进行倒角，如图 4-38 所示。

操作步骤如下。

① 在命令行中输入 D，按 Enter 键。

② 在命令行中输入第一条直线的倒角距离，按 Enter 键。

③ 在命令行中输入第二条直线的倒角距离，按 Enter 键，即可完成距离的设置。

(5) 角度(A)：采用指定一条直线上的倒角距离和倒角线与该直线形成的夹角的方式进

行倒角,可以确定倒角的大小,如图 4-39 所示。操作步骤如下。

① 在命令行中输入 A,按 Enter 键。

② 在命令行中输入第一条直线的倒角距离,按 Enter 键。

③ 在命令行中输入倒角线与第一条直线之间的夹角,按 Enter 键,即可完成角度的设置。

(6) 修剪(T):确定倒角处两种修剪状态。选择"修剪",倒角并修剪直角,如图 4-40(a) 所示;选择"不修剪",则只倒角而不修剪直角,如图 4-40(b)所示。操作步骤如下。

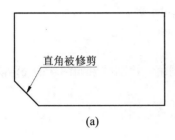 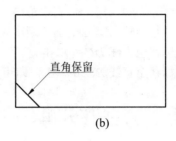

直角被修剪 (a)　　　　直角保留 (b)

图 4-40　两种修剪状态

① 在命令行中输入 T,按 Enter 键。

② 在命令行中输入 T 就修剪;在命令行中输入 N,则不修剪。

③ 按 Enter 键,即可完成"修剪"的设置。

(7) 方式(E):选择用"距离"或"角度"生成倒角的方式。操作步骤如下。

① 在命令行中输入 E,按 Enter 键。

② 若在命令行中输入 D,按 Enter 键,就按"距离"方式倒角;若在命令行中输入 A,按 Enter 键,则按"角度"方式倒角。

(8) 多个(M):能连续进行多次倒角。操作步骤如下。

① 在命令行中输入 M,按 Enter 键。

② 按命令行提示连续进行倒角操作。

③ 按 Enter 键,结束命令。

4. 操作实例

使用"倒角"命令完成图 4-41(b)和图 4-41(c)所示的倒角。

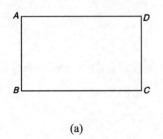 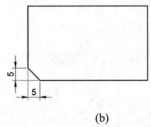 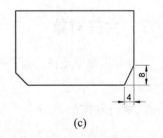

(a)　　　　(b)　　　　(c)

图 4-41　使用"倒角"命令编辑图形

操作步骤

(1) 在命令行中输入 CHA 后按 Enter 键。

(2) 在命令行中输入 D，按 Enter 键。

(3) 在命令行中输入第一个倒角距离 5，按 Enter 键。

(4) 在命令行中输入第二个倒角距离 5，按 Enter 键。

(5) 将光标移至直线 *AB* 并单击。

(6) 将光标移至直线 *BC* 并单击，即可完成倒角，绘制结果如图 4-41(b)所示。

(7) 在命令行中输入 CHA 后按 Enter 键。

(8) 在命令行中输入 D，按 Enter 键。

(9) 在命令行中输入第一个倒角距离 8，按 Enter 键。

(10) 在命令行中输入第二个倒角距离 4，按 Enter 键。

(11) 将光标移至直线 *DC* 并单击。

(12) 将光标移至直线 *BC* 并单击，即可完成倒角，绘制结果如图 4-41(c)所示。

4.7 打断、合并及分解

4.7.1 打断对象

打断与合并

"打断"命令是将一条直线或曲线打断，多用于截断或删除多余的线条部分。

1. 执行方式

◎ 在命令行中输入 BR 后按 Enter 键。

◎ 选择菜单栏中的"修改"→"打断"命令。

◎ 单击"修改"工具栏中的"打断"按钮█。

2. 操作步骤

(1) 在命令行中输入 BR 后按 Enter 键。

(2) 利用点的输入方式在线段上确定第一断点。

(3) 利用点的输入方式在线段上确定第二断点，完成打断操作，结束命令。

注意：确定第二断点时，如果在命令行中输入 F，并按 Enter 键，则第一断点无效，需重新定义第一断点。确定第二断点时，如果在命令行中输入@并按 Enter 键，则表示同点切断，将对象在选择点处断开，而不删除其中的任何部分。

4.7.2 合并对象

"合并"命令是将几条在同一直线位置上的线段合并成一条线段，与"打断"命令作用相反。

1. 执行方式

◎ 在命令行中输入 JO 后按 Enter 键。

◎ 选择菜单栏中的"修改"→"合并"命令。

◎ 单击"修改"工具栏中的"合并"按钮━━。

2. 操作步骤

(1) 在命令行中输入 JO 后按 Enter 键。

(2) 将光标移动到源对象上并单击。

(3) 将光标移动到源对象延长方向的其他线段上并单击(可连续)。

(4) 按 Enter 键，即完成合并操作，结束命令。

注意：使用"合并"命令也可将同一圆周上的几段圆弧合并。

4.7.3 分解对象

"分解"命令用于将复合对象(图块)分解成各个小部分。通常在需要对复合对象(图块)中一个或几个部分进行单独处理时，可以利用该命令将对象分解。用"矩形""多边形"命令所画的图形或后面学到的"尺寸标注""图案填充"等都是复合对象，对单独要素的操作都要用到"分解"命令。

1. 执行方式

◎ 在命令行中输入 X 后按 Enter 键。

◎ 选择菜单栏中的"修改"→"分解"命令。

◎ 单击"修改"工具栏中的"分解"按钮 🔲。

2. 操作步骤

(1) 在命令行中输入 X 后按 Enter 键。

(2) 利用点取或窗选方式选择需要分解的复合对象。

(3) 将光标移动到源对象延长方向的其他线段上并单击(可连续)。

(4) 按 Enter 键，即可完成分解操作，结束命令。

4.8 对象约束

草图约束能够精确地控制草图中的对象。草图约束有两种类型，即几何约束和标注约束。

(1) 几何约束用于建立草图对象的几何特性(如要求某一直线具有固定长度)，或是两个或更多草图对象的关系类型(如要求两条直线垂直或平行，或是几个圆弧具有相同的半径)。

(2) 标注约束用于建立草图对象的大小(如直线的长度、圆弧的半径等)，或是两个对象之间的关系(如两点之间的距离)。

4.8.1 建立几何约束

利用几何约束工具可以指定草图对象必须遵守的条件，或是草图对象之间必须维持的关系。主要几何约束模式及其功能如表 4-1 所列。

几何约束

表 4-1　主要几何约束模式及其功能

约束模式	功　能
重合	约束两个点使其重合，或约束一个点使其位于曲线(或曲线的延长线)上。可以使对象上的约束点与某个对象重合，也可以使其与另一对象上的约束点重合
共线	使两条或多条直线段沿同一直线方向，使它们共线
同心	将两个圆弧、圆或椭圆约束到同一个中心点，结果与将重合约束应用于曲线的中心点所产生的效果相同
固定	将几何约束应用于一对对象时，选择对象的顺序以及选择每个对象的点可能会影响对象彼此间的放置方式
平行	使选定的直线位于彼此平行的位置，平行约束在两个对象之间应用
垂直	使选定的直线位于彼此垂直的位置，垂直约束在两个对象之间应用
水平	使直线或点位于与当前坐标系 X 轴平行的位置，默认选择类型为对象
竖直	使直线或点位于与当前坐标系 Y 轴平行的位置
相切	将两条曲线约束为保持彼此相切或其延长线保持彼此相切，相切约束在两个对象之间应用
平滑	将样条曲线约束为连续，并与其他样条曲线、直线、圆弧或多段线保持连续性
对称	使选定对象受对称约束，相对于选定直线对称
相等	将选定圆弧和圆的尺寸重新调整为半径相同，或将选定直线的尺寸重新调整为长度相同

　　在绘图过程中可指定二维对象或对象上点之间的几何约束。在编辑受约束的几何图形时将保留约束，因此，使用几何约束可以使图形符合设计要求。

4.8.2　设置几何约束

　　在用 AutoCAD 2024 绘图时，可以控制约束栏的显示，利用"约束设置"对话框可控制约束栏上显示或隐藏的几何约束类型。控制几何约束和约束栏的显示或隐藏有以下几种类型。

◎　显示(或隐藏)所有的几何约束。
◎　显示(或隐藏)指定类型的几何约束。
◎　显示(或隐藏)所有与选定对象相关的几何约束。

执行方式

◎　在命令行中输入 CSETTINGS 后按 Enter 键。
◎　选择菜单栏中的"参数"→"约束设置"命令。

　　执行上述命令后，系统打开"约束设置"对话框，选择"几何"选项卡，如图 4-42 所示，利用此对话框可以控制约束栏上约束类型的显示。

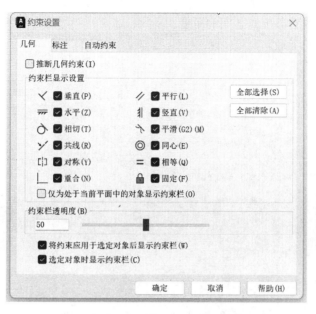

图 4-42　"约束设置"对话框的"几何"选项卡

4.8.3　建立标注约束

建立标注约束可以限制图形几何对象的大小，作用与在草图上标注尺寸相似，会设置尺寸标注线，与此同时也会建立相应的表达式，不同的是，可以在后续的编辑工作中实现尺寸的参数化驱动。

标注约束

在生成标注约束时，用户可以选择草图曲线、边、基准平面或基准轴上的点，以生成水平、竖直、平行、垂直和角度尺寸。系统会生成一个表达式，其名称和值显示在一个文本框中，如图 4-43 所示，用户可以在文本框中编辑该表达式的名称和值。

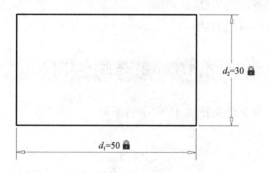

$d_2=30$

$d_1=50$

图 4-43　编辑标注约束示意图

4.8.4　设置标注约束

在用 AutoCAD 2024 绘图时，使用"约束设置"对话框中的"标注"选项卡，如图 4-44 所示，可控制显示标注约束时的系统配置。

标注约束的具体内容如下。

(1) 对象之间或对象上点之间的距离。

(2) 对象之间或对象上点之间的角度。

(3) 圆或圆弧的半径。

(4) 圆或圆弧的直径。

图 4-44 "标注"选项卡

4.9 本章小结

本章主要讲解了各种基本编辑命令的操作方法，熟练掌握这些命令的操作方法可以快速并准确地进行绘图。

本章重点与难点：

(1) 点取和窗选对象的方法；

(2) 自动捕捉设置及应用方法；

(3) 各种编辑命令的应用方法。

4.10 思考与练习

(1) 利用"阵列"命令绘制图 4-45 所示的图形。

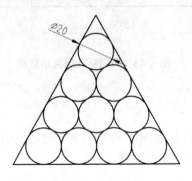

图 4-45 阵列练习

(2) 绘制图 4-46 所示的标题栏。试用"偏移"命令和"阵列"命令分别绘图。

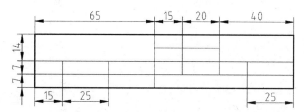

图 4-46　标题栏

(3) 绘制图 4-47 所示的图形。

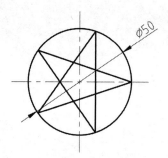

图 4-47　五角星

第 **5** 章

一般图形的绘制方法、技巧与实例

　　掌握 AutoCAD 2024 二维绘图的基本命令和图形编辑命令之后，读者需要学会如何应用这些命令来快速、准确地绘制出一般的图形。本章将介绍一般图形的绘制方法、技巧与实例。

本章导读

　　本章介绍利用 AutoCAD 2024 软件绘制一般图形的方法、技巧与实例，主要内容如下：

　◎　绘图的一般步骤；

　◎　直线图形绘制的方法与技巧；

　◎　圆弧连接图形绘制的方法与技巧；

　◎　对称图形绘制的方法与技巧；

　◎　均布图形绘制的方法与技巧。

5.1 绘图的一般步骤

在绘制图形之前，要先了解一下绘制一般图形的步骤，从而为绘制图形打下坚实的基础。绘制 AutoCAD 平面图形的一般步骤如下。

(1) 设置图层。

(2) 设置文字样式。

(3) 设置尺寸样式。

(4) 绘制图框和标题栏。

(5) 开始画图，无论图形是"大"还是"小"，首先都按照 1：1 进行绘图，具体步骤如下。

① 将图层切换到"轮廓线"图层，完成图形的轮廓绘制(包括中心线、虚线)。

② 将中心线、虚线转换成"中心线""虚线"图层。具体操作方法为：先将图形中的中心线或虚线选中，再单击"图层"工具栏中的下三角按钮，然后选择对应的图层，如图 5-1 所示。

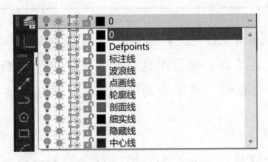

图 5-1 选择图层

③ 将图形进行放大或缩小。

④ 将图层转换到"尺寸线"图层，进行尺寸标注。

⑤ 将图层转换到"剖面线"图层，进行图案填充。

⑥ 将图层转换到"文字"图层，进行文字输入。

(6) 将图形移动到图框内。

(7) 将图形打印输出。

提醒：上述画图的步骤(1)～(4)可以事先制作一个模板(.dwt)，当要画图时，只要将模板打开即可，这样就可以大大缩短绘图时间。

5.2 直线图形绘制的方法、技巧与实例

传统的绘制直线的方法是利用输入的坐标来确定直线的两个端点，这种方法要求操作者对坐标输入的方法十分熟悉，而且速度很慢，因此多数情况下可以不采用输入坐标的方法进行绘图，而是利用 AutoCAD 2024 提供的辅助画图工具进行绘图，如对象捕捉、正交模式等，这些工具极大地提高了画图的效率。

直线共有 6 种类型：水平线、竖直线、斜线、平行线、垂线、圆(圆弧)的切线，本节将通过具体的实例来讲解前 5 种直线的绘制方法和技巧，圆(圆弧)的切线将在 5.3 小节中进行介绍。

5.2.1 直线图形绘制的方法与技巧

1. 利用"正交模式"功能绘制水平线和竖直线

利用"正交"功能绘制水平线和竖直线

如果要绘制水平线或竖直线，要将正交模式打开。在正交模式下，光标只能沿水平方向或竖直方向移动。再利用光标确定方向，最后在命令行中输入所要绘制的线段长度，按 Enter 键即可完成线段的绘制。

在图 5-2 所示的练习中，用"直线"命令结合"正交模式"功能绘制水平线和竖直线。

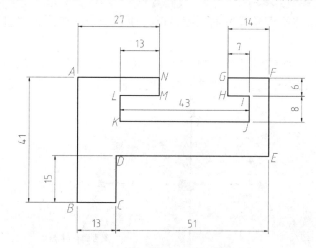

图 5-2　绘制水平线和竖直线

操作步骤

(1) 单击状态栏中的"正交模式"按钮，将"正交模式"功能开启。

(2) 在命令行中输入 L 后按 Enter 键，启动"直线"命令，在绘图区任意一点单击，确定 *A* 点。

(3) 将光标向下移动并在命令行中输入线段 *AB* 的长度 41，按 Enter 键，确定 *B* 点。

(4) 将光标向右移动并在命令行中输入线段 *BC* 的长度 13，按 Enter 键，确定 *C* 点。

(5) 将光标向上移动并在命令行中输入线段 *CD* 的长度 15，按 Enter 键，确定 *D* 点。

(6) 将光标向右移动并在命令行中输入线段 *DE* 的长度 51，按 Enter 键，确定 *E* 点。

(7) 将光标向上移动并在命令行中输入线段 *EF* 的长度 26，按 Enter 键，确定 *F* 点。

(8) 将光标向左移动并在命令行中输入线段 *FG* 的长度 14，按 Enter 键，确定 *G* 点。

(9) 将光标向下移动并在命令行中输入线段 *GH* 的长度 6，按 Enter 键，确定 *H* 点。

(10) 将光标向右移动并在命令行中输入线段 *HI* 的长度 7，按 Enter 键，确定 *I* 点。

(11) 将光标向下移动并在命令行中输入线段 *IJ* 的长度 8，按 Enter 键，确定 *J* 点。

(12) 将光标向左移动并在命令行中输入线段 *JK* 的长度 43，按 Enter 键，确定 *K* 点。

(13) 将光标向上移动并在命令行中输入线段 *KL* 的长度 8，按 Enter 键，确定 *L* 点。

(14) 将光标向右移动并在命令行中输入线段 *LM* 的长度 13，按 Enter 键，确定 *M* 点。

(15) 将光标向上移动并在命令行中输入线段 *MN* 的长度 6，按 Enter 键，确定 *N* 点。

(16) 将光标向左移动并在命令行中输入线段 *NA* 的长度 27，按 Enter 键，完成图形的绘制，按 Esc 键结束"直线"命令。

2. 利用"偏移"命令绘制平行线

在命令行中输入 O 后，启动"偏移"命令，只需要在命令行中输入两平行线之间的距离并指定偏移方向，即可绘制出相互平行的直线。

此外，还可以在"几何约束"工具栏中单击"平行"按钮，对不平行的两条直线添加"平行"约束。

3. 直线长度的调整方法

绘图过程中常常需要调整线段的长度，以方便下一步的作图。调整线段长度的常用方法有以下两种。

(1) 若线段是水平线或竖直线，则可打开"正交模式"功能，激活(只要选择直线就可以激活)线段的关键点(也称夹点)，通过关键点的拉伸来改变段的长度，如图 5-3 所示。

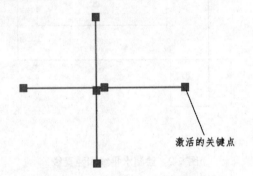

图 5-3　利用关键点改变线段的长度

(2) 利用"打断"命令修改线段的长度。首先在要打断的位置拾取第一个点，再在线段端部以外的位置拾取第二个点，操作的结果是两个选择点之间的部分被删除了。

5.2.2　直线图形绘制实例

下面绘制图 5-4 所示的直线图形。

直线图形
绘制实例

1. 分析

(1) 此图形包括水平线、斜线和竖直线的绘制。

(2) 绘制图形时，首先利用绘制水平线、竖直线和斜线的方法将外围轮廓画出；然后利用"偏移"命令确定内部结构的轮廓；最后利用"延伸"和"修剪"命令形成内部轮廓。

2. 操作步骤

(1) 设置图层(略)。

(2) 设置文字样式(略)。

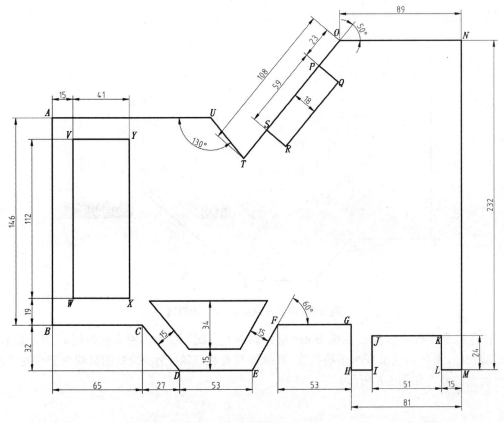

图 5-4　直线图形绘制实例

(3) 设置尺寸样式(略)。

(4) 绘制图框和标题栏(略)。

(5) 单击状态栏中的"正交模式"和"对象捕捉"按钮，将"正交模式"和"对象捕捉"功能开启。

(6) 将图层切换到"轮廓线"图层，开始按 1∶1 的比例绘制图形。

(7) 在命令行中输入 L 后按 Enter 键，启动"直线"命令，在绘图区任意一点单击，确定 A 点。

(8) 将光标向下移动并在命令行中输入长度 146，按 Enter 键，确定 B 点。

(9) 将光标向右移动并在命令行中输入长度 65，按 Enter 键，确定 C 点。

(10) 将光标向下移动并在命令行中输入长度 32，按 Enter 键，将鼠标向右移动并在命令行中输入长度 27，按 Enter 键，确定 D 点。然后按 Esc 键结束"直线"命令。

(11) 在命令行中输入 L 后按 Enter 键，重新启动"直线"命令，绘制直线 CD。

(12) 选择第(10)步绘制的两条辅助线，按 Delete 键删除。

(13) 在命令行中输入 L 后按 Enter 键，重新启动"直线"命令，将光标捕捉到 D 点，向右移动并在命令行中输入长度 53，按 Enter 键，确定 E 点。

(14) 在状态栏中单击"正交模式"按钮，关闭"正交模式"功能。

(15) 在命令行中输入 L 后按 Enter 键，启动"直线"命令，光标捕捉到 E 点后单击，斜向上拖动光标，按 Tab 键，在动态的角度文本框中输入角度值 60，然后按 Enter 键，绘制结果如图 5-5 所示。

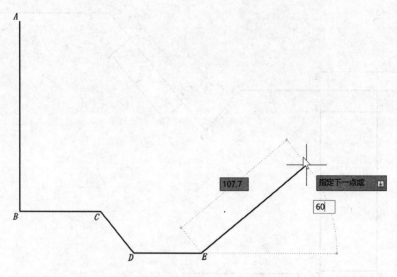

图 5-5　绘制与水平成 60°的斜线

(16) 在命令行中输入 L 后按 Enter 键，启动"直线"命令，用光标捕捉 C 点，然后水平移动光标，系统自动出现水平捕捉线，在水平捕捉线与第(15)步绘制的斜线的交点处单击，即可确定 F 点，如图 5-6 所示。

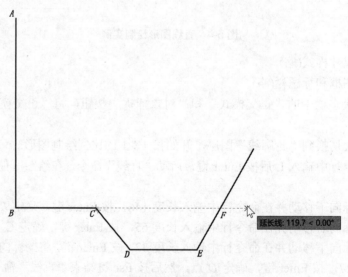

图 5-6　确定点 F

(17) 单击状态栏中的"正交模式"按钮，打开"正交模式"功能，然后将光标向右移动并在命令行中输入长度 53，按 Enter 键，确定 G 点，如图 5-7 所示。

(18) 在命令行中输入 TR 后按 Enter 键，启动"修剪"命令，在线段 EF 的延长线上单击，修剪多余线段，结果如图 5-8 所示。

(19) 在命令行中输入 L 后按 Enter 键，启动"直线"命令，光标捕捉到 C 点后单击，然后将光标向下移动并在命令行中输入长度 32，确定 H 点。

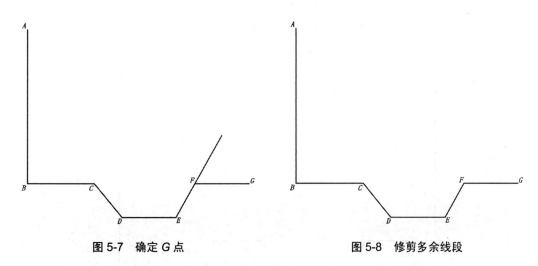

图 5-7　确定 G 点　　　　　　　　　图 5-8　修剪多余线段

(20) 将光标向右移动并在命令行中输入长度 15，按 Enter 键，确定 I 点。

(21) 将光标向上移动并在命令行中输入长度 24，按 Enter 键，确定 J 点。

(22) 将光标向右移动并在命令行中输入长度 51，按 Enter 键，确定 K 点。

(23) 将光标向下移动并在命令行中输入长度 24，按 Enter 键，确定 L 点。

(24) 将光标向右移动并在命令行中输入长度 15，按 Enter 键，确定 M 点。

(25) 将光标向上移动并在命令行中输入长度 232，按 Enter 键，确定 N 点。

(26) 将光标向左移动并在命令行中输入长度 89，按 Enter 键，确定 O 点。

(27) 单击状态栏中的"正交模式"按钮，关闭"正交模式"功能，向斜下方拖动光标，在动态的长度文本框中输入 108，按 Tab 键，然后在动态的角度文本框中输入角度值 130，按 Enter 键，即可绘制线段 OT，绘制结果如图 5-9 所示。

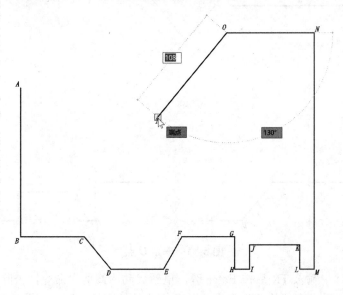

图 5-9　绘制线段 OT

(28) 向左上方拖动光标，按 Tab 键，在动态的角度文本框中输入角度值 130，按 Enter 键，绘制一条斜线，如图 5-10 所示，然后按 Esc 键结束"直线"命令。

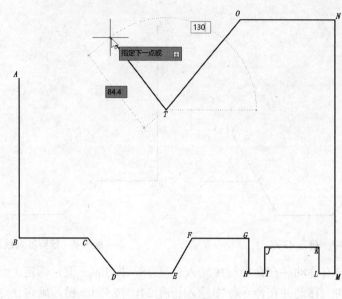

图 5-10　绘制斜线

(29) 单击状态栏中的"正交模式"按钮，开启"正交模式"功能，在命令行中输入 L 后按 Enter 键，重新启动"直线"命令，在 A 点单击，向右拖动光标，在与上一步绘制的斜线的交点处单击，从而确定 U 点，如图 5-11 所示，再按 Esc 键结束"直线"命令。

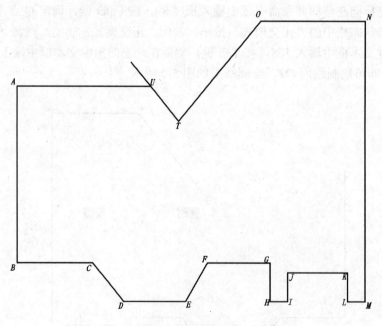

图 5-11　确定 U 点

(30) 在命令行中输入 TR 后按 Enter 键，重新启动"修剪"命令，去除 TU 延长线上多余的线段，按 Esc 键结束"修剪"命令，从而完成外轮廓的绘制，如图 5-12 所示。

(31) 单击状态栏中的"正交模式"按钮，关闭"正交模式"功能，在命令行中输入 L 后按 Enter 键，重新启动"直线"命令，用光标捕捉 O 点并单击，绘制与线段 OT 垂直、长度为 18 的线段，如图 5-13 所示。

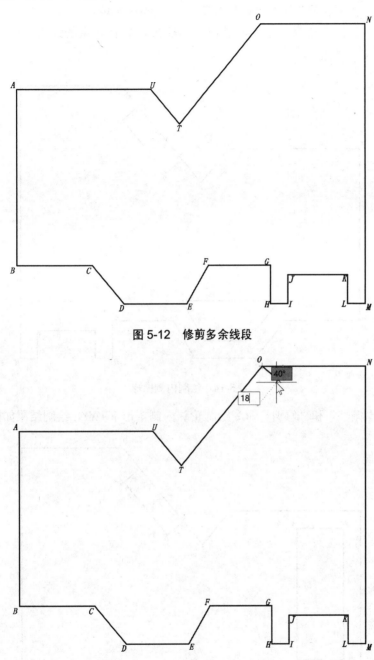

图 5-12　修剪多余线段

图 5-13　绘制垂线

(32) 在命令行中输入 O 后按 Enter 键，启动"偏移"命令，选择(31)步绘制的垂线为偏移对象，输入偏移距离 23，单击垂线的左下侧，绘制出线段 *PQ*。

(33) 重复"偏移"命令，以线段 *PQ* 为偏移对象，偏移距离为 59，绘制出线段 *SR*。

(34) 在命令行中输入 L 后按 Enter 键，启动"直线"命令，绘制直线 *QR*，然后删除过 *O* 点的垂线。

(35) 在命令行中输入 O 后按 Enter 键，重新启动"偏移"命令，将线段 *CD*、*DE*、*EF* 向内侧偏移 15，然后再次以 *DE* 为偏移对象，向内侧偏移 49。

(36) 启动"延伸"命令，绘制轮廓内侧的梯形，并将多余的线段修剪掉，绘制结果如图 5-14 所示。

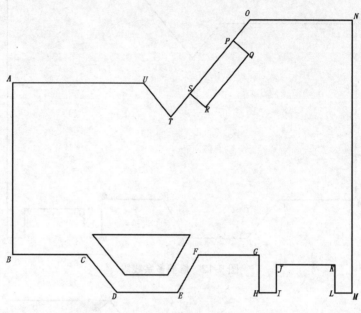

图 5-14　绘制内侧梯形

(37) 利用"偏移"和"修剪"命令绘制轮廓内侧矩形 *VWXY*，绘制结果如图 5-15 所示。

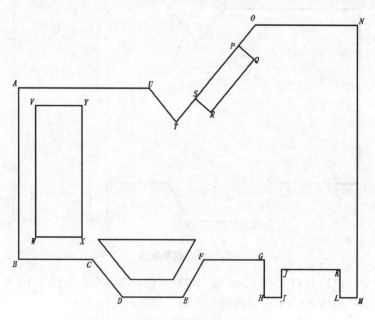

图 5-15　绘制内侧矩形

(38) 将图层切换到"标注线"图层，开始标注图形的尺寸(略)。

5.3　圆弧连接图形绘制的方法、技巧与实例

机械图中有一类很典型的图形，图中包含多种相切关系，如某一圆弧与两个图形对象或 3 个图形对象相切、直线与圆弧相切等。在表达这些相切关系时，常用"圆弧"和"圆"命令以及"对象捕捉"工具栏中的"切点捕捉"功能，前两个命令可以绘制过渡圆弧，"切点捕捉"功能可以精确拾取相切对象的切点。本节着重介绍各种相切关系情况下过渡圆弧及相切直线的绘制方法和技巧。

5.3.1　圆弧连接图形绘制的方法和技巧

绘制圆或圆弧
切线的方法

1. 过圆弧外一点绘制圆弧的切线

过圆弧外一点绘制圆弧的切线包括以下两种情况。

(1) 过圆弧外任意一点绘制圆弧的切线。

过圆弧外任意一点绘制圆弧切线的方法是利用"直线"命令结合"切点捕捉"功能来实现的。

图 5-16 所示的练习是过圆弧外任意一点绘制圆弧的切线，绘图方法如下。

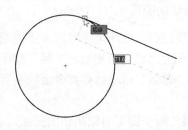

图 5-16　过圆弧外任意一点绘制圆弧的切线

在命令行中输入 L 后按 Enter 键，启动"直线"命令，在圆外任意一点单击确定直线的第一点，单击"切点捕捉"按钮，将光标移动到圆周上单击，即可完成圆弧切线的绘制。

(2) 沿指定方向绘制圆弧的切线。

沿指定方向绘制圆弧的切线，要求所绘直线既和圆弧相切，又与水平方向或竖直方向有一定的夹角。用"直线"命令结合"切点捕捉"功能来绘制是无法绘制出这条切线的，要用"直线"命令结合和"偏移"命令来绘制指定方向的切线。

图 5-17(c)所示的练习是沿指定方向绘制圆弧的切线，绘图步骤如下。

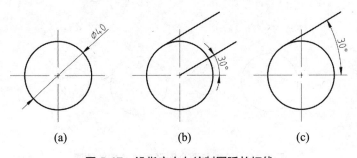

(a)　　　　　　　　　(b)　　　　　　　　　(c)

图 5-17　沿指定方向绘制圆弧的切线

① 在命令行中输入 C 后按 Enter 键，启动"圆"命令，绘制图 5-17(a)所示的圆。

② 在命令行中输入 L 后按 Enter 键，启动"直线"命令，以圆心作为直线的第一点，将光标向右上方拖动，按 Tab 键，然后在动态的角度文本框中输入角度值 30，按 Enter 键，即可绘制一条与水平线成 30°的线段，如图 5-17(b)所示。

③ 在命令行中输入 O 后按 Enter 键，启动"偏移"命令，将第②步绘制的斜线作为偏移对象，向左上方偏移 20，绘制结果如图 5-17(c)所示。

2. 绘制两圆弧的公切线

绘制两圆弧的公切线与过圆弧外任意一点绘制圆弧切线的方法不同的是，公切线的第一点就要用"切点捕捉"功能来确定。

图 5-18 所示的练习是绘制两圆或圆弧的公切线，绘图方法如下：

启动"直线"命令，单击"切点捕捉"按钮，将光标移动到大圆圆周上单击确定直线的第一点，

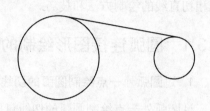

图 5-18　绘制两圆或两圆弧的公切线

再次单击"切点捕捉"按钮，将光标移动到小圆圆周上单击确定直线的第二点，即可完成两圆或圆弧公切线的绘制。

3. 绘制与两个图形对象相切的圆弧

与两个图形对象相切的过渡圆弧，这两个图形对象可能是圆或直线，对于此类圆弧，可先用"圆"命令的"相切、相切、半径"绘图模式，画一个与已知对象相切的圆，然后用"修剪"命令修剪掉多余的圆弧，就形成了过渡圆弧。

圆弧连接的
方法

图 5-19 所示的练习是绘制与两个图形对象相切的圆弧，利用"圆"和"修剪"命令将图 5-19(a)改为图 5-19(b)。

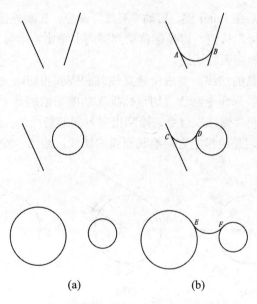

(a)　　　　　　　　(b)

图 5-19　绘制与两个图形对象相切的圆弧

操作步骤

(1) 在命令行中输入 C 后按 Enter 键，启动"圆"命令，在命令行中输入 T，选择"相切、相切、半径"绘图模式。

(2) 在 A 点处拾取线段，如图 5-19(b)所示。

(3) 在 B 点处拾取线段，如图 5-19(b)所示。

(4) 在命令行中输入适当的圆半径，按 Enter 键。

(5) 重新启动"圆"命令，选择"相切、相切、半径"绘图模式。

(6) 在 C 点处拾取线段，如图 5-19(b)所示。

(7) 在 D 点处拾取线段，如图 5-19(b)所示。

(8) 在命令行中输入适当的圆半径，按 Enter 键。

(9) 重新启动"圆"命令，选择"相切、相切、半径"绘图模式。

(10) 在 E 点处拾取线段，如图 5-19(b)所示。

(11) 在 F 点处拾取线段，如图 5-19(b)所示。

(12) 在命令行中输入适当的圆半径，按 Enter 键。

(13) 启动"修剪"命令剪掉多余的圆弧，就得到图 5-19(b)所示的效果。

当绘制与两个圆相切的圆时，选择不同位置的切点，就将产生内切或外切的不同关系，如图 5-20 所示。当拾取的是中心线以内的两个点时，画出的是与两个圆相外切的圆；当拾取的是中心线以外的两个点时，画出的是与两个圆相内切的圆。

圆弧连接实例

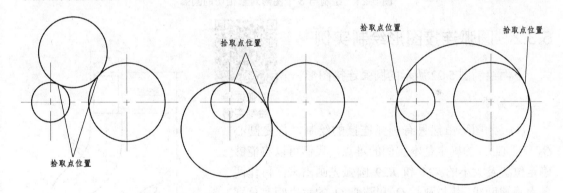

图 5-20　不同切点位置产生的内切或外切关系

注意：除了用"圆"命令绘制圆弧过渡外，也可以用"圆角"命令完成此项任务。当用"圆角"命令绘制与两个圆相切的圆弧时，只能绘制与已知圆弧外切的圆弧。

4. 绘制与 3 个图形对象相切的圆弧

绘制与 3 个图形对象相切的过渡圆弧，可先用"圆"命令的"相切、相切、相切"绘图模式画一个与 3 个图形对象相切的圆，然后用"修剪"命令剪掉多余的圆弧，就形成了过渡圆弧。

图 5-21 所示的练习是绘制与 3 个图形对象相切的圆弧，通过"圆"和"修剪"命令将图 5-21(a)改为图 5-21(b)。

操作步骤

(1) 启动"圆"命令中的"相切、相切、相切"绘图模式。

(2) 在 A 点处拾取线段，如图 5-21(b)所示。

(3) 在 B 点处拾取线段，如图 5-21(b)所示。

(4) 在 C 点处拾取线段，如图 5-21(b)所示。

(5) 重新启动"圆"命令中的"相切、相切、相切"绘图模式。

(6) 在 D 点处拾取线段，如图 5-21(b)所示。

(7) 在 E 点处拾取线段，如图 5-21(b)所示。

(8) 在 F 点处拾取线段，如图 5-21(b)所示。

(9) 启动"修剪"命令剪掉多余的圆弧，就可以得到图 5-21(b)所示的效果。

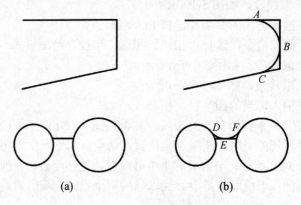

(a)　　　　　(b)

图 5-21　绘制与 3 个图形对象相切的圆弧

5.3.2　圆弧连接图形绘制实例

圆弧连接
绘制实例

下面绘制图 5-22 所示的圆弧连接图形。

1. 分析

(1) 此图形虽然只有圆弧连接的绘制，但是圆心 O_2 和圆心 O_3 的确定是本实例的难点。我们可以将能够确定位置及大小的 $\phi24$ 和 $R29$ 圆弧先画出来，再作两条水平辅助线，其与圆心 O_2 和圆心 O_3 的垂直距离分别是 14 和 24，然后利用"圆"命令中的"相切、相切、半径"模式绘制辅助线与已知圆弧之间的过渡圆弧，进而确定圆心 O_2 和圆心 O_3 的位置。

(2) 绘制图形时，首先绘制中心圆的中心线和位置、大小已知的圆弧，然后利用辅助线绘制过渡圆弧，最后利用"修剪"命令修整图形。

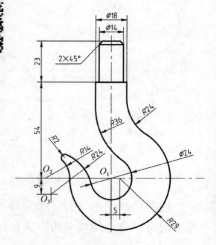

图 5-22　圆弧连接图形绘制实例

2. 操作步骤

(1) 设置图层(略)。

(2) 设置文字样式(略)。

(3) 设置尺寸样式(略)。

(4) 绘制图框和标题栏(略)。

(5)　单击状态栏中的"正交模式"和"对象捕捉"按钮，将"正交模式"和"对象捕捉"功能开启。

(6)　将图层转换到"轮廓线"图层，开始按 1：1 的比例绘制图形。

(7)　在命令行中输入 L 后按 Enter 键，启动"直线"命令，任意画一条水平直线和一条竖直直线，确定圆心 O_1，如图 5-23(a)所示。

(8)　在命令行中输入 C 后按 Enter 键，启动"圆"命令，以 O_1 为圆心绘制直径为 24 和半径为 29 的两个圆，如图 5-23(a)所示。

(9)　在命令行中输入 M 后按 Enter 键，启动"移动"命令，选择半径为 29 的圆为移动对象，以任意一点为基点，将光标向右移动并在命令行中输入距离 5，按 Enter 键，将此圆向右移动 5 的距离，如图 5-23(b)所示。

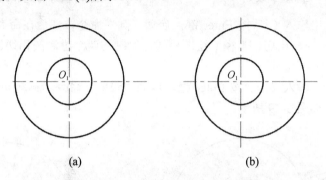

(a)　　　　　　　　　　　　　　(b)

图 5-23　绘制直径为 24 和半径为 29 的两个圆

(10)　在命令行中输入 O 后按 Enter 键，启动"偏移"命令，以水平中心线为偏移对象向上偏移 14，绘制出水平辅助线 L_1，如图 5-24 所示。

(11)　在命令行中输入 C 后按 Enter 键，启动"圆"命令，然后在命令行中输入 T 后按 Enter 键，选择"相切、相切、半径"绘图模式，在 L_1 上单击，然后在 R29 圆上单击，输入半径值 14，即可绘制一个圆与 L_1 和 R29 圆相切，该圆的圆心即为 O_2 点，结果如图 5-25 所示。

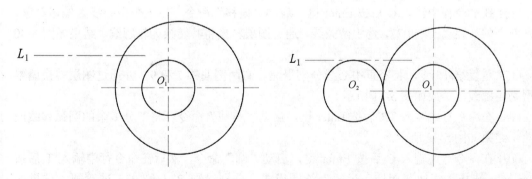

图 5-24　绘制辅助线 L_1　　　　　图 5-25　绘制与辅助线 L_1 和 R29 圆相切的过渡圆

(12)　在命令行中输入 O 后按 Enter 键，启动"偏移"命令，以水平中心线为偏移对象向上偏移 15(24-9=15)，绘制出水平辅助线 L_2，如图 5-26 所示。

(13)　重复第(11)步，绘制与 L_2 和 ϕ24 相切、半径为 24 的过渡圆，该圆的圆心即为 O_3 点，结果如图 5-27 所示。

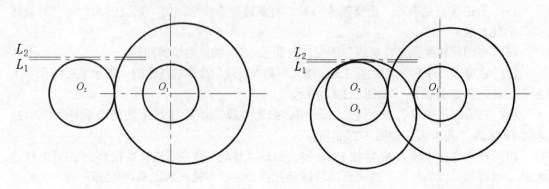

图 5-26　绘制辅助线 L_2　　　　　　图 5-27　绘制与辅助线 L_2 和 ϕ 24 圆相切的过渡圆

　　(14) 在命令行中输入 C 后按 Enter 键，启动"圆"命令，然后在命令行中输入 T 后按 Enter 键，选择"相切、相切、半径"绘图模式，绘制与两个过渡圆相切、半径为 2 的圆，绘制结果如图 5-28 所示。

　　(15) 在命令行中输入 TR 后按 Enter 键，启动"修剪"命令，将辅助线 L_1 和 L_2 及多余的圆弧删除，结果如图 5-29 所示。

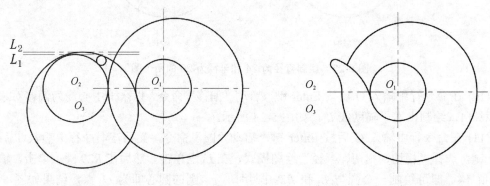

图 5-28　绘制过渡圆　　　　　　　图 5-29　删除多余的圆弧

　　(16) 在命令行中输入 O 后按 Enter 键，启动"偏移"命令，以水平中心线为偏移对象，分别向上偏移距离 54 和 77，选中两条线，通过图层转换将其转换为轮廓线，结果如图 5-30 所示。

　　(17) 重复第(16)步，将竖直中心线分别沿左、右两侧偏移 7 和 9，并通过图层转换调整线型为轮廓线，结果如图 5-31 所示。

　　(18) 在命令行中输入 TR 后按 Enter 键，启动"修剪"命令，将部分多余的圆弧和线段删除，结果如图 5-32 所示。

　　(19) 在命令行中输入 C 后按 Enter 键，启动"圆"命令，然后在命令行中输入 T 后按 Enter 键，选择"相切、相切、半径"绘图模式，分别绘制 R24 和 R36 过渡圆，结果如图 5-33 所示。

　　(20) 在命令行中输入 TR 后按 Enter 键，启动"修剪"命令，将部分多余的圆弧和线段删除，结果如图 5-34 所示。

　　(21) 在命令行中输入 CHA 后按 Enter 键，启动"倒角"命令，完成顶部 2×45° 倒角，然后启动"直线"命令，绘制倒角轮廓线，结果如图 5-35 所示。

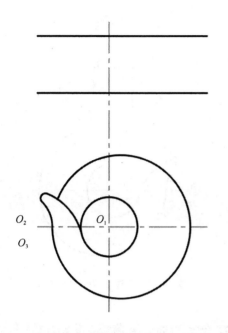

图 5-30　偏移水平中心线

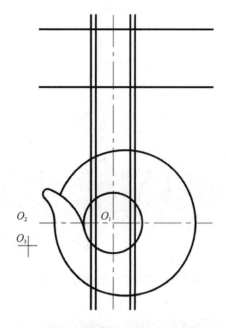

图 5-31　偏移竖直中心线

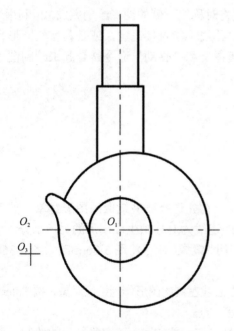

图 5-32　删除多余的圆弧和线段

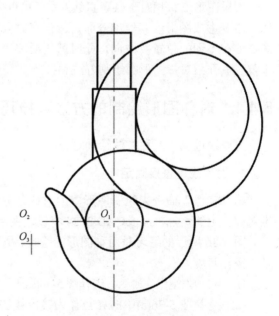

图 5-33　绘制 R24 和 R36 过渡圆

(22) 将图层切换到"标注线"图层，开始标注图形的尺寸(略)。

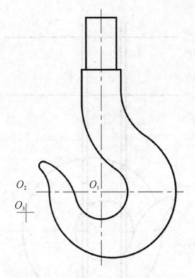

图 5-34　删除多余的圆弧和线段

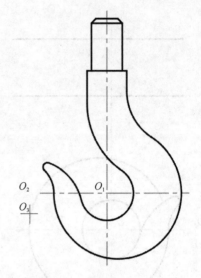

图 5-35　创建 2×45°倒角

5.4　对称图形绘制的方法、技巧与实例

　　如果图形形状相对于某条直线对称，可以先将对称线一侧的图形绘制完成，再利用"镜像"命令生成图形的其他部分即可。但有时候对称线不能直接确定，或是具有相同形状的图形处在不同的位置及方向，此时就需要将"镜像"和"移动"命令结合起来绘制图形。本节着重介绍对称图形的绘制方法和技巧。

5.4.1　对称图形绘制的方法和技巧

　　可以通过以下两种方法绘制对称图形。

1. 对称线可直接确定

　　用"镜像"命令来绘制图形中的对称部分时，首先选择要被镜像的图形对象，然后指定对称线上的两点，AutoCAD 2024 将以这两点的连线为对称轴生成图形的另一部分。

　　图 5-36 所示的练习是对称图形的绘制，是利用"镜像"命令将图 5-36(a)改为图 5-36(b)。

操作步骤

　　(1)　启动"镜像"命令，选择图 5-36(a)所示中心线左侧的图形作为镜像对象，按 Enter 键。

　　(2)　选择图 5-36(a)中的 A 点作为镜像线的第一点。

　　(3)　选择图 5-36(a)中的 B 点作为镜像线的第二点，按 Enter 键完成图形的绘制，结果如图 5-36(b)所示。

2. 对称线不可直接确定

　　用"镜像"命令来绘制图形中的对称部分时，必须指定对称线，但有时对称线的位置比较难以确定，这时可以先以任意一条线为镜像的对称线，然后用"移动"命令将新形成的图形移动到正确的位置。

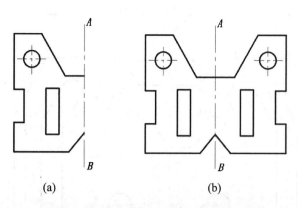

(a)　　　　　　　　　　(b)

图 5-36　绘制对称线可直接确定的对称图形

图 5-37 所示的练习是对称图形的绘制，是利用"镜像"和"移动"命令将图 5-37(a)改为图 5-37(c)。

操作步骤

(1)　启动"镜像"命令，选择图 5-37(a)中的 *A* 图形作为镜像对象，按 Enter 键。

(2)　选择图 5-37(a)中的 *C* 点作为镜像线的第一点。

(3)　选择图 5-37(a)中的 *D* 点作为镜像线的第二点，按 Enter 键，完成镜像操作，结果如图 5-37(b)所示。

(4)　启动"移动"命令，选择图 5-37(b)中的 *B* 图形作为移动对象，以 *E* 点为基点，将 *B* 图形中的 *E* 点移动到 *F* 点，如图 5-37(c)所示。

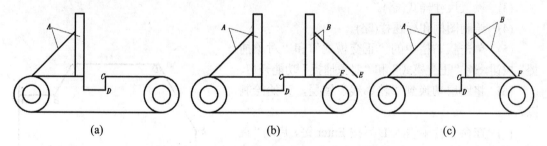

(a)　　　　　　　　　　(b)　　　　　　　　　　(c)

图 5-37　绘制对称线不可直接确定的对称图形

5.4.2　对称图形绘制实例

下面绘制图 5-38 所示的对称图形。

对称图形绘制
实例

1. 分析

(1)　此图形为典型的对称图形，对称线为 *AI*。

(2)　绘制对称图形时，首先将对称中心线一侧的对象绘制完成，再利用"镜像"命令完成另一侧图形的绘制。

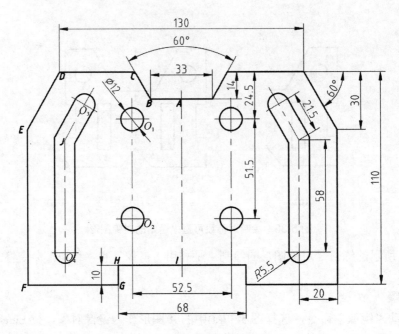

图 5-38　对称图形实例

2. 绘图步骤

(1) 设置图层(略)。

(2) 设置文字样式(略)。

(3) 设置尺寸样式(略)。

(4) 绘制图框和标题栏(略)。

(5) 单击状态栏中的"正交模式"和"对象捕捉"按钮，将"正交模式"和"对象捕捉"功能开启。

(6) 将图层切换到"轮廓线"图层，开始绘制图形。

(7) 在命令行中输入 L 后按 Enter 键，启动"直线"命令，任意画一条竖直直线，确定对称线 AI 的位置。

(8) 重新启动"直线"命令，利用绘制水平线、竖直线及斜线的方法，绘制出对称线左侧的外轮廓，如图 5-39 所示。

(9) 在命令行中输入 O 后按 Enter 键，启动"偏移"命令，以线段 DE 和 EF 为偏移对象，向右偏移 20 的距离，得到交点 J，如图 5-40(a)所示。

(10) 在命令行中输入 C 后按 Enter 键，启动"圆"命令，以交点 J 为圆心，分别绘制半径为 21.5 和 58 的两个圆，得到圆心 O_3 和 O_4，如图 5-40(b)所示。

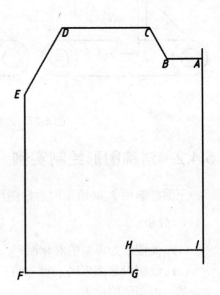

图 5-39　绘制对称线及对称线左侧的图形

(11) 在命令行中输入 C 后按 Enter 键，重新启动"圆"命令，以 O_3 和 O_4 为圆心，绘制两个半径均为 5.5 的圆，如图 5-41(a)所示。

(12) 启动"删除"命令，删除第(10)步绘制的两个辅助圆，然后启动"偏移"命令，将直线 *DE* 和 *EF* 分别向右偏移 14.5 和 25.5 的距离，如图 5-41(b)所示。

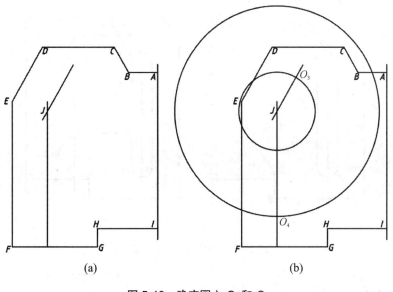

(a)   (b)

图 5-40　确定圆心 O_3 和 O_4

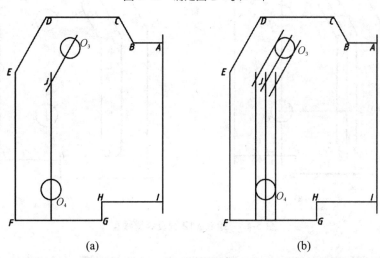

(a)   (b)

图 5-41　绘制内部弯槽

(13) 启动"修剪"命令，剪掉多余的线段和圆弧，如图 5-42(a)所示。

(14) 启动"偏移"命令，将直线 *CD* 向下偏移 24.5 和 76 的距离，将直线 *AI* 向左偏移 26.25 的距离，得到圆心 O_1 和 O_2，如图 5-42(b)所示。

(15) 启动"圆"命令，以 O_1 和 O_2 为圆心，绘制两个直径均为 12 的圆，如图 5-43(a)所示。

(16) 选择各个圆的中心线，将其转换为"中心线"图层，并利用夹点编辑的方法将各中心线调整到适当的位置，绘制结果如图 5-43(b)所示。

(17) 启动"镜像"命令，以图 5-43(b)中对称线 *AI* 左侧的图形作为镜像对象，以直线 *AI* 为对称线，将对称线左侧的图形镜像到右侧，结果如图 5-38 所示。

(18) 将图层切换到"标注线"图层，标注图形的尺寸(略)。

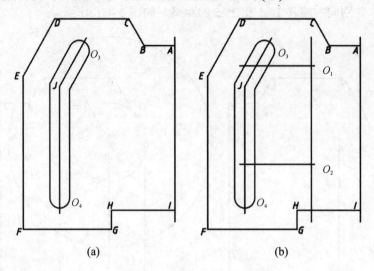

图 5-42　确定圆心 O_1 和 O_2

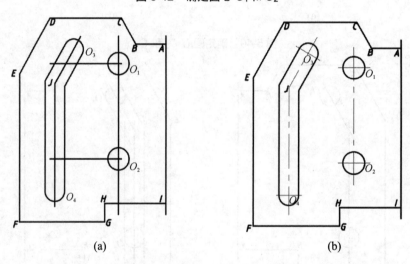

图 5-43　绘制 ϕ 12 圆及调整线型

5.5　均布图形绘制的方法、技巧与实例

若图形中有几行、几列的图形完全相同，或者某些图形绕圆周均匀分布，就可以先将其中一个图形绘制完成，再利用"阵列"命令来完成其他图形的绘制。

5.5.1　均布图形绘制的方法和技巧

"阵列"命令主要有矩形阵列、路径阵列和环形阵列 3 种，下面进行具体介绍。

1．矩形阵列

矩形阵列

矩形阵列指矩形阵列中的"行"与当前坐标系的 X 轴平行，"列"与当前坐标系的 Y 轴平行。行和列的间距可正可负，如果行间距和列间距都是正数，则阵列时被复制的对象在原始对象的上边和右边。如果行间距是负数，则向下边增加行。如果列间距是负数，则向左边增加列。行数和列数必须是整数且包含原始对象，其默认值都是 1。

图 5-44 所示的练习是水平矩形阵列图形的绘制，是利用"阵列"命令将图 5-44(a)(为图 5-44(b)左上角的圆)改为图 5-44(b)。

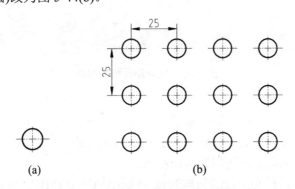

(a)　　　　　　　　　(b)

图 5-44　绘制水平矩形阵列图形

操作步骤

(1) 启动"直线"和"圆"命令，绘制图 5-44(a)所示的中心线及圆。

(2) 启动"矩形阵列"命令，框选图 5-44(a)所示的所有图形，按 Enter 键。

(3) 系统提示"选择夹点以编辑阵列或 [关联(AS)/基点(B)/计数(COU)/间距(S)/列数(COL)/行数(R)/层数(L)/退出(X)] <退出>"，在命令行中输入 R 后按 Enter 键。

(4) 在命令行中输入 3 后按 Enter 键，设置行数为 3。

(5) 系统提示"指定行数之间的距离或[总计(T)/表达式(E)]"，在命令行中输入-25，按 Enter 键。

(6) 系统提示"指定行数之间的标高增量或[表达式(E)] <0>："，按 Enter 键，默认标高增量为 0。

(7) 系统提示"选择夹点以编辑阵列或[关联(AS)/基点(B)/计数(COU)/间距(S)/列数(COL)/行数(R)/层数(L)/退出(X)] <退出>"，在命令行中输入 COL 后按 Enter 键。

(8) 在命令行中输入 4 后按 Enter 键，设置列数为 4。

(9) 系统提示"指定列数之间的距离或[总计(T)/表达式(E)]"，在命令行中输入 25 后按 Enter 键，绘制结果如图 5-44(b)所示。

2．路径阵列

路径阵列

路径阵列是指将阵列对象副本沿路径或部分路径均匀分布。路径可以是直线、多段线、三维多段线、样条曲线、螺旋、圆弧、圆或椭圆等。

图 5-45 所示的练习是路径阵列图形的绘制，是利用"阵列"命令将图 5-45(a)改为图 5-45(b)。

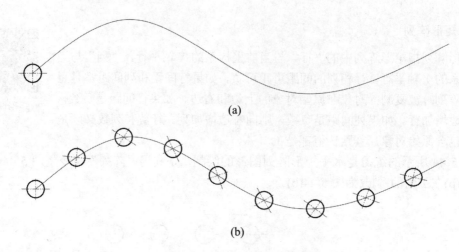

图 5-45   绘制路径阵列图形

操作步骤

(1) 启动"样条曲线"和"圆"命令，绘制图 5-45(a)所示的样条曲线及圆。

(2) 启动"路径阵列"命令，框选图 5-45(a)所示的圆及中心线，按 Enter 键。

(3) 选择绘制好的样条曲线作为路径曲线。

(4) 系统提示"选择夹点以编辑阵列或[关联(AS)/方法(M)/基点(B)/切向(T)/项目(I)/行(R)/层(L)/对齐项目(A)/z 方向(Z)/退出(X)] <退出>"，在命令行中输入 M 后按 Enter 键。

(5) 系统提示"输入路径方法 [定数等分(D)/定距等分(M)]:"，在命令行中输入 M 后按 Enter 键，选择"定距等分"。

(6) 在命令行中输入 I 后按 Enter 键，设置阵列数量，然后在命令行中输入 9。

(7) 系统提示"指定沿路径的项目之间的距离或[表达式(E)]"，在命令行中输入 30。

(8) 按 Enter 键完成图形的绘制，结果如图 5-45(b)所示。

3. 极轴(环形)阵列

极轴阵列

除可创建矩形阵列和路径阵列外，"阵列"命令也可生成环形阵列的对象，环形阵列表示复制的对象绕着一点以圆的方式排列，根据排列的数量和角度，系统计算出均匀分布的角度。如果角度值为正值，阵列就按逆时针方向排列；如果角度值为负值，则阵列按顺时针方向排列，阵列的数量包含原始对象。用"阵列"命令创建环形阵列时，可用多种方法来设定阵列参数。例如，可输入阵列对象的总数和总角度值，也可输入阵列对象总数及每个对象间的夹角。

图 5-46 所示的练习是环形阵列图的绘制，是利用"环形阵列"命令将图 5-46(a)改为图 5-46(b)。

操作步骤

(1) 启动"直线"和"圆"命令，绘制图 5-46(a)所示的中心线及圆。

(2) 启动"环形阵列"命令，选择小圆为阵列对象，系统提示"指定阵列的中心点或 [基点(B)/旋转轴(A)]: "，单击大圆圆心后按 Enter 键。

(3) 系统提示"选择夹点以编辑阵列或 [关联(AS)/基点(B)/项目(I)/项目间角度(A)/填充角度(F)/行(ROW)/层(L)/旋转项目(ROT)/退出(X)] <退出>:"，在命令行中输入 I 后按 Enter

键，指定阵列的数量。

(4) 在命令行中输入 5 后按 Enter 键。

(5) 系统提示"选择夹点以编辑阵列或[关联(AS)/基点(B)/项目(I)/项目间角度(A)/填充角度(F)/行(ROW)/层(L)/旋转项目(ROT)/退出(X)] <退出>："，在命令行中输入 F 后按 Enter键，指定填充角度。

(6) 系统提示"指定填充角度(+=逆时针、-=顺时针)或[表达式(EX)] <360>："，在命令行中输入-120 后按 Enter 键，完成图形的绘制，结果如图 5-46(b)所示。

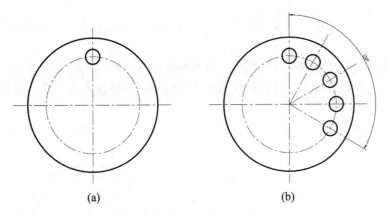

图 5-46　绘制环形阵列图形

均布图形绘制
实例

5.5.2　均布图形绘制实例

下面绘制图 5-47 所示的复杂均布图形。

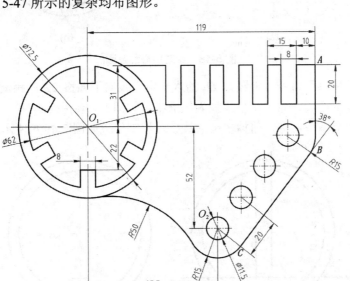

图 5-47　复杂均布图形绘制实例

1. 分析

(1) 此图形包括环形阵列、矩形阵列和路径阵列。

(2) 绘制图形时，首先将均布物体的其中一个绘制完成，再利用"阵列"命令完成其他图形的绘制。

2. 操作步骤

(1) 设置图层(略)。

(2) 设置文字样式(略)。

(3) 设置尺寸样式(略)。

(4) 绘制图框和标题栏(略)。

(5) 单击状态栏中的"正交模式"和"对象捕捉"按钮，将"正交模式"和"对象捕捉"功能开启。

(6) 将图层切换到"轮廓线"图层，开始绘制图形。

(7) 启动"直线"命令，任意画一条水平直线和一条竖直直线，确定圆心 O_1 的位置，同时调整线型为中心线，如图 5-48(a)所示。

(8) 启动"圆"命令，以 O_1 为圆心绘制直径为 62 和 72.5 的两个圆，如图 5-48(b)所示。

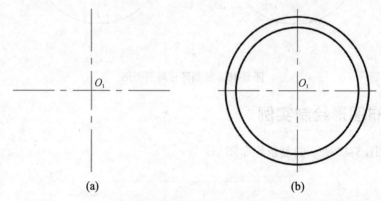

(a)   (b)

图 5-48　绘制中心线及圆

(9) 启动"偏移"命令，将圆心 O_1 的水平中心线向下偏移 22 的距离，竖直中心线向左、向右偏移 4 的距离，同时调整线型为轮廓线，如图 5-49(a)所示。

(10) 启动"修剪"命令，剪掉多余的线条，绘制结果如图 5-49(b)所示。

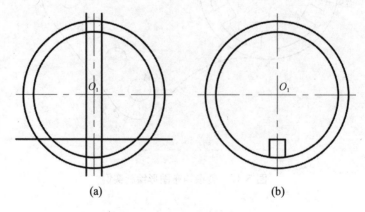

(a)   (b)

图 5-49　绘制环形阵列的基本体

(11) 启动"环形阵列"命令，以 O_1 为阵列中心，在命令行中输入阵列数量 6、填充角度 360，完成图形的绘制，绘制结果如图 5-50(a)所示。

(12) 启动"修剪"命令，剪掉多余的线条，结果如图 5-50(b)所示。

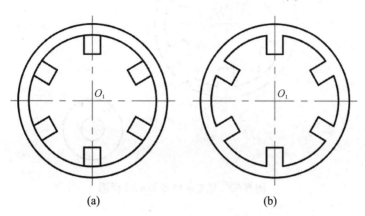

(a)　　　　　　　　　(b)

图 5-50　环形阵列结果

(13) 启动"偏移"命令，将圆心 O_1 的水平中心线向下偏移 52，竖直中心线向右偏移 67.5，如图 5-51(a)所示。

(14) 利用夹点编辑的方法调整线段的长度，得到圆心 O_2，如图 5-51(b)所示。

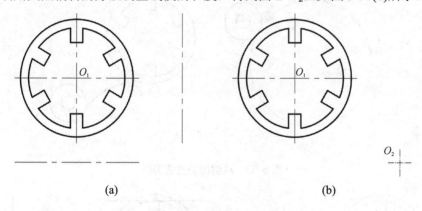

(a)　　　　　　　　　(b)

图 5-51　确定圆心 O_2

(15) 启动"圆"命令，以 O_2 为圆心，绘制直径分别为 11.5 和 30 的两个圆，如图 5-52 所示。

(16) 启动"圆"命令，选择"相切、相切、半径"绘图模式，在直径分别为 72.5 和 30 的两圆间绘制 R50 的过渡圆，如图 5-53(a)所示。

(17) 启动"修剪"命令，剪掉多余的圆弧，结果如图 5-53(b)所示。

(18) 利用沿指定方向绘制圆弧切线的方法绘制直线 CB，得到 C 点，如图 5-54(a)所示。

(19) 启动"偏移"命令，将圆心 O_1 的水平中心线向上偏移 31、竖直中心线向右偏移 119，并调整线型为轮廓线，结果如图 5-54(b)所示。

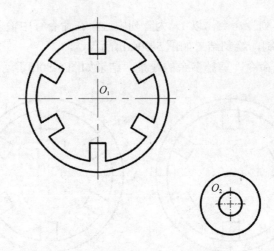

图 5-52　绘制ϕ11.5 和ϕ30 两圆

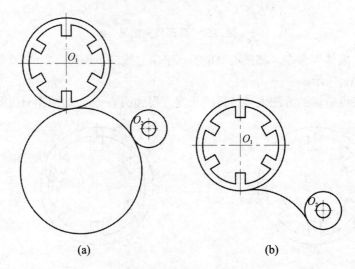

(a)　　　　　　　　　　(b)

图 5-53　绘制相切过渡圆弧

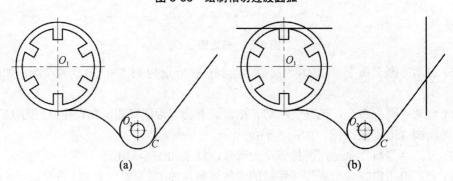

(a)　　　　　　　　　　(b)

图 5-54　确定外轮廓的位置

(20) 启动"延伸"和"修剪"命令整理图形，得到 A、B 两点，结果如图 5-55(a)所示。

(21) 启动"偏移"命令，将直线 AB 向左偏移 10 和 18 的距离，将圆心 O_1 的水平中心线向上偏移 11 的距离，如图 5-55(a)所示。

(22) 启动"延伸"和"修剪"命令整理图形，结果如图 5-55(b)所示。

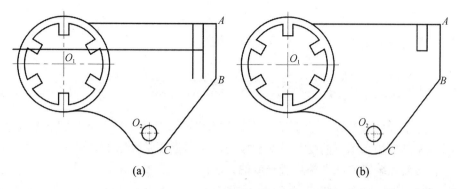

图 5-55　绘制矩形阵列的基本体

(23) 启动 "矩形阵列" 命令，以第(22)步得到的小矩形为阵列对象，设置行数为 1、列数为 5、列间距为-15，完成阵列结果如图 5-56(a)所示。

(24) 启动 "修剪" 命令，剪掉多余的线段，结果如图 5-56(b)所示。

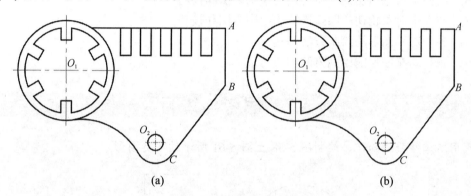

图 5-56　矩形阵列结果

(25) 启动 "偏移" 命令，将线段 BC 向左上方偏移 15，结果如图 5-57(a)所示。

(26) 启动 "路径阵列" 命令，以 O_2 为圆心、直径为 11.5 的圆及其中心线作为阵列对象，以第(25)步绘制的斜线为偏移路径，设置阵列数量为 4、间距为 20，阵列结果如图 5-57(b)所示。

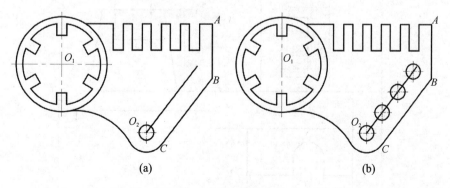

图 5-57　路径阵列结果

(27) 启动 "删除" 命令，将第(25)步的斜线路径删除。

(28) 启动 "圆角" 命令，在线段 AB 和 BC 相交处倒 R15 的过渡圆角，绘制结果如图 5-47

所示。

(29) 将图层切换到"标注线"图层，标注图形的尺寸(略)。

5.6 本 章 小 结

本章讲述了绘图设计的一般步骤，着重介绍了典型直线图形、典型圆弧连接图形、典型对称图形和典型均布图形的绘制方法和技巧，重点需要掌握以下知识：

(1) 利用夹点编辑方法调整直线长度的方法；

(2) 绘制水平、竖直直线的方法；

(3) 绘制斜线的方法；

(4) 绘制垂线的方法；

(5) 绘制圆的切线的方法；

(6) 与两个对象相切的圆弧连接的绘制方法和技巧；

(7) 与 3 个对象相切的圆弧连接的绘制方法和技巧；

(8) 各种对称图形的绘制方法和技巧；

(9) 各种均布图形的绘制方法和技巧。

5.7 思考与练习

利用本章学习的知识，绘制图 5-58 至图 5-61 所示的各类图形。

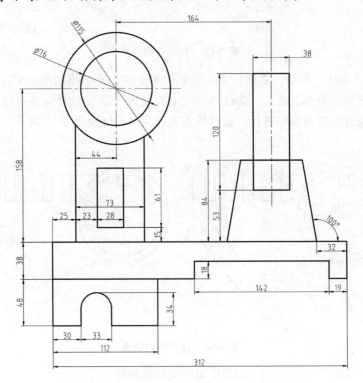

图 5-58 直线图形练习

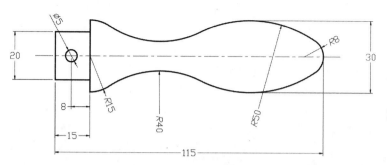

圆弧连接实例练习

图 5-59 圆弧连接图形练习

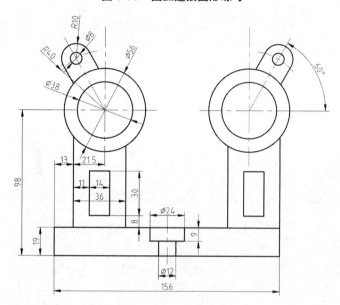

对称图形练习

图 5-60 对称图形练习

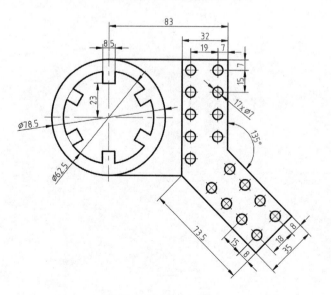

均布图形练习

图 5-61 均布图形练习

第6章

图案填充和块操作

通过前面章节的学习，读者可以将一般的图形绘制完成，但是对于剖视图或断面图就无能为力了。对于 AutoCAD 2024 没有提供的命令，如粗糙度代号和基准代号等，为了方便操作，可以将其创建成块。

本章导读

本章主要介绍 AutoCAD 2024 图案填充和块的操作，主要内容如下：

◎ 创建及编辑图案填充；

◎ 创建和存储块；

◎ 插入块；

◎ 创建带有属性的块。

6.1 图案填充

剖视图是假想用剖切面将机件剖开后所画的视图图形，为了区别机件是否与剖切面接触，表达清楚层次关系，通常机件上与剖切面接触的面要画剖面符号，对于金属材料则画成剖面线。在 AutoCAD 2024 中设置了"图案填充"和"渐变色"命令，其中就有剖面线的画法。

图案填充

6.1.1 "图案填充和渐变色"对话框

1. 执行方式

◎ 在命令行中输入 H 后按 Enter 键。

◎ 选择菜单栏中的"绘图"→"图案填充"命令。

◎ 单击"绘图"工具栏中的"图案填充"按钮█。

◎ 单击"默认"选项卡"绘图"面板中的"图案填充"按钮█。

执行上述任一操作后，将弹出"图案填充和渐变色"对话框，如图 6-1 所示。"图案填充和渐变色"对话框有"图案填充"和"渐变色"两个选项卡。

图 6-1 "图案填充和渐变色"对话框

2. "图案填充"选项卡

该选项为默认值，如图 6-1 所示。

(1) "类型和图案"选项组。

"类型和图案"选项组用来选择填充图案的形状，该选项组主要有以下 4 个功能。

◎ 类型：设置图案来源，有 3 种，即"预定义""用户定义""自定义"，通常选择"预定义"选项。单击下拉列表框或其右边的下三角按钮，从下拉列表中可选取一种。

◎ 图案：从类型中设置具体的图案样式。单击下拉列表框或其右边的下三角按钮，从下拉列表中可选取一种。如果要看到具体的图案，则单击右侧的"填充图案选项板"按钮…，弹出"填充图案选项板"对话框，如图 6-2 所示，单击 ANSI、ISO、"其他预定义"和"自定义" 4 个选项卡之一，从中选取一种，单击"确定"按钮即可。

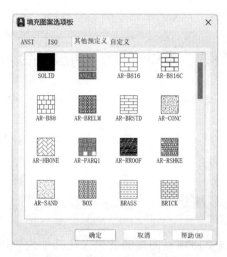

图 6-2　"填充图案选项板"对话框

◎ 样例：显示具体图案的样式。

◎ 自定义图案：显示自定义的图案样式，当在"类型"下拉列表中选择"自定义"后，该项才有效。

(2) "角度和比例"选项组。

"角度和比例"选项组用于设置填充图案的角度和比例大小，当在"类型"中选择"预定义"时，"角度"和"比例"选项才有效。

◎ 角度：填充图案整体与水平线的夹角。单击下拉列表框或右边的下三角按钮，从下拉列表中选取($n×45°$)或直接输入角度数值。

◎ 比例：设置填充图案的比例，填充比例表示图样的疏密程度。比例越大，图样越疏；反之则越密。单击下拉列表框，从下拉列表中选取比例数值或直接输入比例数值均可。

(3) "图案填充原点"选项组。

"图案填充原点"选项组用于设置填充图案时原点的位置，该选项组主要有两个功能。

◎ 使用当前原点(T)：以当前原点来填充图案，该选项为默认值。

◎ 指定的原点：以指定的新原点来填充图案。选中后再单击"单击以设置新原点"按钮，然后在绘图区利用光标确定新的原点。

(4) "边界"选项组。

"边界"选项组用于确定填充图案时的边界线，该选项组主要有 5 个功能，这里介绍其中的两个。

◎ 添加：拾取点：设置填充图案的边界区域。单击"添加：拾取点"按钮，图 6-1
所示的对话框自动隐藏，将光标移动至图案填充的封闭区域内单击，按 Enter 键，
自动切换到对话框。此时，"预览""删除边界""查看选择集""确定"按钮
被激活(变为深色)。单击"确定"按钮，即完成填充图案。

◎ 添加：选择对象：设置填充图案的边界区域。单击"添加：选择对象"按钮，
对话框自动隐藏，光标变成选择框，利用窗选方式选择填充的封闭区域(对象)，按
Enter 键，自动切换到对话框。此时，"预览""删除边界""查看选择集""确
定"按钮被激活(变为深色)。单击"确定"按钮，即完成填充图案。

(5) "选项"选项组。

"选项"选项组用于确定填充图案时是否边界关联，该项主要有 4 个功能，这里介绍
其中的两个。

◎ 关联：指定图案填充或填充为关联图案。关联的图案填充或填充在用户修改其边
界对象时将会更新。

◎ 创建独立的图案填充：填充图案与边界脱离关系，对其边界的任何修改都不会影
响已完成的填充图案。

(6) 继承特性。

选择图上一个已有的填充图案作为当前填充图案。

(7) "预览"按钮。

在执行图案填充前，预览所填充图案的效果。在其他内容设置结束后，单击"预览"
按钮，在绘图区将出现预览填充图形。

3. "渐变色"选项卡

该选项卡内容如图 6-3 所示，填充图案时颜色是可逐渐变化的。"渐变色"选项卡内容
除"颜色"和"方向"外，其他内容与"图案填充"选项卡相同。

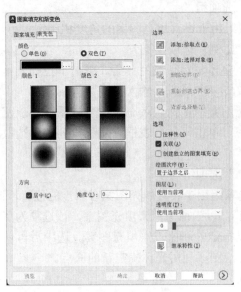

图 6-3 "渐变色"选项卡

"颜色"选项组用来设置颜色种类，该项主要有两个功能。

◎　单色：设置单一颜色。单击下拉列表框右边的"颜色选择"按钮 … ，弹出单色
　　"选择颜色"对话框，如图 6-4 所示，按对话框要求设置，然后单击"确定"按
　　钮即可。

◎　双色：设置两种颜色。单击下拉列表框右边的"颜色选择"按钮 … ，弹出双色"选
　　择颜色"对话框，按对话框要求设置，然后单击"确定"按钮即可。

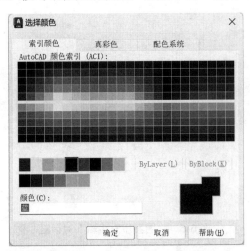

图 6-4　"选择颜色"对话框

6.1.2　编辑填充的图案

如果剖面线画好后发现不理想，如间距太小或太大，可利用"图案填充编辑"命令对
已有的填充图案进行编辑修改，包括改变图案类型、角度、比例等。

1. 执行方式

◎　在命令行中输入 HE 后按 Enter 键。

◎　选择菜单栏中的"修改"→"对象"→"图案填充"命令。

◎　单击"修改 II"工具栏中的"编辑图案填充"按钮 。

◎　单击"默认"选项卡"修改"面板中的"编辑图案填充"按钮 。

2. 操作步骤

(1)　在命令行中输入 HE 后按 Enter 键，启动"编辑图案填充"命令。

(2)　将光标移至需要修改的填充图案后单击，弹出"图案填充编辑"对话框，如图 6-5
所示。

(3)　对相关参数进行重新设置。

(4)　单击"确定"按钮，即可完成图案修改。

图 6-5 "图案填充编辑"对话框

6.1.3 操作实例

图案填充操作
实例

按图 6-6 所示填充联轴器左视图，剖面线比例为 2。

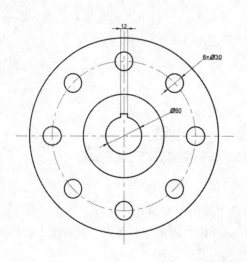

图 6-6 填充效果图

操作步骤

(1) 打开配套资源中的"\data\ch06\素材-填充.dwg"文件。

(2) 将"剖面线"图层设置为当前图层。

(3) 在命令行中输入 H 后按 Enter 键，弹出"图案填充和渐变色"对话框。

(4) 单击"图案"下拉列表框右侧的"填充图案选项板"按钮…，选择填充图案为

ANSI31。

(5) 在"角度和比例"选项组中设置图案填充的"角度"为 0。

(6) 设置填充图案的"比例"为 2，如图 6-7 所示。

图 6-7 填充图案及类型设置

(7) 单击"边界"选项组中的"添加：拾取点"按钮🔲，分别在联轴器断面处拾取点，然后按 Enter 键。

(8) 单击"图案填充和渐变色"对话框中的"确定"按钮，完成对联轴器左视图断面的填充。

6.2 块操作

在绘制图形时，如果图形中有大量相同或者相似的内容，或者所绘制的图形与已有的图形文件相同，则可以把重复绘制的图形创建成块，并根据需要为块创建属性，指定块的名称、用途及设计者等信息，在需要时直接插入它们，从而提高绘图效率。

6.2.1 创建块

"块"是图块的简称，是由多个图形对象(也可以是单个图形对象)组成并且被赋予名称的一个整体。系统将块作为一个单一对象来处理，用户可以把块插入到当前图形的任意指定位置，同时还可以对块进行缩放、旋转、移动、删除和列表，而且还可以给它定义属性，在插入时可以填写可变的信息。

创建块

1. 执行方式

◎ 在命令行中输入 B 后按 Enter 键。

◎ 选择菜单栏中的"绘图"→"块"→"创建"命令。

◎ 单击"绘图"工具栏中的"创建块"按钮🔳。

◎ 单击"默认"选项卡"块"面板中的"创建块"按钮🔳。

2. 操作步骤

(1) 在命令行中输入 B 后按 Enter 键，弹出"块定义"对话框，如图 6-8 所示。

(2) 对图 6-8 所示的"块定义"对话框进行设置。

图 6-8 "块定义"对话框

(3) 设置结束后,单击"确定"按钮,即完成"块"的创建。

3. 选项含义

"块定义"对话框中各选项的含义及操作如下。

(1) 名称:定义所创建的块的名称,块名不能超出 31 个字符,可以由字母、数字及汉字组成。操作方法是直接在文本框中输入名称。

(2) "基点"选项组:设置块的插入基点。在创建块定义时指定的插入点,即成为用来插入该块图的基点,用户在选择插入点时一定要注意,有时候插入点选择不好也会给块的插入带来不便,而且插入点并不是一定要在图形上。

◎ "拾取点"按钮:利用光标确定插入基点。单击"拾取点"按钮 ,然后用十字光标直接在绘图区上点取,确定图形插入的基点。

◎ X、Y、Z 文本框:利用 X、Y、Z 坐标值来确定插入基点。在文本框中直接输入 X、Y、Z 的坐标值,即可确定图形插入的基点。

(3) "对象"选项组:选取要定义块的实体。在该选项组中有 4 个选项,其含义如下。

◎ 选择对象:用于在绘图区中选取组成块的对象。操作方法是单击"选择对象"按钮 ,这时光标就会变成"口"字形状,此时用户可以对 AutoCAD 2024 绘图区中的对象进行点取选择或窗选,选择完毕后,右击或按 Enter 键,回到"块定义"对话框中。

◎ 保留:创建块后,保留图形中构成块的对象。

◎ 转换为块:创建块后,同时将图形中被选择的对象转换为块。

◎ 删除:创建块后,从图形中删除所选取的构成块的图形对象。

(4) "设置"选项组:设置块的单位等。

◎ 块单位:插入块的单位。单击下拉列表框右边的下三角按钮,用户可以从弹出的下拉列表中选取所插入块的单位。

◎ 超链接:单击此按钮,可打开"插入超链接"对话框,在该对话框中可以插入超链接文档。

(5) "方式"选项组:设置块的比例等。

◎ 按统一比例缩放:设置创建的块按统一比例缩放。

◎ 允许分解:设置创建的块可以被分解。

6.2.2　写块

写块用于指定以前定义的内部块或整个图形或选择的对象构成一个块。该块能保存在独立的图形文件中，可以被所有图形文件访问，具有创建块和存盘双重功能。

写块

1. 操作步骤

(1)　在命令行中输入 W 后按 Enter 键，弹出"写块"对话框，如图 6-9 所示。

图 6-9　"写块"对话框

(2)　对图 6-9 所示的"写块"对话框进行设置。

(3)　设置结束后，单击"确定"按钮，即完成块的创建和存盘。

2. 选项含义

"写块"对话框中各选项的含义及操作如下。

(1)　"源"选项组：在该选项组中可以通过以下选项设置块的来源。

◎　块：来源为块。若选中"块"单选按钮，则右边的下拉列表框有效，用户就可以从下拉列表中选择已经创建的块进行存储。

◎　整个图形：来源为当前正在绘制的整张图形。

◎　对象：来源为所选的实体(对象)。

(2)　"基点"选项组：设置块的插入基准点。与创建块操作相同。

(3)　"对象"选项组：选取对象。与创建块操作相同。

(4)　"目标"选项组：目标参数描述。在该选项组中可以设置块的以下信息。

◎　文件名和路径：设置保存的(输出)文件名及文件保存的位置。用户可以直接在文本框中输入块文件的位置及名称。单击文本框右边的"浏览"按钮，将弹出"浏览图形文件"对话框，如图 6-10 所示，从中选取块文件的位置和输入文件名即可。

◎　插入单位：插入块的单位。单击下拉列表框或其右边的下三角按钮，从弹出的下拉列表中选取即可。

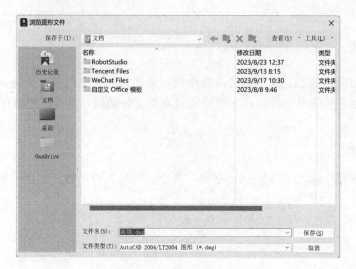

图 6-10　"浏览图形文件"对话框

6.2.3　块的属性

1．块的属性概念

块的属性是为块附加的一些文本信息，它是块的组成部分，即块=若干图形对象+属性。块的属性不同于块中一般的文本对象，它具有以下特点。

（1）一个属性包括属性特征和属性值两个内容。例如，可以把"学生姓名"规定为属性特征，而具体的学生姓名，如"李四"等就属于属性值。

（2）在定义块前，每个属性要先进行定义。"属性定义"对话框由"模式""属性""插入点""文字设置"等选项组组成，如图 6-11 所示。定义属性后，该属性特征将在图形中显示出来，并把有关的信息保留在图形文件中。

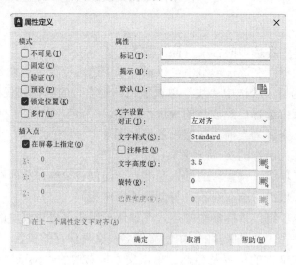

图 6-11　"属性定义"对话框

（3）在定义块前，对作出的属性定义可以用 CHANGE 命令进行修改。此命令不仅可以修改属性特征，还可以修改属性提示和属性的默认值。

块的更新与替换

(4) 在插入块时，AutoCAD 在命令行中用属性特征(如"班级名")提示用户输入属性值(如"张三"，也可以用默认值)。插入块后，属性特征用属性值显示，如显示"张三"而"班级名"则不显示。因此，同一定义块，在不同插入操作中可以有不同的属性值。如果将属性设置为固定常量，则不询问属性值。

(5) 在插入块后，对于属性值，可用 ATTDISP(属性显示)等命令改变它们的显示可见性，可用 ATTEDIT(属性编辑)等命令对各属性做修改，可用 ATTEXT(属性提取)等命令把属性单独提取出来写入文件。

(6) 属性只有和块联系在一起才有用，单独的属性毫无意义。

创建带
有属性的块

2．创建属性

执行"定义属性"命令主要有以下几种方式。

◎　在命令行中输入 ATT 后按 Enter 键。

◎　选择菜单栏中的"绘图"→"块"→"定义属性"命令。

◎　单击"默认"选项卡"块"面板中的"定义属性"按钮。

3．操作步骤

(1) 绘制构成块的图形对象。

(2) 在命令行中输入 ATT 后按 Enter 键，启动"定义属性"命令，弹出"属性定义"对话框，如图 6-11 所示。

(3) 在"属性定义"对话框中对属性进行定义，定义结束后单击"确定"按钮，此时，图形对象上出现属性特征，完成属性的定义。

(4) 利用"创建块"命令将图形对象和属性特征一起定义成块。

(5) 利用"写入块"命令将带有属性的块存储到硬盘中，以备后用。

(6) 利用"插入块"命令将存储到硬盘中的块插入到图形中。

4．操作实例

将图 6-12(c)所示粗糙度代号设置为块，并带有属性。要求标记为"*Ra*"，属性值为 1.6，提示为"输入粗糙度数值"，并以"带属性的粗糙度代号"为名称保存在配套资源中的"\data\图形块"文件夹中。

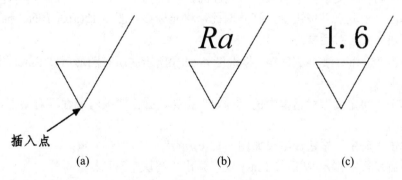

插入点

(a)　　　　　　　　　　(b)　　　　　　　　　　(c)

图 6-12　带属性的粗糙度代号

操作步骤

(1) 利用"直线"命令绘制图 6-13 所示的粗糙度符号。

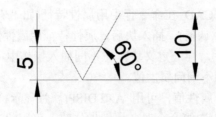

图 6-13 表面粗糙度基本符号格式及尺寸

(2) 在命令行中输入 ATT 后按 Enter 键，启动"定义属性"命令，弹出"属性定义"对话框。

(3) 在"属性定义"对话框中进行相应设置，如图 6-14 所示。

图 6-14 "属性定义"对话框

(4) 单击"确定"按钮，"*Ra*"随光标动态显示，将光标移到粗糙度符号上方适当位置单击，如图 6-12(b)所示。

(5) 在命令行中输入 B 后按 Enter 键，启动"块定义"命令，弹出"块定义"对话框。

(6) 在"名称"文本框中输入"带属性的粗糙度代号"。

(7) 单击"拾取点"按钮 ，打开捕捉，将光标移至图 6-12(a)所示的"插入点"处单击，返回"块定义"对话框。

(8) 单击"选择对象"按钮 ，框选图 6-12(b)所示的所有图形后按 Enter 键，返回"块定义"对话框。

(9) 单击"块定义"对话框中的"确定"按钮，弹出"编辑属性"对话框，如图 6-15 所示。

(10) 单击"确定"按钮，结果如图 6-12(c)所示。

(11) 在命令行中输入 W 后按 Enter 键，弹出"写块"对话框。

(12) 在"源"选项组中选中"块"单选按钮。此时"基点"及"对象"选项组不能操作。

(13) 单击"块"单选按钮右侧的下拉列表框，从弹出的下拉列表中选择被定义的块名

"带属性的粗糙度代号"。

(14) 单击"文件名和路径"文本框右边的"浏览"按钮 ⋯，在弹出的"浏览图形文件"对话框中选择相应的磁盘及文件夹，单击"保存"按钮，返回"写块"对话框，如图 6-16 所示。

图 6-15　"编辑属性"对话框　　　　图 6-16　"写块"对话框

(15) 单击"确定"按钮，即将块以"带属性的粗糙度代号"为名称保存至"\data\图形块"文件夹中。

6.2.4　插入块

该命令可将事先定义好的块插入到当前图形文件中，并可以根据需要调整其比例和转角。

插入块和编辑块

1. 执行方式

◎　在命令行中输入 I 后按 Enter 键。

◎　选择菜单栏中的"插入"→"块选项板"命令。

◎　单击"绘图"工具栏中的"插入块"按钮。

◎　单击"默认"选项卡"块"面板中的"插入块"按钮。

2. 操作步骤

(1) 在命令行中输入 I 后按 Enter 键，打开"块"选项板，如图 6-17 所示。

图 6-17　"块"选项板

(2) 选中图形区中的块。

(3) 设置插入参数。

(4) 在绘图区中指定位置拾取一点作为块的插入点，按 Enter 键结束命令。

3. 选项含义

"块"选项板中各选项的含义如下。

(1) "插入点"复选框：用于确定块插入点的坐标。用户可以勾选复选框，直接在绘图区拾取一点。

(2) "比例"复选框：用于确定块的插入比例。

(3) "旋转"复选框：用于确定块插入时的旋转角度。

(4) "自动放置"复选框：自动放置插入的块。

(5) "重复放置"复选框：重复插入块。

(6) "分解"复选框：分解块并插入该块的各个部分。

6.3 上机实训——图块与属性的综合应用

本例通过快速为零件组装图编写序号，对"定义属性""创建块""写块""插入块""编辑属性"等命令进行综合练习和巩固应用。本例最终绘制效果如图 6-18 所示。操作步骤如下。

图块与属性的
综合应用

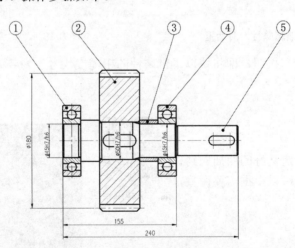

图 6-18　最终绘制效果

(1) 打开配套资源中的"\data\ch06\素材-图块与属性的综合应用.dwg"文件，如图 6-19 所示。

(2) 展开"图层"面板，打开其中的"图层控制"下拉列表框，将 0 图层设为当前图层。

(3) 在命令行中输入 C 后按 Enter 键，绘制半径为 9 的圆。

(4) 在命令行中输入 ATT 后按 Enter 键，启动"定义属性"命令，弹出"属性定义"对话框，从中设置标记、提示、默认值及文本参数，如图 6-20 所示。

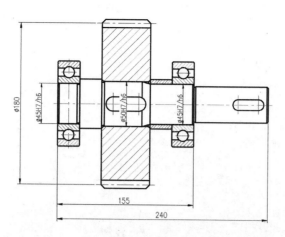

图 6-19　素材文件

图 6-20　"属性定义"对话框

(5)　单击"确定"按钮，"A"随光标动态显示，将光标移动到圆中心处单击，如图 6-21 所示。

(6)　在命令行中输入 B 后按 Enter 键，启动"块定义"命令，弹出"块定义"对话框。

(7)　在"名称"文本框中输入"带属性的零件序号"。

(8)　单击"拾取点"按钮，打开捕捉，将光标移动至图 6-22 所示的"象限点"处单击，返回"块定义"对话框。

图 6-21　序号图标

图 6-22　定义块基点

(9)　单击"选择对象"按钮，框选图 6-21 所示的所有图形后按 Enter 键，返回"块定义"对话框，如图 6-23 所示。

图 6-23 "块定义"对话框

(10) 单击"块定义"对话框中的"确定"按钮,弹出"编辑属性"对话框。

(11) 单击"确定"按钮,结果如图 6-24 所示。

(12) 在命令行中输入 W 后按 Enter 键,启动"写块"对话框。

(13) 在"源"选项组中选中"块"单选按钮,此时"基点"及"对象"选项组不能操作。

(14) 单击"块"单选按钮右侧的下拉列表框,从弹出的下拉列表中选择被定义的块名"带属性的零件序号"。

图 6-24 序号图块

(15) 单击"文件名和路径"文本框右边的"浏览"按钮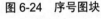,在弹出的"浏览图形文件"对话框中选择相应的磁盘及文件夹,单击"保存"按钮,返回"写块"对话框,如图 6-25 所示。

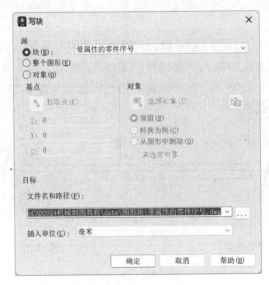

图 6-25 "写块"对话框

(16) 单击"确定"按钮，即将块以"带属性的零件序号"为名称保存至"\data\图形块"文件夹中。

(17) 在命令行中输入 LE 后按 Enter 键，启动"快速引线"命令，在"指定第一个引线点或[设置(S)]<设置>:"提示下于命令行中输入 S，打开"引线设置"对话框，从中设置注释类型、引线和箭头等参数，如图 6-26 和图 6-27 所示。

图 6-26 设置注释类型

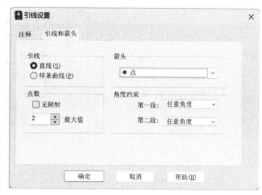

图 6-27 设置引线和箭头参数

(18) 设置完成后单击"确定"按钮，命令行提示"指定第一个引线点或 [设置(S)]<设置>"，在左端轴承上拾取第一个引线点。

(19) 命令行提示"指定下一点"，在适当位置拾取第二个引线点，绘制指示线。

(20) 命令行提示"输入块名或<?>"，在命令行中输入"带属性的零件序号"后按Enter 键。

(21) 命令行提示"指定插入点或 [基点(B)/比例(S)/X/Y/Z/旋转(R)]："，在指示线的端点单击。

(22) 命令行提示"输入 X 比例因子，指定对角点，或 [角点(C)/xyz(XYZ)] <1>"，按 Enter 键，采用默认设置。

(23) 命令行提示"输入 Y 比例因子或<使用 X 比例因子>："，按 Enter 键，采用默认设置。

(24) 命令行提示"指定旋转角度<0>："，按 Enter 键，采用默认设置。

(25) 输入属性值，指定零件序号为1，标注结果如图 6-28 所示。

(26) 按 Enter 键，重复执行"快速引线"命令，分别标注其他位置的零件序号，标注结果如图 6-29 所示。

(27) 双击需要修改的零件序号，弹出"增强属性编辑器"对话框，在"值"文本框中输入指定的序号，如图 6-30 所示。

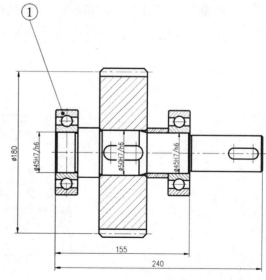

图 6-28 标注结果

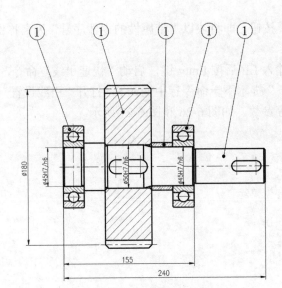

图 6-29　标注其他零件序号

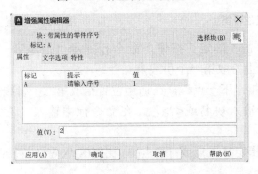

图 6-30　"增强属性编辑器"对话框

(28) 单击"确定"按钮，该块的属性值即被修改，如图 6-31 所示。

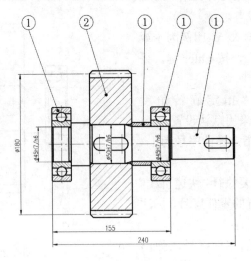

图 6-31　修改零件序号

(29) 重复步骤(27)～(28)，修改其余零件序号，结果如图 6-18 所示。

6.4　本章小结

本章主要学习了：图案填充的设置、操作步骤及编辑方法；块的创建和插入功能，参照的引用功能，以及属性的定义和编辑功能。对于 AutoCAD 没有的命令，如粗糙度代号、基准代号和零件序号等，以案例形式对"定义属性""创建块""写块""插入块""编辑属性"等命令进行综合练习和巩固应用。

通过这些高效制图功能，用户可以非常方便地创建具有复杂结构的图形。在本章的学习中，需要重点掌握以下技能。

(1)　在创建填充图案时，要掌握图案的选择、参数的设置、填充区域的拾取等图案填充技能。

(2)　在创建块时，要理解并掌握内部块、外部块的功能和概念，以及具体的定义过程。

(3)　在插入块时，要注意块的缩放比例、旋转角度等参数的设置技巧，以创建不同角度和不同尺寸的图形。

(4)　掌握属性块的定义技巧和编辑技巧，将属性与块结合在一起，以真正发挥属性块的功效。

6.5　思考与练习

(1)　将图 6-32 所示的基准代号设置为块，并带有属性。要求如下：标记为"基准符号"，属性值为 A，提示为"输入基准符号字母"，并以"带属性的基准代号"为名称存盘，其中，h 表示文字高度。

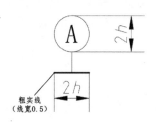

图 6-32　带属性的基准代号

(2)　将图 6-33 所示的标题栏设置为块(不用标注尺寸)，并带有属性。要求将"图名(泵体)""材料名称(HT200)""图号(CLYB01-04)""比例(1：1)""数量(1)"定义为属性，并以"带属性的标题栏"为名称存盘。

带属性的标题栏

图 6-33　带属性的标题栏

第 7 章

文字与表格

在 AutoCAD 2024 制图中，文字是另一种表达施工图样信息的方式，是图样中不可缺少的一项内容。文字注释是绘制图形过程中的重要内容，在进行各种设计时，不仅要绘制出图形，还要在图形中标注一些注释性的文字，如技术要求、注释说明等，对图形对象加以解释。图表在 AutoCAD 2024 制图中也有大量应用，如明细表、参数表和标题栏等。本章将讲述 AutoCAD 2024 的文字创建、编辑功能，以及表格绘制的方法与技巧。

本章导读

本章详细介绍 AutoCAD 2024 的文字标注和表格，主要内容如下：

◎ 文字样式的设置；

◎ 创建单行文字；

◎ 创建多行文字；

◎ 文字标注的编辑；

◎ 创建表格样式和表格。

7.1 文字样式

"文字样式"命令主要用于控制文字外观效果，如字体、字号、倾斜角度、旋转角度及其他特殊效果等，如图 7-1 所示。

*AutoCAD*机械制图教程　　AutoCAD机械制图教程　　**AutoCAD机械制图教程**

图 7-1　不同样式文字示例

当输入文字对象时，AutoCAD 2024 会自动应用当前设置的文字样式。AutoCAD 2024 提供了"文字样式"命令，使用该命令可以方便、直观地设置需要的文字样式，或对已有样式进行修改。

1. 执行方式

◎　在命令行中输入 ST 后按 Enter 键。

◎　选择菜单栏中的"格式"→"文字样式"命令。

◎　单击"文字"工具栏中的"文字样式"按钮▲。

执行上述操作后，系统将打开"文字样式"对话框，如图 7-2 所示。

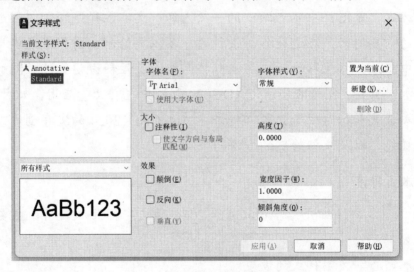

图 7-2　"文字样式"对话框

2. 文字样式设置

相同内容的文字，如果使用不同的文字样式，其外观效果也不相同。下面将学习文字样式的设置方法，具体操作步骤如下。

(1)　单击 新建(N)... 按钮，在打开的"新建文字样式"对话框中为新样式命名，如图 7-3 所示。

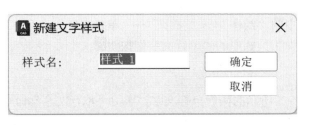

图 7-3　"新建文字样式"对话框

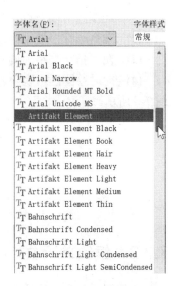

（2）设置字体。在"文字样式"对话框的"字体"选项组中展开"字体名"下拉列表，选择所需的字体，如图 7-4 所示。

（3）设置字体高度。在"高度"文本框中设置文字的高度。注意：如果设置了文字高度，当创建文字时，命令行就不会提示输入文字的高度。建议在此不设置文字的高度。

（4）设置文字的效果。选中"颠倒"复选框可设置文字为倒置状态；选中"反向"复选框可设置文字为反向状态；选中"垂直"复选框可控制文字呈垂直排列状态；在"倾斜角度"文本框中设置文字的倾斜角度。

（5）设置宽度比例。在"宽度因子"文本框内设置文字的宽高比。国家标准规定，工程图样中的汉字应采用长仿宋体，宽高比为 0.7，当此比值大于 1 时，文字宽度放大，否则将缩小。

图 7-4　"字体名"下拉列表

（6）单击 应用(A) 按钮，此时设置的文字样式被看作当前样式。

（7）单击"关闭"按钮，关闭"文字样式"对话框。

7.2　单行文字

本节主要学习单行文字的创建及编辑等操作技能。

文字注释

7.2.1　创建单行文字

"单行文字"命令主要通过命令行创建单行或多行的文字对象。该命令所创建的每一行文字，都被看作一个独立的对象，如图 7-5 所示。

AutoCAD2024中文版
从入门到精通

图 7-5　单行文字示例

1. 执行方式

◎　在命令行中输入 DT 后按 Enter 键。

◎ 选择菜单栏中的"绘图"→"文字"→"单行文字"命令。

◎ 单击"文字"工具栏中的"单行文字"按钮 **A**。

2. 操作实例

下面通过创建图 7-5 所示的两行单行文字，学习"单行文字"命令的使用方法和技巧。具体操作步骤如下。

(1) 在命令行中输入 DT 后按 Enter 键，在命令行"指定文字的起点或[对正(J)/样式(S)]:"提示下于绘图区拾取一点作为文字的插入点。

(2) 在命令行"指定高度<2.5000>:"提示下按 Enter 键，将文字高度设置为默认值。

(3) 在"指定文字的旋转角度<0>:"提示下按 Enter 键，采用当前设置。

(4) 此时绘图区出现单行文字输入框，在命令行中输入"AutoCAD 2024 中文版"，如图 7-6 所示。

AutoCAD2024中文版

图 7-6 输入文字

(5) 按 Enter 键换行，再输入"从入门到精通"。

(6) 连续两次按 Enter 键，结束"单行文字"命令，结果如图 7-5 所示。

7.2.2 编辑单行文字

"编辑文字"命令主要用于编辑现有的文字对象内容，或者为文字对象添加前缀或后缀等内容。

执行方式

◎ 在命令行中输入 ED 后按 Enter 键。

◎ 选择菜单栏中的"修改"→"对象"→"文字"→"编辑"命令。

如果需要编辑的文字是使用"单行文字"命令创建的，那么在执行"编辑文字"命令后，命令行会出现"选择注释对象或[放弃(U)]"的操作提示。此时只需单击要编辑的单行文字，系统弹出单行文字编辑框，在此编辑框中输入正确的文字内容即可。

7.3 多行文字

本节主要学习多行文字的创建、编辑及特殊字符的输入等操作技能。

7.3.1 创建多行文字

"多行文字"命令用于标注较为复杂的文字注释，如段落性文字。与"单行文字"命令不同，用"多行文字"命令创建的文字无论包含多少行、多少段，AutoCAD 都将其作为一个独立的对象，如图 7-7 所示。

技术要求

1. 装配后内外转子应转动灵活。

2. 调整零件5垫片厚度,以保证端面间隙为0.04~0.1mm。

图 7-7 多行文字

1. 执行方式

◎ 在命令行中输入 T 后按 Enter 键。

◎ 选择菜单栏中的"绘图"→"文字"→"多行文字"命令。

◎ 单击"文字"工具栏中的"多行文字"按钮▲。

2. 操作实例

下面通过创建图 7-7 所示的段落文字,学习"多行文字"命令的使用方法和技巧,具体操作步骤如下。

(1) 在命令行中输入 T 后按 Enter 键,命令行提示"指定第一角点:",在绘图区拾取一点。

(2) 在命令行中输入 H 后按 Enter 键,设置文字高度。

(3) 在命令行中输入 2.5 后按 Enter 键。

(4) 在"指定对角点或[高度(H)/对正(J)/行距(L)/旋转(R)/样式(S)/宽度(W)/栏(C)]:"提示下拾取对角点,打开"文字格式"编辑器。

(5) 在下方文字输入框内单击,输入图 7-8 所示的标题文字,然后在"文字格式"编辑器中设置对齐方式为"居中"。

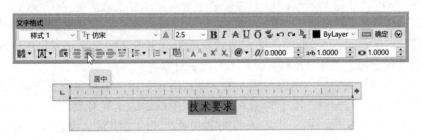

图 7-8 输入标题文字

(6) 按 Enter 键换行,然后输入其余两行正文内容,设置对齐方式为"左对齐",结果如图 7-9 所示。

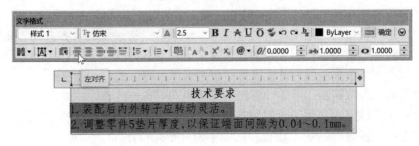

图 7-9 输入正文内容

(7) 关闭"文字格式"编辑器，多行文字的创建结果如图 7-7 所示。

7.3.2 "文字格式"编辑器

双击需要编辑的文字，然后单击"文字编辑器"选项卡"选项"面板中的"更多"按钮，在弹出的下拉菜单中选择"编辑器设置"→"显示工具栏"命令，打开图 7-10 所示的"文字格式"编辑器。

图 7-10 "文字格式"编辑器

"文字格式"编辑器包括工具栏、顶部带标尺的文本输入框两部分，这两部分的主要功能如下。

1. 工具栏

◎ Standard 下拉列表框：用于设置式修改当前的文字样式。

◎ ᵀT 宋体 下拉列表框：用于设置或修改文字的字体。

◎ 2.5 组合框：用于设置新字符高度或修改选定文字的高度。

◎ ■ ByLayer 下拉列表框：用于为文字指定颜色或修改选定文字的颜色。

◎ "粗体"按钮 **B**：用于为输入的文字对象或所选定的文字对象设置粗体格式；"斜体"按钮 *I*：用于为新输入的文字对象或所选定的文字对象设置斜体格式。这两个选项仅适用于使用 TrueType 字体的文字对象。

◎ "下画线"按钮 U：用于为输入的文字或所选定的文字对象设置下画线格式。

◎ "上画线"按钮 Ō：用于为输入的文字或所选定的文字对象设置上画线格式。

◎ "堆叠"按钮：用于为输入的文字或所选定的文字对象设置堆叠格式。要使文字堆叠，文字中必须包含插入符(^)、正向斜杠(/)或磅符号(#)，堆叠字符左侧的文字将堆叠在堆叠字符右侧的文字之上。

◎ "标尺"按钮：用于显示或隐藏编辑器顶部的标尺。

◎ "栏数"按钮：用于对段落文字进行分栏排版。

◎ "多行文字对正"按钮：用于设置文字的对正方式。

◎ "段落"按钮：用于设置段落文字的制表位、缩进量、对齐方式、间距等。

◎ "左对齐"按钮：用于设置段落文字为左对齐方式。

◎ "居中"按钮：用于设置段落文字为居中对齐方式。

◎ "右对齐"按钮：用于设置段落文字为右对齐方式。

◎ "对正"按钮：用于设置段落文字为两端对齐方式。

◎ "分布"按钮：用于设置段落文字为分布排列方式。

◎ "行距"按钮：用于设置段落文字的行间距。

◎ "编号"按钮：用于对段落文字进行编号。

◎ "插入字段"按钮🖳：用于为段落文字插入一些特殊字段。

◎ "全部大写"按钮🅰：用于修改英文字符为大写。

◎ "全部小写"按钮🅰：用于修改英文字符为小写。

◎ "符号"按钮@▾：用于添加一些特殊符号。

◎ "倾斜角度"数值框 𝑂/ 0.0000 ⬦：用于修改文字的倾斜角度。

◎ "追踪"数值框 a·b 1.0000 ⬦：用于修改文字间的距离。

◎ "宽度因子"数值框 ● 1.0000 ⬦：用于修改文字的宽度比例。

2. 文本输入框

图 7-11 所示的文本输入框位于工具栏下侧，主要用于输入和编辑文字对象。它是由标尺和文本框两部分组成的。在文本输入框内单击右键，在弹出的快捷菜单中可对输入的多行文字进行调整。

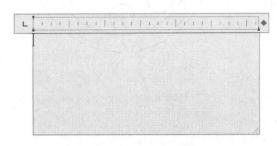

图 7-11　文本输入框

7.3.3　编辑多行文字

如果编辑的文字是使用"多行文字"命令创建的，那么在执行"编辑文字"命令后，命令行会出现"选择注释对象或[放弃(U)]"的操作提示。此时单击需要编辑的文字对象，将会打开"文字格式"编辑器。在此编辑器内不但可以修改文字的内容，还可以修改文字的样式、字体、字高及对正方式等特性。

7.4　上机实训 1——为齿轮零件标注技术要求

本例通过为齿轮零件标注技术要求，对"文字样式"和"多行文字"等命令进行综合练习和巩固应用。本例最终标注效果如图 7-12 所示，操作步骤如下。

(1) 打开配套资源中的"\data\ch07\素材-为齿轮标注技术要求.dwg"文件，如图 7-13 所示。

(2) 在"图层特性管理器"对话框中选中"细实线"图层，将其设置为当前图层。

(3) 在命令行中输入 ST 后按 Enter 键，打开"文字样式"对话框，从中设置文字样式，如图 7-14 所示。

(4) 在命令行中输入 T 后按 Enter 键，启动"多行文字"命令，然后在命令行"指定第一角点："提示下于绘图区拾取一点。

(5) 在命令行"指定对角点或[高度(H)/对正(J)/行距(L)/旋转(R)/样式(S)/宽度(W)/栏(C)]"提示下拾取对角点，打开图 7-15 所示的"文字格式"编辑器。

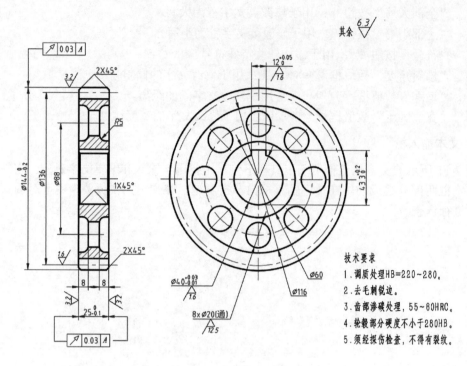

图 7-12　最终标注效果

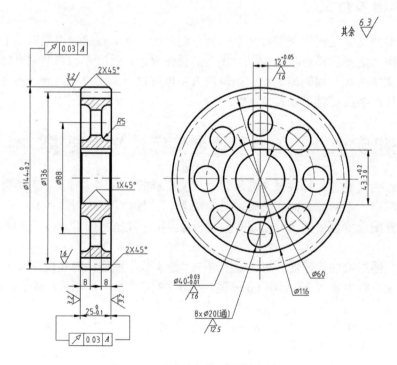

图 7-13　为齿轮标注技术要求素材

图 7-14　"文字样式"对话框

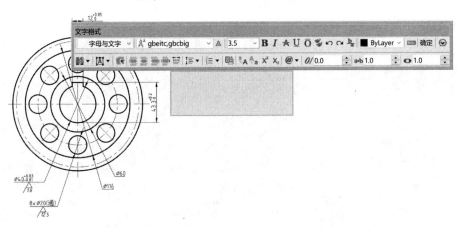

图 7-15　"文字格式"编辑器

（6）在"文字格式"编辑器的 3.5 组合框中输入 8。

（7）在下侧文本输入框内单击，指定文字的输入位置，然后输入图 7-16 所示的标题文字。

（8）按 Enter 键换行，在"文字格式"编辑器的 3.5 组合框中输入 7，然后输入技术要求正文文字，最后关闭"文字格式"编辑器。文字的创建结果如图 7-17 所示。

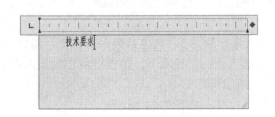

图 7-16　输入标题文字

技术要求

1.调质处理HB=220~280。

2.去毛刺锐边。

3.齿部渗碳处理，55~60HRC。

4.轮毂部分硬度不小于280HB。

5.须经探伤检查，不得有裂纹。

图 7-17　创建结果

(9) 选择菜单栏中的"文件"→"另存为"命令，将图形另存为以"上机实训 1.dwg"为文件名的图形文件。

图 7-18　创建表格

7.5 表格与表格样式

AutoCAD 2024 为用户提供表格的创建与填充功能。使用"表格"命令，不但可以创建表格、填充表格内容，而且可以将表格链接至 Excel 电子表格中的数据。

1. 表格

执行"表格"命令主要有以下几种方式。

◎ 在命令行中输入 TB 后按 Enter 键。

◎ 选择菜单栏中的"绘图"→"表格"命令。

◎ 单击"绘图"工具栏中的"表格"按钮▦。

下面通过创建图 7-18 所示的简单表格，学习"表格"命令的使用方法和技巧。操作步骤如下。

(1) 在命令行中输入 TB 后按 Enter 键，打开图 7-19 所示的"插入表格"对话框。

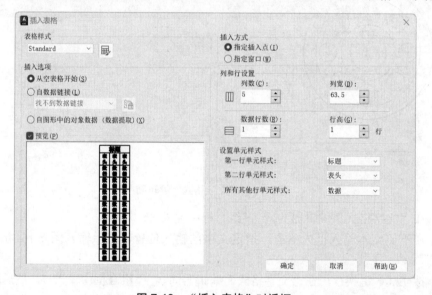

图 7-19　"插入表格"对话框

(2) 在"列数"数值框中输入 3，设置表格列数为 3；在"列宽"数值框中输入 20，设置表格列宽为 20。

(3) 在"数据行数"数值框中输入 3，设置表格行数为 3，其他参数保持不变，然后单击"确定"按钮，返回绘图区，在命令行"指定插入点："提示下，拾取一点作为插入点。

(4) 系统将打开图 7-20 所示的"文字格式"编辑器。

(5) 在反白显示的表格框内输入"材料标记"文字，如图 7-21 所示。

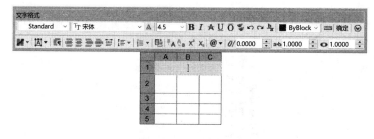

图 7-20 "文字格式"编辑器

图 7-21 输入"材料标记"文字

(6) 按右方向键或 Tab 键,光标跳至左下侧的列标题栏中,在"文字格式"编辑器的 组合框中输入 3,然后在反白显示的列标题栏中输入文字"图样标记",如图 7-22 所示。

图 7-22 输入文字

(7) 继续按右方向键或 Tab 键,分别在其他列标题栏中输入表格文字,结果如图 7-18 所示。

"插入表格"对话框中各选项含义如下。

◎ "表格样式"选项组:主要用于设置、新建或修改当前表格样式,还可以对样式进行预览。

◎ "插入选项"选项组:用于设置表格的填充方式,具体有"从空表格开始""自数据链接""自图形中的对象数据(数据提取)"3 种方式。

◎ "插入方式"选项组:用于设置表格的插入方式,具体有"指定插入点""指定窗口"两种方式,默认方式为"指定插入点"。

2. 表格样式

在"插入表格"对话框中单击 Standard 下拉列表框右侧的 按钮,可打开图 7-23 所示的"表格样式"对话框,在此对话框中可设置、修改表格样式。

执行"表格样式"命令主要有以下几种方式。

◎ 在命令行中输入 TS 后按 Enter 键。

◎ 选择菜单栏中的"格式"→"表格样式"命令。

◎ 单击"默认"选项卡"注释"面板中的"表格样式"按钮 。

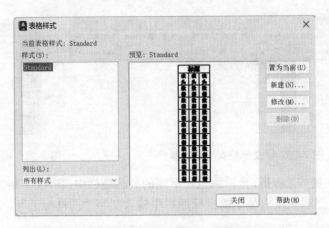

图 7-23 "表格样式"对话框

7.6 上机实训 2——创建并填充机械零件明细表

本例通过创建并填充图 7-24 所示的机械零件明细表，对"表格样式""表格"和"编辑文字"等命令进行综合练习和巩固应用，操作步骤如下。

序号	代号	名称	数量	材料
1	W27Y-108.01-1	轴承座	1	Q235A
2	W27Y-108.01-2	横筋板	2	Q235A
3	W27Y-108.01-3	连接板	3	Q235A
4	W27Y-108.01-4	纵筋板	4	Q235A
5	W27Y-108.01-5	上板	5	Q235A
6	W27Y-108.01-6	轴承盖	6	Q235A

创建表格

图 7-24 机械零件明细表

(1) 新建空白文件。

(2) 在命令行中输入 ST 后按 Enter 键，在打开的"文字样式"对话框中修改字体的宽度比例，如图 7-25 所示。

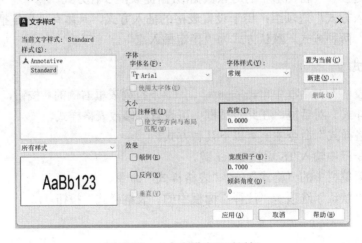

图 7-25 "文字样式"对话框

（3）　在命令行中输入 TS 后按 Enter 键，打开"表格样式"对话框。

（4）　单击"新建"按钮，打开"创建新的表格样式"对话框，在"新样式名"文本框内输入"明细表"作为新表格样式的名称，如图 7-26 所示。

图 7-26　为新表格样式命名

（5）　单击"继续"按钮，打开"新建表格样式：明细表"对话框，从中设置数据的常规参数，如图 7-27 所示。

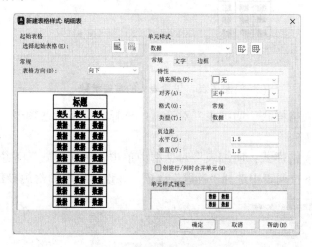

图 7-27　设置数据的常规参数

（6）　在"新建表格样式：明细表"对话框中选择"文字"选项卡，设置数据的文字参数，如图 7-28 所示。

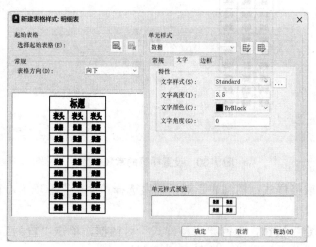

图 7-28　设置数据的文字参数

(7) 在"新建表格样式：明细表"对话框中单击"单元样式"下拉列表框右侧的下三角按钮，在弹出的下拉列表中选择"表头"选项，并设置表头的常规参数，如图 7-29 所示。

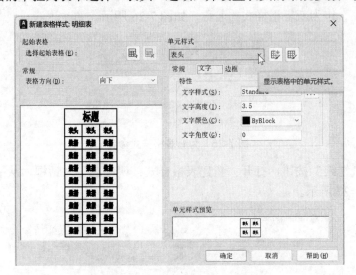

图 7-29　设置表头的常规参数

(8) 在"新建表格样式：明细表"对话框中选择"文字"选项卡，在表头的"文字高度"文本框中输入 3.5。

(9) 在"新建表格样式：明细表"对话框中单击"单元样式"下拉列表框右侧的下三角按钮，在弹出的下拉列表中选择"标题"选项，并设置标题的常规参数，如图 7-30 所示。

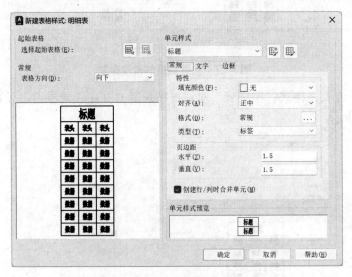

图 7-30　设置标题的常规参数

(10) 在"新建表格样式：明细表"对话框中选择"文字"选项卡，在标题"文字高度"文本框中输入 4.5。

(11) 单击"确定"按钮，返回"表格样式"对话框，单击"置为当前"按钮，将新建的表格样式设置为当前表格样式，如图 7-31 所示。

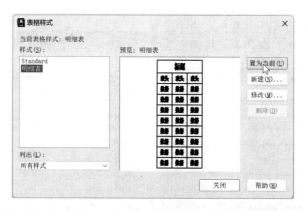

图 7-31　"表格样式"对话框

(12) 在命令行中输入 TB 后按 Enter 键，在打开的"插入表格"对话框中设置参数，如图 7-32 所示。

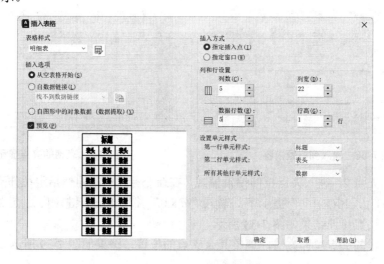

图 7-32　"插入表格"对话框

(13) 单击"确定"按钮，在命令行"指定插入点："提示下于绘图区拾取一点，插入表格，系统同时打开"文字格式"编辑器，然后单击"确定"按钮。

(14) 单击表格第一行空白部分，弹出"表格"编辑框，然后单击"取消合并单元格"按钮，如图 7-33 所示。

图 7-33　取消合并单元格

(15) 在反白显示的表格内输入文字"序号"，如图 7-34 所示。

(16) 按 Tab 键，在右侧的单元格内输入文字"代号"，如图 7-35 所示。

图 7-34　输入表格文字(1)　　　　　　　图 7-35　输入表格文字(2)

(17) 通过按 Tab 键，分别在其他单元格内输入文字内容，结果如图 7-36 所示。

(18) 在无命令执行的前提下，选择刚创建的明细表，使其夹点显示，如图 7-37 所示。

图 7-36　输入列标题内容　　　　　　　图 7-37　表格的夹点显示

(19) 单击夹点 2，进入夹点拉伸编辑模式，在命令行"**拉伸**指定拉伸点或[基点(B)/复制(C)/放弃(U)/退出(X)]："提示下，输入"@8,0"并按 Enter 键，将夹点 2 向左拉伸 8 个绘图单位，夹点拉伸结果如图 7-38 所示。

(20) 用同样的夹点拉伸方法，调整其余夹点的位置，结果如图 7-39 所示。

图 7-38　夹点 2 拉伸结果　　　　　　　图 7-39　夹点拉伸后最终结果

(21) 按 Esc 键，取消表格的夹点显示。

(22) 在左侧列标题下的第一个单元格内双击，打开"文字格式"编辑器，然后输入序号 1，如图 7-40 所示。

(23) 按 Tab 键，依次在其他单元格内输入明细表内容，结果如图 7-24 所示。

(24) 关闭"文字格式"编辑器，执行"保存"命令，将图形另存为以"上机实训 2.dwg"为文件名的图形文件。

	A	B	C	D	E
1	序号	代号	名称	数量	材料
2	1				
3					
4					
5					
6					
7					

图 7-40　输入序号"1"

7.7　本 章 小 结

本章主要讲述了文字、字符、表格等的创建及编辑功能。通过本章的学习，应了解并掌握单行文字与多行文字的区别、创建方式及修改技巧；掌握文字样式的设置及特殊字符的输入技巧。此外，还要熟练掌握表格的格式设置、创建、填充等功能。

本章主要讲解了：文字样式的设置方法；单行文字和多行文字的创建方法；编辑文字的方法以及创建文字的技巧；表格的设置、创建、填充等技巧与方法。在学习过程中应将理论知识的理解和上机操作相结合。

本章重点与难点：

(1)　标准文字样式的设置方法；

(2)　利用"单行文字"命令书写文字的方法；

(3)　利用"多行文字"命令书写文字的方法；

(4)　创建堆叠文字的方法；

(5)　文字编辑的方法；

(6)　文字书写的技巧；

(7)　表格的创建方法。

7.8　思 考 与 练 习

(1)　完成图 7-41 所示的标题栏创建，要求文字为"国标字体"，其中"泵体"和"武汉工程科技学院"字高为 5，其余字高为 3.5，文字对齐方式为"正中"(注意线条的粗细)。

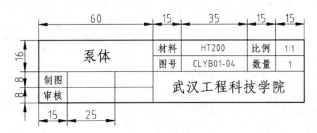

图 7-41　标题栏

(2)　完成图 7-42 所示的技术要求创建，要求文字为"国标字体"，字高为 3.5。

技术要求

1.齿圈与轮毂装配后再进行精加工及切齿。

2.未注倒角为C1。

3.未注尺寸公差按GB/T1804-2000-c。

4.未注几何公差按GB/T1184-1996-L。

图 7-42   技术要求

第 **8** 章

尺寸及公差标注

在图形设计中，尺寸标注是绘图设计工作中的一项重要内容，因为绘制图形的根本目的是反映对象的形状，而图形中各个对象的真实大小和相互位置只有经过尺寸标注后才能准确描述。

一个典型的 AutoCAD 尺寸标注通常由尺寸界线、尺寸线和尺寸数字等要素组成。此外，有些尺寸标注还有旁引线、中心线和中心标记等要素，这些要素在 AutoCAD 中一般作为一个整体进行处理。

本章导读

本章详细介绍 AutoCAD 2024 的尺寸及公差标注，主要内容如下：

◎ 标注基本尺寸；

◎ 标注复合尺寸；

◎ 标注样式管理；

◎ 标注尺寸公差与形位公差。

8.1 标注基本尺寸

基本尺寸是指一些常见的尺寸，如线性尺寸、对齐尺寸、半径尺寸、直径尺寸等。这些尺寸都位于"标注"菜单中，如图 8-1 所示。本节首先学习这些基本尺寸的标注方法和技巧。

8.1.1 线性标注

"线性"命令是一个常用的尺寸标注命令，主要用于标注两点之间的水平尺寸或垂直尺寸。

尺寸标注的组成及类型

线性标注

图 8-1 "标注"菜单

1. 执行方式

◎ 在命令行中输入 DIMLIN 后按 Enter 键。

◎ 选择菜单栏中的"标注"→"线性"命令。

◎ 单击"注释"选项卡"标注"面板中的"线性"按钮。

2. 操作实例

下面通过为零件图标注长度尺寸和垂直尺寸，学习"线性"命令的使用方法和技巧，具体操作步骤如下。

(1) 打开配套资源中的"\data\ch08\素材-线性标注.dwg"文件，如图 8-2 所示。

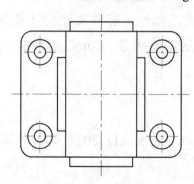

图 8-2 线性标注素材

(2) 在命令行中输入 DIMLIN 后按 Enter 键，执行"线性"命令，配合端点捕捉功能按命令行提示标注下侧的长度尺寸，命令行提示如下：

```
DIMLINEAR
指定第一个尺寸界线原点或 <选择对象>:
指定第二个尺寸界线原点:
指定尺寸线位置或
[多行文字(M)/文字(T)/角度(A)/水平(H)/垂直(V)/旋转(R)]:
标注文字 = 158
```

标注结果如图 8-3 所示。

(3) 重复执行"线性"命令,配合端点捕捉功能标注零件图的宽度尺寸,标注结果如图 8-4 所示。

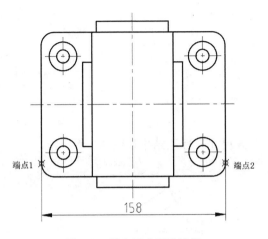

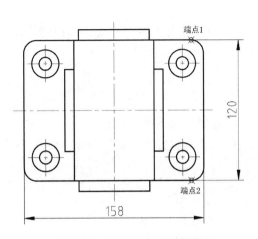

图 8-3 长度尺寸标注结果   图 8-4 宽度尺寸标注结果

8.1.2 对齐标注

"对齐"命令用于标注平行于所选对象或平行于两尺寸界线原点连线的尺寸,此命令比较适合标注倾斜图线的尺寸。

对齐标注

1. 执行方式

◎ 在命令行中输入 DAL 后按 Enter 键。

◎ 选择菜单栏中的"标注"→"对齐"命令。

◎ 单击"注释"选项卡"标注"面板中的"对齐"按钮。

2. 操作实例

下面通过标注对齐尺寸,学习"对齐"命令的使用方法和标注技巧,具体操作步骤如下。

(1) 打开配套资源中的"\data\ch08\素材-对齐标注.dwg"文件,如图 8-5 所示。

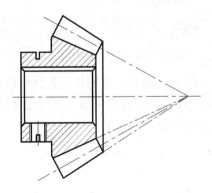

图 8-5 对齐标注素材

(2)　在命令行中输入 DAL 后按 Enter 键，执行"对齐"命令，配合交点捕捉功能按命令行提示标注对齐尺寸，命令行提示如下：

```
DIMALIGNED
指定第一个尺寸界线原点或 <选择对象>:
指定第二个尺寸界线原点:
指定尺寸线位置或
[多行文字(M)/文字(T)/角度(A)]:
标注文字 = 44.08
```

标注结果如图 8-6 所示。

　　(3)　重复执行"对齐"命令，标注下侧的对齐尺寸，标注结果如图 8-7 所示。

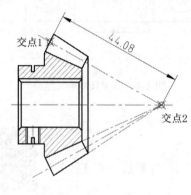

图 8-6　对齐标注结果(1)

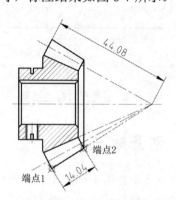

图 8-7　对齐标注结果(2)

8.1.3　坐标标注

　　"坐标"命令用于标注点的 X 坐标值和 Y 坐标值，所标注的坐标为点的绝对坐标。执行"坐标"命令主要有以下几种方式。

◎　在命令行中输入 DOR 后按 Enter 键。

◎　选择菜单栏中的"标注"→"坐标"命令。

◎　单击"注释"选项卡"标注"面板中的"坐标"按钮 。

执行"坐标"命令后，命令行操作提示如下：

```
命令:dimordinate
指定点坐标://捕捉点
指定引线端点或[X 基准(X)/Y 基准(Y)/多行文字(M)/文字(T)/角度(A)]://定位引线端点
```

　　上下移动光标可以标注点的 X 坐标值；左右移动光标可以标注点的 Y 坐标值。另外，使用"X 基准"选项，可以强制标注点的 X 坐标值，不受光标引导方向的限制；使用"Y 基准"选项，则可以标注点的 Y 坐标值。

8.1.4　角度标注

　　"角度"命令用于标注两条图线间的角度尺寸或者圆弧的圆心角。

角度标注

1. 执行方式

◎ 在命令行中输入 DAN 后按 Enter 键。

◎ 选择菜单栏中的"标注"→"角度"命令。

◎ 单击"注释"选项卡"标注"面板中的"角度"按钮 。

2. 操作实例

下面通过标注零件图中的角度尺寸，学习"角度"命令的使用方法和标注技巧，具体操作步骤如下。

(1) 打开配套资源中的"\data\ch08\素材-角度标注.dwg"文件。

(2) 在命令行中输入 DAN 后按 Enter 键，执行"角度"命令，标注零件图中的角度尺寸，命令行操作提示如下：

```
DIMANGULAR
选择圆弧、圆、直线或 <指定顶点>：
选择第二条直线：
指定标注弧线位置或 [多行文字(M)/文字(T)/角度(A)/象限点(Q)]：
标注文字 = 57
```

标注结果如图 8-8 所示。

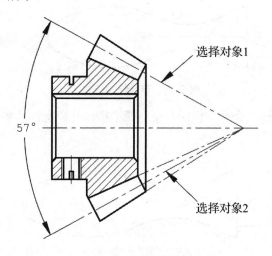

选择对象1

57°

选择对象2

图 8-8 角度标注结果

8.1.5 半径标注

"半径"命令用于标注圆、圆弧的半径尺寸。当用户采用系统的实际测量值标注半径尺寸时，系统会在测量数值前自动添加"*R*"符号。

半径标注

1. 执行方式

◎ 在命令行中输入 DRA 后按 Enter 键。

◎ 选择菜单栏中的"标注"→"半径"命令。

◎ 单击"注释"选项卡"标注"面板中的"半径"按钮 。

2．操作实例

下面通过标注零件图中的半径尺寸，学习"半径"命令的使用方法和标注技巧，具体操作步骤如下。

(1) 打开配套资源中的"\data\ch08\素材-半径标注.dwg"文件，如图 8-9 所示。

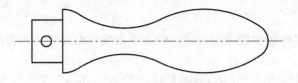

图 8-9　半径标注素材

(2) 在命令行中输入 DRA 后按 Enter 键，执行"半径"命令，标注零件图中的右端圆弧半径，命令行操作提示如下：

```
DIMRADIUS
选择圆弧或圆：
标注文字 = 8
```

标注结果如图 8-10 所示。

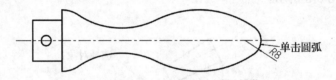

图 8-10　半径标注结果

(3) 重复执行"半径"命令，标注其余圆弧半径尺寸，标注结果如图 8-11 所示。

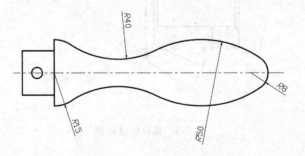

图 8-11　其余圆弧半径标注结果

8.1.6　直径标注

"直径"命令用于标注圆或圆弧的直径尺寸。当用户采用系统的实际测量值标注直径尺寸时，系统会在测量数值前自动添加"ϕ"符号。

直径标注

1．执行方式

◎　在命令行中输入 DDI 后按 Enter 键。

◎　选择菜单栏中的"标注"→"直径"命令。

◎ 单击"注释"选项卡"标注"面板中的"直径"按钮◎。

2. 操作实例

下面通过标注零件图中的直径尺寸，学习"直径"命令的使用方法和标注技巧，具体操作步骤如下。

(1) 打开配套资源中的"\data\ch08\素材-直径标注.dwg"文件，如图 8-12 所示。

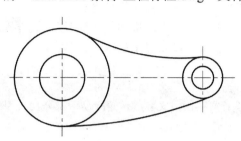

图 8-12　直径标注素材

(2) 在命令行中输入 DDI 后按 Enter 键，执行"直径"命令，标注零件图中的左端外圆直径，命令行操作提示如下：

```
DIMDIAMETER
选择圆弧或圆：
标注文字 = 36
指定尺寸线位置或 [多行文字(M)/文字(T)/角度(A)]：
```

标注结果如图 8-13 所示。

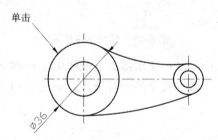

图 8-13　直径标注结果

(3) 重复执行"直径"命令，标注其余圆的直径尺寸，标注结果如图 8-14 所示。

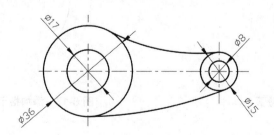

图 8-14　其余圆直径标注结果

8.1.7　弧长标注

弧长标注

"弧长"命令用于标注圆弧或多段线弧的长度尺寸，默认设置下，系统会在尺寸数字的一端添加弧长符号。执行"弧长"命令主要有以下几种方式。

◎　在命令行中输入 DAR 后按 Enter 键。

◎　选择菜单栏中的"标注"→"弧长"命令。

◎　单击"注释"选项卡"标注"面板中的"弧长"按钮🖉。

执行"弧长"命令后，命令行操作提示如下：

```
命令：DIMARC
选择弧线段或多段线圆弧段：
指定弧长标注位置或 [多行文字(M)/文字(T)/角度(A)/部分(P)/引线(L)]：
标注文字 = 149.74
```

标注结果如图 8-15 所示。

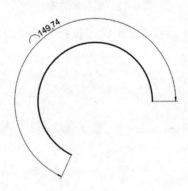

图 8-15　弧长标注结果

注意： 使用"部分"选项可以标注圆弧或多段线弧上的部分弧长，如图 8-16 所示；使用"引线"选项可以为圆弧的弧长尺寸添加指示线，如图 8-17 所示。

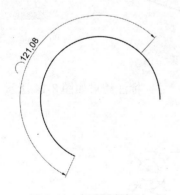

图 8-16　部分弧长标注

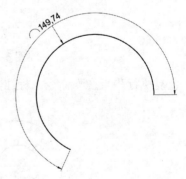

图 8-17　添加指示线的弧长标注

8.1.8　折弯线性标注

折弯线性标注

"折弯线性"命令用于在线性标注或对齐标注上添加或删除折弯线。折弯线指的是所标注对象中的折断标记，标注值代表实际距离，而不是图形中测量的距离。
执行"折弯线性"命令主要有以下几种方式。

◎　在命令行中输入 DJL 后按 Enter 键。

◎　选择菜单栏中的"标注"→"折弯线性"命令。

◎　单击"注释"选项卡"标注"面板中的"折弯线性"按钮。

执行"折弯线性"命令后，命令行操作提示如下：

```
命令:_DIMJOGLINE
选择要添加折弯的标注或[删除(R)]:
指定折弯位置(或按 Enter 键):
```

线性标注与折弯线性标注比较如图 8-18 所示。

图 8-18　线性标注与折弯线性标注比较

8.2　标注复合尺寸

除了前面所讲的常见基本尺寸标注命令外，还有"基线""连续""快速标注"3 个复合标注命令。本节就来学习这些复合尺寸的标注方法和技巧。

8.2.1　标注基线尺寸

"基线"命令用于在现有尺寸的基础上，以选择的线性尺寸界线作为基线尺寸的尺寸界线，进行快速标注。

标注基线尺寸

1. 执行方式

◎　在命令行中输入 DBA 后按 Enter 键。

◎　选择菜单栏中的"标注"→"基线"命令。

◎　单击"注释"选项卡"标注"面板中的"基线"按钮。

2. 操作实例

下面通过标注基线尺寸，学习"基线"命令的使用方法和技巧，具体操作步骤如下。

(1)　打开配套资源中的"\data\ch08\素材-基线标注.dwg"文件，如图 8-19 所示。

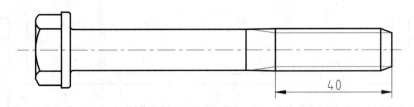

图 8-19　基线标注素材

(2)　在命令行中输入 DBA 后按 Enter 键，执行"基线"命令，AutoCAD 2024 会自动以刚创建的线性尺寸作为基线尺寸，如果没有指定基线尺寸，则需先进行一次线性标注或选择已创建的线性尺寸 40 作为基线尺寸。命令行操作提示如下。

```
命令: _dimbaseline
指定第二个尺寸界线原点或 [选择(S)/放弃(U)] <选择>:
标注文字 = 50
指定第二个尺寸界线原点或 [选择(S)/放弃(U)] <选择>:
标注文字 = 110.08
指定第二个尺寸界线原点或 [选择(S)/放弃(U)] <选择>:
标注文字 = 121.88
指定第二个尺寸界线原点或 [选择(S)/放弃(U)] <选择>: *取消*
```

(3) 分别捕捉图 8-20 所示的交点作为尺寸界线原点，按 Esc 键结束 "基线" 命令。

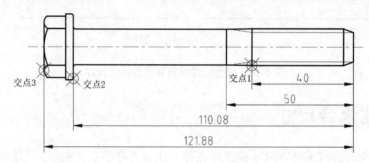

图 8-20　基线标注结果

8.2.2　标注连续尺寸

"连续" 命令用于在现有的尺寸基础上创建连续的尺寸对象，所创建的连续尺寸位于同一个方向矢量上。

标注连续尺寸

1. 执行方式

◎　在命令行中输入 DCO 后按 Enter 键。

◎　选择菜单栏中的 "标注" → "连续" 命令。

◎　单击 "注释" 选项卡 "标注" 面板中的 "连续" 按钮 。

2. 操作实例

下面通过标注图 8-21 所示的连续尺寸，学习 "连续" 命令的使用方法和技巧，具体操作步骤如下。

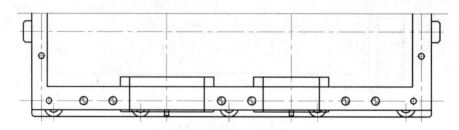

图 8-21　连续标注素材

(1) 打开配套资源中的"\data\ch08\素材-连续标注.dwg"文件。

(2) 在命令行中输入 DLI 后按 Enter 键，执行"线性"命令，配合端点捕捉功能标注图 8-22 所示的线性尺寸，将其作为基准尺寸。

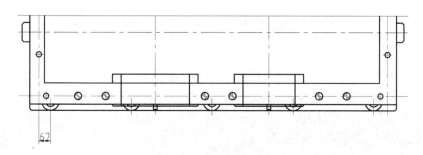

图 8-22　标注线性尺寸

(3) 在命令行中输入 DCO 后按 Enter 键，执行"连续"命令，从左至右依次单击图 8-23 所示的端点。

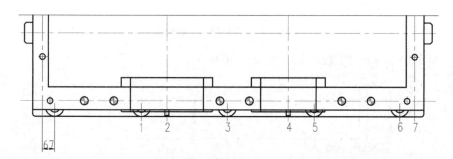

图 8-23　捕捉端点

(4) 最终标注结果如图 8-24 所示。

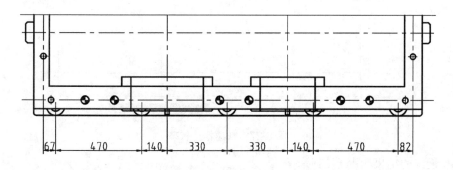

图 8-24　连续标注最终结果

8.2.3　快速标注

"快速标注"命令用于一次标注多个对象间的水平尺寸或垂直尺寸，是一种比较常用的复合标注工具。

快速标注尺寸

1. 执行方式

◎ 在命令行中输入 QDIM 后按 Enter 键。

◎ 选择菜单栏中"标注"→"快速标注"命令。

◎ 单击"注释"选项卡"标注"面板中的"快速标注"按钮。

2. 操作实例

下面通过具体实例，学习"快速标注"命令的使用方法和技巧，具体操作步骤如下。

(1) 打开配套资源中的"\data\ch08\素材-快速标注.dwg"文件。

(2) 在命令行中输入 QDIM 后按 Enter 键，执行"快速标注"命令，选择要标注的几何图形，窗交选择图 8-25 所示的图形。

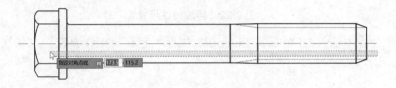

图 8-25　窗交选择几何图形

(3) 单击最左端的垂直轮廓线，如图 8-26 所示。

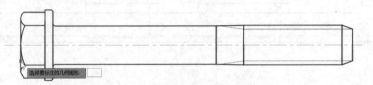

图 8-26　选择最左端的垂直轮廓线

(4) 按 Enter 键后拖动光标在适当位置单击，如图 8-27 所示。

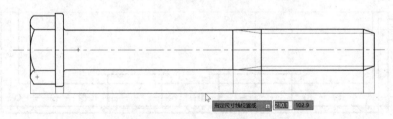

图 8-27　快速标注状态

(5) 最终的结果如图 8-28 所示。

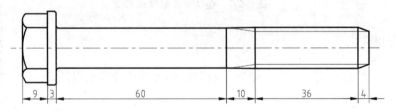

图 8-28　快速标注结果

8.3 标注样式管理

一个完整的尺寸标注包括标注文字、尺寸线、尺寸界线和箭头等尺寸元素，而这些尺寸元素都是通过"标注样式"命令进行调整的。

执行"标注样式"命令主要有以下几种方式。

◎ 在命令行中输入 D 后按 Enter 键。

◎ 选择菜单栏中的"格式"→"标注样式"命令。

◎ 单击"默认"选项卡"注释"面板中的"标注样式"按钮▲。

执行此命令后可打开图 8-29 所示的"标注样式管理器"对话框。此对话框控制着尺寸元素的外观形式，它是所有尺寸变量的集合。这些变量决定了尺寸中各元素的外观，只要用户调整尺寸样式中的某些尺寸变量，就能灵活修改尺寸标注的外观。

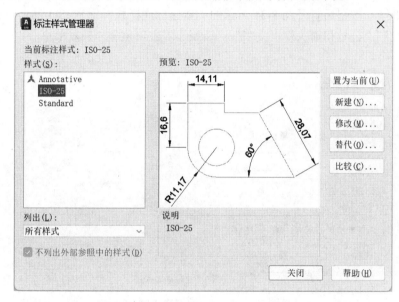

图 8-29 "标注样式管理器"对话框

1. 标注样式选项

置为当前(U) 按钮：用于把选择的标注样式设置为当前标注样式。

新建(N)... 按钮：用于设置新的标注样式。

修改(M)... 按钮：用于修改当前选择的标注样式。当用户修改了标注样式后，当前图形中所有应用此标注样式的标注都会自动更新为修改后的标注样式。

替代(O)... 按钮：用于设置当前使用的标注样式的临时替代值。

比较(C)... 按钮：用于比较两种标注样式的特性或预览一种标注样式的全部特性，并将比较结果输出到 Windows 剪贴板上，然后粘贴到其他 Windows 应用程序中。

2. 新建标注样式

在图 8-29 所示的"标注样式管理器"对话框中，单击 新建(N)... 按钮后可打开图 8-30 所示的"创建新标注样式"对话框，其中，"新样式名"文本框用于为新样式命名；"基础样式"下拉列表框用于设置新样式的基础样式;"注释性"复选框用于为新样式添加注释;"用于"下拉列表框用于设置新样式的适用范围。

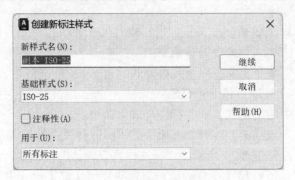

图 8-30 "创建新标注样式"对话框

单击"继续"按钮后打开图 8-31 所示的"新建标注样式:副本 ISO-25"对话框。此对话框包括"线""符号和箭头""文字""调整""主单位""换算单位""公差"7 个选项卡。

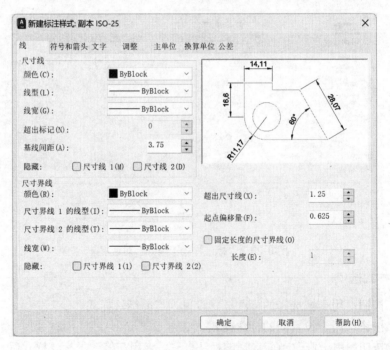

图 8-31 "新建标注样式:副本 ISO-25"对话框

8.3.1　设置线参数

图 8-31 所示的"线"选项卡,主要用于设置尺寸线、尺寸界线的格式和特性等变量,具体如下。

1．"尺寸线"选项组

◎ "颜色"下拉列表框:用于设置尺寸线的颜色。

◎　"线型"下拉列表框：用于设置尺寸线的线型。

◎　"线宽"下拉列表框：用于设置尺寸线的线宽。

◎　"超出标记"数值框：用于设置尺寸线超出尺寸界线的长度。在默认状态下，该数值框处于不可用状态，只有在用户选择建筑标记箭头时，此数值框才处于可用状态。

◎　"基线间距"数值框：用于设置在标注基线尺寸时两条尺寸线之间的距离。

2. "尺寸界线"选项组

◎　"颜色"下拉列表框：用于设置尺寸界线的颜色。

◎　"尺寸界线 1 的线型"下拉列表框：用于设置尺寸界线 1 的线型。

◎　"尺寸界线 2 的线型"下拉列表框：用于设置尺寸界线 2 的线型。

◎　"线宽"下拉列表框：用于设置尺寸界线的线宽。

◎　"超出尺寸线"数值框：用于设置尺寸界线超出尺寸线的长度。

◎　"起点偏移量"数值框：尺寸界线起点与被标注对象间的距离。

8.3.2　设置符号和箭头

图 8-32 所示的"符号和箭头"选项卡，主要用于设置箭头、圆心标记、弧长符号和折弯标注等参数。

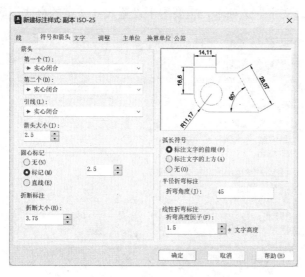

图 8-32　"符号和箭头"选项卡

1. "箭头"选项组

◎　"第一个"/"第二个"下拉列表框：用于设置箭头的形状。

◎　"引线"下拉列表框：用于设置引线箭头的形状。

◎　"箭头大小"数值框：用于设置箭头的大小。

2. "圆心标记"选项组

◎　"无"单选按钮：表示不添加圆心标记。

◎ "标记"单选按钮：用于添加十字形圆心标记。

◎ "直线"单选按钮：用于为圆添加直线型标记。

◎ 2.5 数值框：用于设置圆心标记的大小。

3."折断标注"选项组

该选项组用于设置打断标注的大小。

4."弧长符号"选项组

◎ "标注文字的前缀"单选按钮：用于为弧长标注添加前缀。

◎ "标注文字的上方"单选按钮：用于设置标注文字的位置。

◎ "无"单选按钮：表示在弧长标注上不出现弧长符号。

5."半径折弯标注"选项组

该选项组用于设置半径折弯的角度。

6."线性折弯标注"选项组

该选项组用于设置线性折弯的高度因子。

8.3.3　设置文字参数

图 8-33 所示的"文字"选项卡，主要用于设置尺寸文字的样式、颜色、位置及对齐方式等变量。

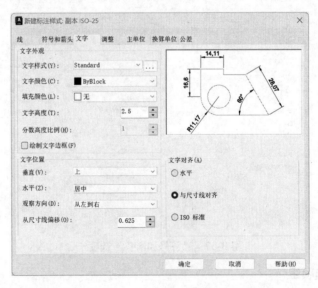

图 8-33　"文字"选项卡

1."文字外观"选项组

◎ "文字样式"下拉列表框：用于设置尺寸文字的样式。

◎ "文字颜色"下拉列表框：用于设置尺寸文字的颜色。

◎ "填充颜色"下拉列表框：用于设置尺寸文字的背景色。

◎ "文字高度"数值框：用于设置尺寸文字的高度。

◎ "分数高度比例"数值框：用于设置标注分数的高度比例。只有在选择分数标注
单位时此选项才可用。

◎ "绘制文字边框"复选框：用于设置是否为尺寸文字加上边框。

2. "文字位置"选项组

◎ "垂直"下拉列表框：用于设置尺寸文字相对于尺寸线垂直方向的放置位置。

◎ "水平"下拉列表框：用于设置尺寸文字相对于尺寸线水平方向的放置位置。

◎ "观察方向"下拉列表框：用于设置尺寸文字的观察方向。

◎ "从尺寸线偏移"数值框：用于设置尺寸文字与尺寸线之间的距离。

3. "文字对齐"选项组

◎ "水平"单选按钮：用于设置尺寸文字以水平方向放置。

◎ "与尺寸线对齐"单选按钮：用于设置尺寸文字以与尺寸线平行的方向放置。

◎ "ISO 标准"单选按钮：根据 ISO 标准设置尺寸文字。

8.3.4　设置调整参数

图 8-34 所示的"调整"选项卡，主要用于设置尺寸文字与尺寸线、尺寸界线之间的位置。

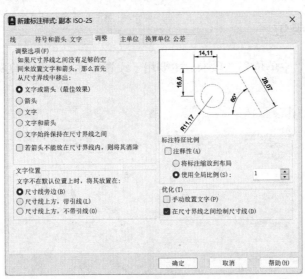

图 8-34　"调整"选项卡

1. "调整选项"选项组

◎ "文字或箭头(最佳效果)"单选按钮：用于自动调整文字与箭头的位置，使两者达
到最佳效果。

◎ "箭头"单选按钮：用于将箭头移到尺寸界线外。

◎ "文字"单选按钮：用于将文字移到尺寸界线外。

◎ "文字和箭头"单选按钮：用于将文字与箭头都移到尺寸界线外。

◎ "文字始终保持在尺寸界线之间"单选按钮：用于始终将文字放置在尺寸界线之间。

2. "文字位置"选项组

◎ "尺寸线旁边"单选按钮：用于将文字放置在尺寸线旁边。
◎ "尺寸线上方，带引线"单选按钮：用于将文字放置在尺寸线上方，并加引线。
◎ "尺寸线上方，不带引线"单选按钮：用于将文字放置在尺寸线上方，但不加引线。

3. "标注特征比例"选项组

◎ "注释性"复选框：用于设置标注为注释性标注。
◎ "将标注缩放到布局"单选按钮：用于根据当前模型空间的视窗与布局空间的大小来确定比例因子。
◎ "使用全局比例"单选按钮：用于设置标注的比例因子。

4. "优化"选项组

◎ "手动放置文字"复选框：用于手动放置标注文字。
◎ "在尺寸界线之间绘制尺寸线"复选框：表示在标注圆弧或圆时，尺寸线始终在尺寸界线之间。

8.3.5 设置主单位

图 8-35 所示为"主单位"选项卡，主要用于设置线性标注和角度标注的单位格式及精度等参数变量。

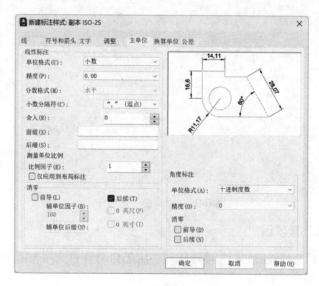

图 8-35 "主单位"选项卡

1. "线性标注"选项组

◎ "单位格式"下拉列表框：用于设置线性标注的单位格式，默认值为小数。

◎　"精度"下拉列表框：用于设置尺寸的精度。

◎　"分数格式"下拉列表框：用于设置分数的格式。

◎　"小数分隔符"下拉列表框：用于设置小数的分隔符号。

◎　"舍入"数值框：用于设置除了角度以外的标注测量值的四舍五入规则。

◎　"前缀"文本框：用于设置尺寸文字的前缀，可以为数字、文字、符号。

◎　"后缀"文本框：用于设置尺寸文字的后缀，可以为数字、文字、符号。

2. "测量单位比例"选项组

◎　"比例因子"数值框：用于设置除了角度外的标注比例因子。

◎　"仅应用到布局标注"复选框：用于设置仅对在布局里创建的标注应用线性比例值。

3. "消零"选项组

◎　"前导"复选框：用于消除小数点前面的零。当尺寸文字小于 1 时(如为 0.7)，勾选此复选框后，前面的零被消除(0.7 将变为.7)。

◎　"后续"复选框：用于消除小数点后面的零。

◎　"0 英尺"复选框：用于消除英尺前的零。

◎　"0 英寸"复选框：用于消除英寸后的零，如"2.000′、-1.400″"表示为"2′、-1.4″"。

4. "角度标注"选项组

◎　"单位格式"下拉列表框：用于设置角度标注的单位格式。

◎　"精度"下拉列表框：用于设置角度的小数位数。

8.3.6　设置换算单位

图 8-36 所示为"换算单位"选项卡，主要用于显示和设置尺寸文字的换算单位、精度等变量。只有选中了"显示换算单位"复选框，"换算单位"选项卡中所有的选项才可用。

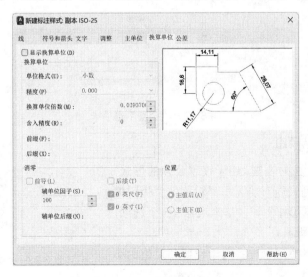

图 8-36　"换算单位"选项卡

1. "换算单位"选项组

◎ "单位格式"下拉列表框：用于设置换算单位的格式。

◎ "精度"下拉列表框：用于设置换算单位的小数位数。

◎ "换算单位倍数"数值框：用于设置主单位与换算单位间的换算因子的倍数。

◎ "舍入精度"数值框：用于设置换算单位的四舍五入规则。

◎ "前缀"文本框：文本框中输入的值将显示在换算单位的前面。

◎ "后缀"文本框：文本框中输入的值将显示在换算单位的后面。

2. "消零"选项组

该选项组用于消除换算单位的前导零和后续零及英尺、英寸前后的零。

3. "位置"选项组

◎ "主值后"单选按钮：用于将换算单位放在主单位之后。

◎ "主值下"单选按钮：用于将换算单位放在主单位之下。

8.3.7 设置公差

"新建标注样式：副本 ISO-25"对话框中的"公差"选项卡主要用于设置尺寸的公差格式和换算单位，如图 8-37 所示。

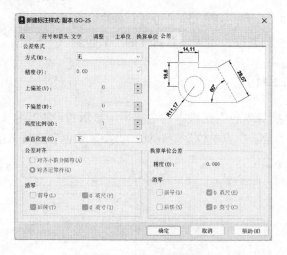

图 8-37 "公差"选项卡

"公差格式"选项组

◎ "方式"下拉列表框：用于设置公差的形式。在此下拉列表内有"无""对称""极限偏差""极限尺寸"和"基本尺寸"5 个选项，如图 8-38 所示。

◎ "精度"下拉列表框：用于设置公差值的小数位数。

图 8-38 "方式"下拉列表

◎ "上偏差" / "下偏差"数值框:用于设置上、下偏差值。

◎ "高度比例"数值框:用于设置公差文字与基本尺寸文字的高度比例。

◎ "垂直位置"下拉列表框:用于设置基本尺寸文字与公差文字的相对位置。

8.4 尺寸公差与形位公差

8.4.1 尺寸公差

尺寸公差标注

零件图上的技术要求通常有尺寸公差,尺寸公差包括对称尺寸公差和非对称尺寸公差两种。

1. 对称尺寸公差标注

具有对称尺寸公差的标注如图 8-39(b)所示,无论是长度尺寸还是直径尺寸,首先完成基本尺寸的标注,再利用"文字编辑"命令修改尺寸,即可完成尺寸的标注。下面介绍将图 8-39(a)所示的尺寸标注修改为图 8-39(b)所示具有对称尺寸公差的标注的方法。

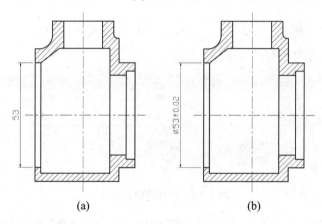

(a)　　　　　　　　(b)

图 8-39　对称尺寸公差标注

(1) 在命令行中输入 DLI 后按 Enter 键,执行"对齐"标注命令,标注线性尺寸 53,标注结果如图 8-39(a)所示。

(2) 在命令行中输入 TEDIT 后按 Enter 键,启动"文字编辑"命令,选择要编辑的线性尺寸 53。

(3) 弹出"文字格式"编辑器,在尺寸 53 前输入"%%C",在尺寸 53 后输入"%%P0.02",如图 8-40 所示。

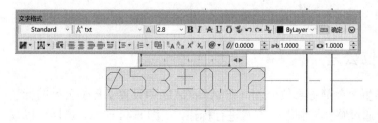

图 8-40　尺寸编辑内容

(4) 单击"确定"按钮退出编辑界面，完成尺寸编辑，标注结果如图 8-39(b)所示。

2. 非对称尺寸公差标注

标注非对称尺寸公差如图 8-41(b)所示，与对称尺寸公差的标注方法类似，具体的标注方法如下。

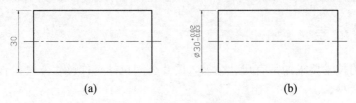

图 8-41　非对称尺寸公差标注

(1) 在命令行中输入 DLI 后按 Enter 键，执行"对齐"标注命令，标注线性尺寸 30，结果如图 8-41(a)所示。

(2) 在命令行中输入 TEDIT 后按 Enter 键，启动"文字编辑"命令，选择要编辑的线性尺寸 30。

(3) 弹出"文字格式"编辑器，在尺寸 30 前输入"%%C"，在尺寸 30 后输入"+0.02^−0.03"，如图 8-42 所示。

图 8-42　尺寸编辑内容(1)

(4) 选择+0.02^−0.03，单击"文字格式"编辑器中的"堆叠"按钮 ，如图 8-43 所示。

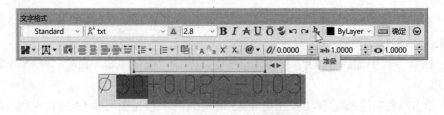

图 8-43　尺寸编辑内容(2)

(5) 单击"确定"按钮退出编辑界面，完成尺寸编辑，标注结果如图 8-41(b)所示。

8.4.2　形位公差

形状与位置公差简称形位公差，在 AutoCAD 中设置了形位公差的标注命令。该命令通过特征控制框的方式进行标注，如图 8-44 所示，这样可以规范公差的标注。另外，形位公差的标注是与快速引线标注结合在一起使用的。

形位公差标注

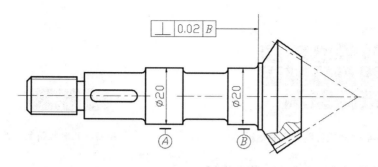

图 8-44 形位公差特征控制框

执行"公差"命令主要有以下几种方式。

◎ 在命令行中输入 TOL 后按 Enter 键。

◎ 选择菜单栏中的"标注"→"公差"命令。

◎ 单击"注释"选项卡"标注"面板中的"公差"按钮 。

执行"公差"命令后，系统弹出图 8-45 所示的"形位公差"对话框。

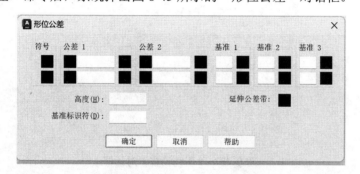

图 8-45 "形位公差"对话框

1. "形位公差"对话框介绍

(1) 符号：设置形位公差特征符号，如直线度符号"—"。

单击符号下面任一个黑色方框，将弹出"特征符号"对话框，如图 8-46 所示。单击图 8-46 中合适的特征符号，此时特征符号即出现在图 8-45 中"符号"下面的方框内，单击空白方框，则无特征符号。

(2) 公差 1：设置公差框中的第一个公差值，该值包含两个修饰符号，即直径和包容条件。在公差 1 中有 3 个线框，第一个线框可以设置直径符号，单击该线框，出现直径符号ϕ；第二个线框可以输入公差数值；第三个线框可以设置包容条件的符号，单击该线框，弹出"附加符号"对话框，如图 8-47 所示，单击相应的符号，即在第三个线框中出现包容条件符号。

(3) 公差 2：设置形位公差的有关参数。

操作方法同公差 1，一般不做设置。

(4) 基准 1、基准 2、基准 3：设置位置公差的主要基准符号。

基准由两个线框组成，第一个线框内输入基准符号，第二个线框内设置附加条件的符号，通常只有一个基准符号。

(5) 高度、基准标识符、延伸公差带：这 3 项在标注时通常不用，在此不做介绍。

图 8-46 "特征符号"对话框

图 8-47 "附加符号"对话框

2. 利用快速引线标注形位公差的步骤

利用快速引线标注图 8-44 所示形位公差的步骤如下。

(1) 在命令行中输入 LE 后按 Enter 键，然后在命令行中输入 S，按 Enter 键，系统弹出 "引线设置"对话框，如图 8-48 所示。

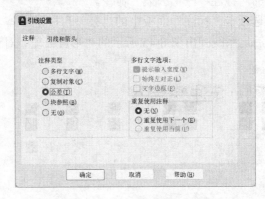

图 8-48 "引线设置"对话框

(2) 切换到"注释"选项卡，选中"公差"单选按钮，单击"确定"按钮，如图 8-48 所示。

(3) 确定快速引线的 3 个点的位置，单击第一个点确定箭头指示位置，然后向左拖动 光标至合适位置第二次单击，按 Enter 键后弹出图 8-45 所示的"形位公差"对话框。

(4) 单击"符号"下面的黑色方框，在弹出的"特征符号"对话框中选择垂直度符号 "⊥"。

(5) 在"公差 1"的第二个线框中输入公差数值 0.02。

(6) 在"基准 1"的第一个线框中输入基准符号 *B*，设置结果如图 8-49 所示。

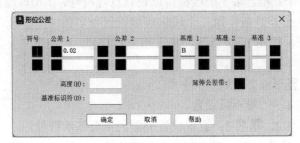

图 8-49 形位公差设置结果

(7) 单击"确定"按钮完成形位公差标注，如图 8-44 所示。

注意：利用"快速引线"命令画引线时，点数默认为 3 点，若要在第 2 个点后标注形位公差，则在确定第 2 个点后直接按 Enter 键即可。

8.5 上机实训——标注轴类零件图尺寸与公差

上机实训——标注轴类零件图尺寸与公差

本例通过为轴类零件二视图标注长度尺寸、宽度尺寸、倒角尺寸、角度尺寸、圆角尺寸、尺寸公差及形位公差等，对本章重点知识进行综合练习和巩固应用。本例最终标注效果如图 8-50 所示。具体操作步骤如下。

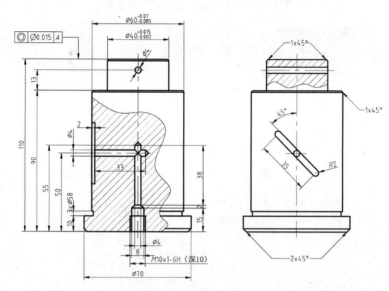

图 8-50　最终标注效果

(1) 打开配套资源中的"\data\ch08\素材-标注轴类零件图尺寸与公差.dwg"文件，如图 8-51 所示。

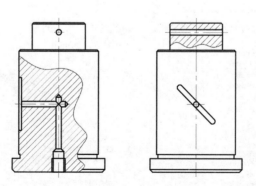

图 8-51　轴类零件图素材

(2) 展开"图层控制"下拉列表，将"标注线"图层设置为当前图层。

(3) 启用对象捕捉功能，在命令行中输入 D 后按 Enter 键，启动"标注样式"命令，新建图 8-52 所示的标注样式。

(4) 单击"继续"按钮，打开"新建标注样式：style-01"对话框，然后在"线"选项卡内设置参数, 如图 8-53 所示。

图 8-52　"创建新标注样式"对话框

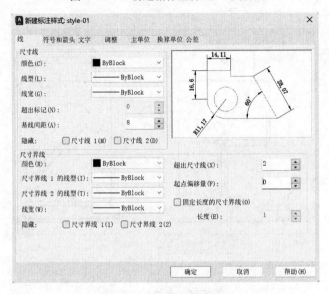

图 8-53　设置"线"参数

(5) 选择"符号和箭头"选项卡, 设置尺寸箭头及大小等参数, 如图 8-54 所示。

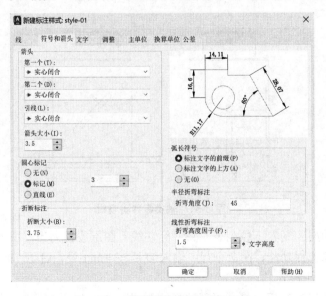

图 8-54　设置"符号和箭头"参数

(6) 选择"文字"选项卡，设置标注文字的样式、高度及对齐方式，如图 8-55 所示。

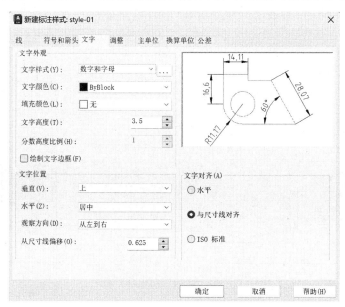

图 8-55 设置"文字"参数

(7) 选择"主单位"选项卡，设置标注类型、精度等参数，如图 8-56 所示。

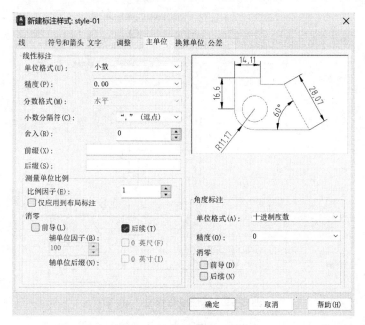

图 8-56 设置"主单位"参数

(8) 单击"确定"按钮，返回"标注样式管理器"对话框，将新建的样式设为当前标注样式。

(9) 在命令行中输入 DLI 后按 Enter 键，启动"线性"命令，配合端点捕捉功能标注图 8-57 所示的线性尺寸。

(10) 在命令行中输入 DBA 后按 Enter 键，启动"基线"命令，选择尺寸 10 作为基准标注，配合端点捕捉或交点捕捉功能捕捉图 8-58 所示的端点，并标注基线尺寸。

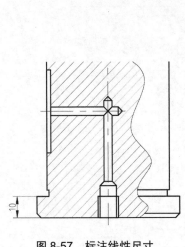

图 8-57　标注线性尺寸

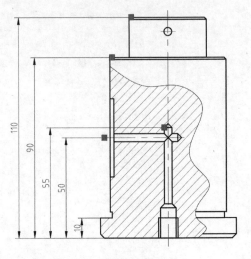

图 8-58　捕捉端点

(11) 在命令行中输入 DLI 后按 Enter 键，启动"线性"命令，配合端点捕捉功能标注内部的连续尺寸，如图 8-59 所示。

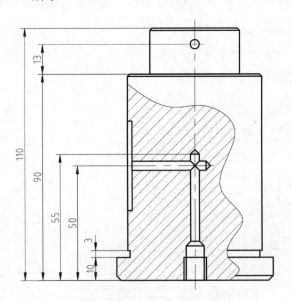

图 8-59　标注线性尺寸 3 和 13

(12) 在命令行中输入 DLI 后按 Enter 键，启动"线性"命令，配合端点捕捉功能标注直径尺寸，如图 8-60 所示。

(13) 在命令行中输入 TEDIT 后按 Enter 键，启动"文字编辑"命令，选择刚标注的线性尺寸 70，弹出"文字格式"编辑器，在尺寸 70 前输入"%%C"，结果如图 8-61 所示。

(14) 重复执行"线性"和"连续"命令，配合对象捕捉功能分别标注其他位置的尺寸，标注结果如图 8-62 所示。

(15) 在命令行中输入 DDI 后按 Enter 键，启动"直径"命令，标注φ4孔直径，如图 8-63 所示。

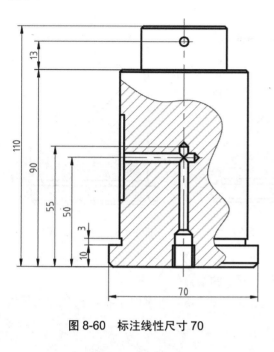

图 8-60　标注线性尺寸 70

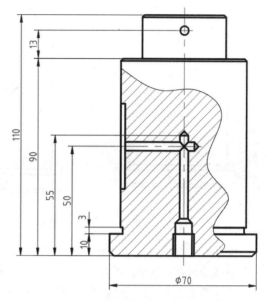

图 8-61　修改后的尺寸结果

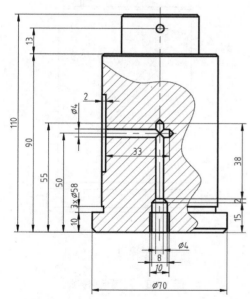

图 8-62　标注其他位置的尺寸

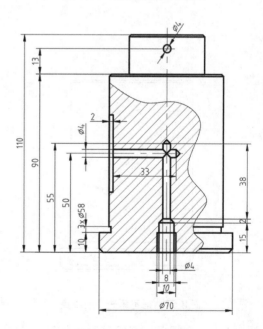

图 8-63　标注φ4孔直径

(16) 在命令行中输入 DRA 后按 Enter 键，启动"半径"命令，标注左视图中的半径尺寸，如图 8-64 所示。

(17) 在命令行中输入 DAN 后按 Enter 键，启动"角度"命令，标注左视图中的角度尺寸，如图 8-65 所示。

(18) 在命令行中输入 DAL 后按 Enter 键，启动"对齐"命令，配合圆心捕捉功能标注图 8-66 所示的对齐尺寸。

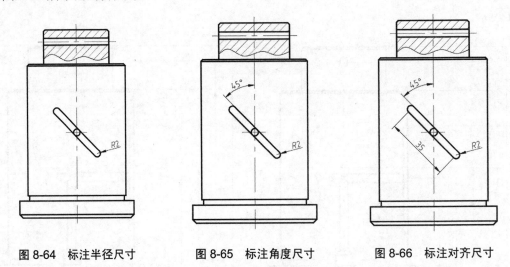

图 8-64　标注半径尺寸　　　　图 8-65　标注角度尺寸　　　　图 8-66　标注对齐尺寸

(19) 在命令行中输入 LE 后按 Enter 键，启动"快速引线"命令。命令行提示"指定第一个引线点或[设置(S)]<设置>："，捕捉图 8-67 所示的端点。

(20) 命令行提示"指定下一点"，移动光标引出图 8-68 所示的引线，在合适的位置单击。

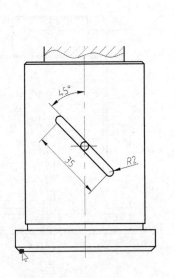

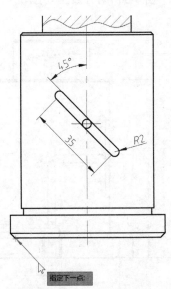

图 8-67　指定第一个引线点　　　　　　　图 8-68　引出延伸矢量

(21) 命令行提示"指定下一点"，引出图 8-69 所示的线段，在水平方向拖动光标，然后在适当位置单击。

(22) 命令行提示"指定文字宽度<0>"，按 Enter 键。

(23) 命令行提示"输入注释文字的第一行<多行文字(M)>："，输入"2×45%%D"，按 Enter 键。

(24) 命令行提示"输入注释文字的下一行："，按 Enter 键结束命令，标注结果如图 8-70

所示。

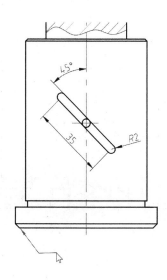

图 8-69　水平拖动光标确定第 3 个点

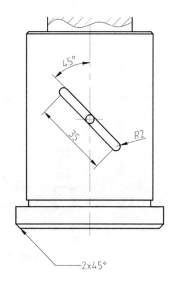

图 8-70　标注结果

(25) 在命令行中输入 MI 后 Enter 键，启动"镜像"命令，对引线及箭头进行镜像，镜像结果如图 8-71 所示。

(26) 重复执行"快速引线"和"镜像"命令，配合延伸捕捉和端点捕捉等功能分别标注其他位置的倒角尺寸，结果如图 8-72 所示。

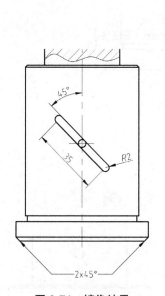

图 8-71　镜像结果

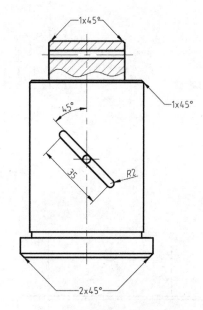

图 8-72　标注其他倒角尺寸

(27) 双击选择图 8-73 所示的尺寸，对标注文字的内容进行修改，修改结果如图 8-74 所示。

(28) 参照第(26)步和第(27)步，修改其他位置的尺寸内容，修改结果如图 8-75 所示。

(29) 在命令行中输入 DLI 后按 Enter 键，启动"线性"命令，配合交点捕捉和端点捕捉功能捕捉$\phi40^{+0.015}_{-0.002}$尺寸界线对应的两端点，如图 8-76 所示，在命令行中输入 M 后按 Enter 键，打开"文字格式"编辑器。

(30) 在"文字格式"编辑器内为尺寸文字添加直径前缀和公差后缀，如图 8-77 所示。

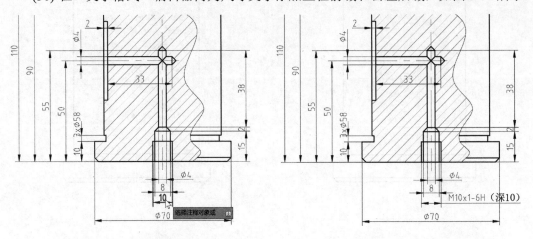

图 8-73　选择尺寸　　　　　　　　　　　图 8-74　尺寸修改结果

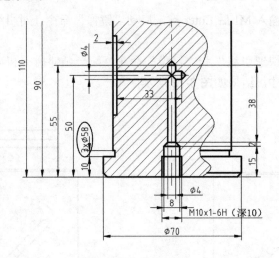

图 8-75　修改结果

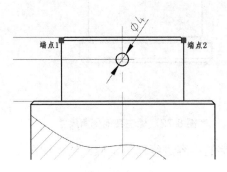

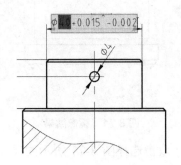

图 8-76　捕捉端点　　　　　　　　　　　图 8-77　添加尺寸前、后缀

(31) 在下侧文本输入框内选择公差后缀进行堆叠，关闭"文字格式"编辑器，返回绘

图区，指定尺寸线位置，标注结果如图 8-78 所示。

(32) 参照上述操作，重复执行"线性"命令，标注上侧尺寸公差，标注结果如图 8-79 所示。

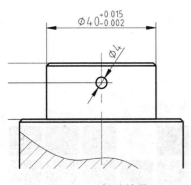

图 8-78 标注结果

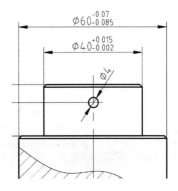

图 8-79 标注上侧尺寸公差

(33) 在命令行中输入 LE 后按 Enter 键，启动"快速引线"命令，然后在命令行中输入 S 后按 Enter 键，激活"设置"选项，在弹出的"引线设置"对话框中选择"注释"选项卡，在"注释类型"选项组中选中"公差"单选按钮，如图 8-80 所示。

图 8-80 设置引线注释类型

(34) 选择"引线设置"对话框的"引线和箭头"选项卡，参数设置如图 8-81 所示。

图 8-81 设置"引线和箭头"参数

(35) 单击"确定"按钮，返回绘图区，根据命令行的提示，配合最近点捕捉功能，在图 8-82 所示的位置指定第一个引线点。

(36) 继续根据命令行的提示，分别在适当位置指定另两个引线点，打开"形位公差"对话框。

(37) 在打开的"形位公差"对话框中的"符号"下黑色方框上单击，打开"特征符号"对话框，从中选择图 8-83 所示的公差符号。

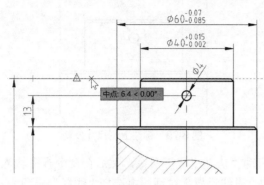

图 8-82　定位第一个引线点

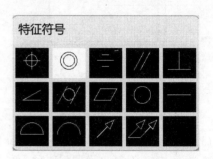

图 8-83　选择公差符号

(38) 返回"形位公差"对话框，在"公差 1"的第一个线框上单击，添加直径符号，然后在第二个线框中输入公差值等，如图 8-84 所示。

(39) 单击"确定"按钮，关闭"形位公差"对话框，标注结果如图 8-85 所示。

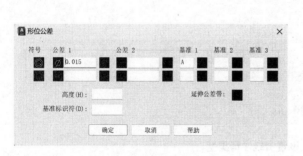

图 8-84　"形位公差"对话框

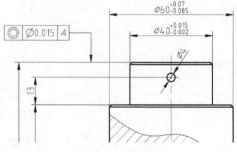

图 8-85　标注结果

(40) 调整视图，使零件图完全显示，最终效果如图 8-50 所示。

8.6　本章小结

尺寸是图样的重要组成部分，是加工制造的重要依据。本章重点介绍了 AutoCAD 2024 众多的尺寸标注工具和技巧，同时还介绍了尺寸样式的设置和尺寸的编辑等内容，重点需要掌握以下知识：

(1) 关于直线性尺寸命令，需要了解并掌握线性尺寸、对齐尺寸、点坐标和角度尺寸的标注方法和技巧；

(2) 关于曲线性命令，需要掌握半径尺寸、直径尺寸、弧长尺寸和折弯尺寸的标注方法和技巧；

（3）关于复合尺寸命令，要了解并掌握基线尺寸、连续尺寸、引线尺寸及快速标注等的标注方法和技巧；

（4）关于尺寸的外观控制功能，要理解并掌握各种尺寸变量的参数设置和位置协调功能，学习设置、修改尺寸的标注样式；

（5）关于尺寸对象的编辑命令，不仅要掌握尺寸文字内容的修改、尺寸文字角度的倾斜，还要掌握尺寸界线的倾斜、尺寸样式的更新、尺寸打断等操作。

8.7　思考与练习

（1）绘制图 8-86 所示的图形，并对其进行尺寸标注。要求字体为"国标字体"，尺寸字高 2.5，箭头大小为 2.5。

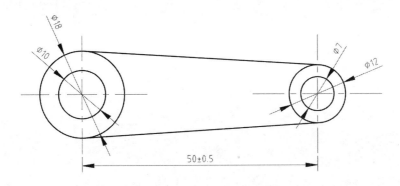

图 8-86　尺寸标注练习(1)

（2）绘制图 8-87 所示的图形，并对其进行尺寸标注。要求字体为"国标字体"，尺寸字高 2.5，箭头大小为 2.5。

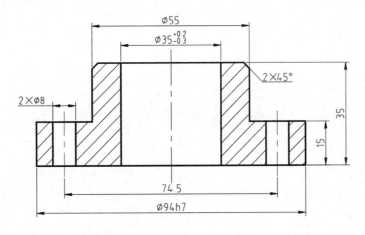

图 8-87　尺寸标注练习(2)

第 **9** 章

简单零件工程图设计

本章结合机械工程的相关制图标准，以案例形式系统地介绍螺母、螺栓、传动轴及轴承等应用比较广泛的机械零件的二维工程制图绘制流程和操作方法。通过本章的学习，读者将掌握机械平面工程图的制作流程和制作技巧，提升设计技能。

本章导读

本章主要介绍 AutoCAD 2024 二维机械制图的基本技巧及简单机械零件平面工程图的绘制思路，主要内容如下：

◎ 螺母的二维工程制图绘制流程和操作方法；

◎ 螺栓的二维工程制图绘制流程和操作方法；

◎ 传动轴的工程图设计方法及技巧；

◎ 轴承零件的工程图绘制方法及技巧。

9.1 螺母设计

螺母是典型的螺纹零件，也是很重要的标准零件，本节将通过绘制螺母零件图，学习主视图与俯视图(或左视图)相互投影、对应同步的绘制方法。用这种方法更容易绘制复杂的零件。

下面以 M10 六角细牙螺母为例，介绍其工程图绘制方法，如图 9-1 所示。

绘图步骤如下。

(1) 建立新文件。打开 AutoCAD 2024 应用程序，以"\data\绘图样板\机械样板.dwt"样板文件为模板，建立新文件。

(2) 切换图层。将"中心线"图层设置为当前图层。

(3) 绘制主视图及俯视图中心线。在命令行中输入 L 后按 Enter 键，启动"直线"命令，绘制主视图及俯视图中心线，如图 9-2 所示。

(4) 切换图层。将"轮廓线"图层设置为当前图层。

(5) 绘制同心圆。在命令行中输入 C 后按 Enter 键，启动"圆"命令，以中心线交点为圆心，在主视图中分别绘制半径为 4.5 和 8 的两圆，如图 9-3 所示。

螺母绘制

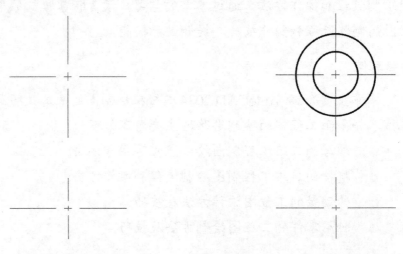

图 9-1　螺母

图 9-2　绘制中心线　　　　　　　图 9-3　绘制同心圆

(6) 绘制正六边形。在命令行中输入 POL 后按 Enter 键，启动"多边形"命令，绘制以圆心为中心点，外切圆半径为 8 的正六边形，绘制结果如图 9-4 所示。

(7) 绘制竖直参考直线。在状态栏中单击"正交模式"按钮，开启正交模式，绘制图 9-5 所示的 8 条参考线。

(8) 绘制螺母顶面及底面线。在命令行中输入 O 后按 Enter 键，以俯视图水平中心线为偏移对象，分别向上、下两侧偏移 4.2，然后调整线型为轮廓线，如图 9-6 所示。

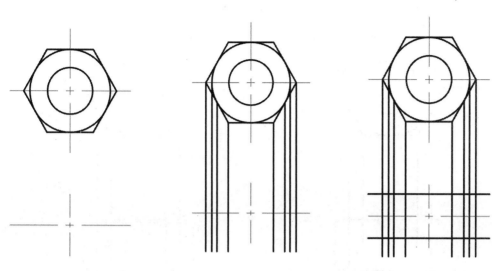

图 9-4　绘制正六边形　　　图 9-5　绘制竖直参考直线　　　图 9-6　绘制螺母顶面及底面线

(9) 轮廓线倒角。在命令行中输入 CHA 后按 Enter 键，启动"倒角"命令，采用修剪、角度距离模式，对图 9-7(a)中直线 1 和直线 2 进行倒角处理，以点 1 和点 2 之间的距离作为直线的倒角长度，倒角角度为 20°。

(10) 重复倒角操作，将俯视图轮廓线其余 3 个角进行倒角，结果如图 9-7(b)所示。

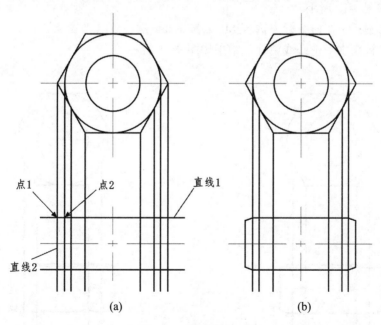

(a)　　　　　　　　　　　(b)

图 9-7　轮廓线倒角

(11) 删除与主视图大圆相切的辅助线，结果如图 9-8 所示。

(12) 绘制水平辅助线。在命令行中输入 L 后按 Enter 键，启动"直线"命令，绘制图 9-9 所示的水平辅助线。

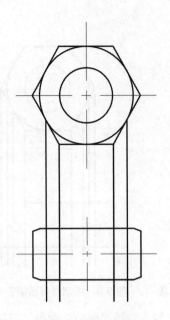

图 9-8　删除辅助线

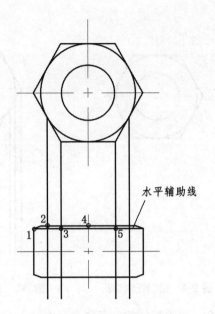

水平辅助线

图 9-9　绘制水平辅助线

(13) 绘制圆弧。在命令行中输入 ARC 后按 Enter 键，启动"圆弧"命令，在绘图窗口中以点 1、点 2、点 3 为端点绘制圆弧线。使用同样的方法绘制由点 3、点 4 和点 5 构成的圆弧，结果如图 9-10 所示。

(14) 镜像圆弧。在命令行中输入 MI 后按 Enter 键，启动"镜像"命令。将第(13)步绘制的圆弧沿俯视图水平中心线镜像，结果如图 9-11 所示。

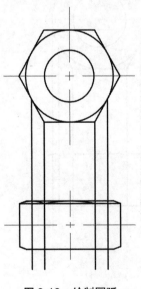

图 9-10　绘制圆弧

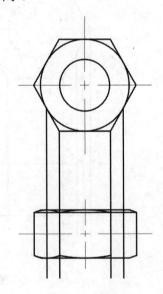

图 9-11　镜像圆弧

(15) 图形修剪。在命令行中输入 TR 后按 Enter 键，启动"修剪"命令。将多余的线段和圆弧修剪掉，结果如图 9-12 所示。

(16) 绘制水平辅助线。在命令行中输入 L 后按 Enter 键，启动"直线"命令，绘制

图 9-13 所示的水平辅助线。

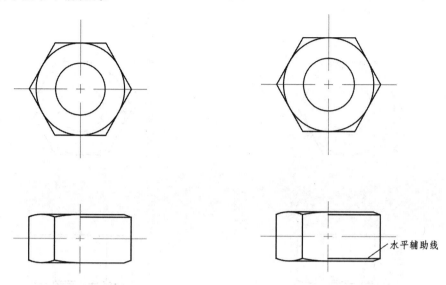

图 9-12　图形修剪　　　　　　　　图 9-13　绘制水平辅助线

(17) 绘制主视图内螺纹线。将"细实线"图层设置为当前图层，在命令行中输入 O 后按 Enter 键，启动"偏移"命令，将主视图半径为 4.5 的圆向外偏移 0.5，并对圆进行修剪，结果如图 9-14 所示。

(18) 绘制俯视图内螺纹线。在命令行中输入 O 后按 Enter 键，启动"偏移"命令，以竖直中心线为偏移对象，向右偏移 5，调整线型为细实线，然后进行修剪，结果如图 9-15 所示。

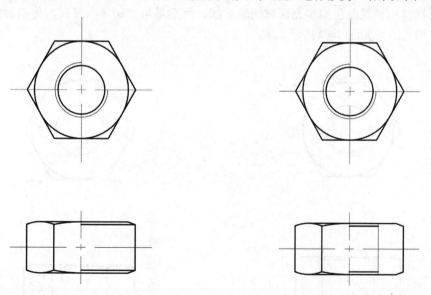

图 9-14　绘制主视图内螺纹线　　　　　　图 9-15　绘制俯视图内螺纹线

(19) 绘制俯视图螺纹小径。在命令行中输入 O 后按 Enter 键，启动"偏移"命令，以竖直中心线为偏移对象，向右偏移 4.5，调整线型为轮廓线，然后进行修剪，结果如图 9-16所示。

(20) 绘制孔口倒角。在命令行中输入 L 后按 Enter 键，启动"直线"命令，绘制孔口倒角，结果如图 9-17 所示。

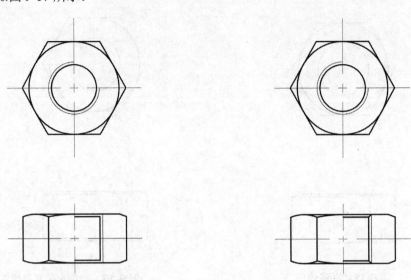

图 9-16　绘制俯视图螺纹小径　　　　　　　图 9-17　绘制孔口倒角

(21) 打断轮廓线。在命令行中输入 BR 后按 Enter 键，启动"打断"命令，在图 9-18 所示的点 1 和点 2 两位置处将螺母顶面和底面轮廓线打断。

(22) 填充剖面线。在命令行中输入 H 后按 Enter 键，系统弹出"图案填充和渐变色"对话框，将"图案类型"设定为 ANSI31、"比例"设定为 0.3，然后单击"添加对象"按钮，选择右侧螺纹小径线及包围填充区域的轮廓线，然后单击"确定"按钮，将剖面线调整为细实线，填充结果如图 9-19 所示。

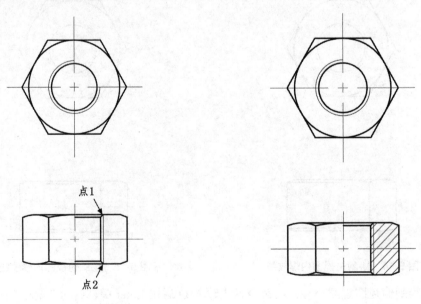

图 9-18　打断轮廓线　　　　　　　　图 9-19　填充剖面线

(23) 放大图形。在命令行中输入 SC 后按 Enter 键,启动"缩放"命令,将绘制的图形缩放,缩放比例为 4。

(24) 切换图层。将"标注线"图层设置为当前图层。

(25) 修改标注样式。在命令行中输入 D 后按 Enter 键,系统打开"标注样式管理器"对话框。单击"修改"按钮,系统打开"修改标注样式"对话框,在"主单位"选项卡中将"比例因子"设置为 0.25。单击"确定"按钮,回到"标注样式管理器"对话框,单击"关闭"按钮,完成标注样式修改。

(26) 尺寸及公差标注。对主视图和俯视图进行尺寸和公差标注,标注结果如图 9-20 所示。

(27) 插入 A4 图框。在命令行中输入 I 后按 Enter 键,将"\data\图形块\A4 图框-竖.dwg"插入绘图区,并修改标题栏,结果如图 9-21 所示。

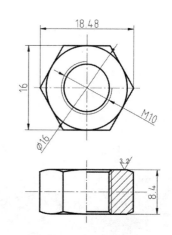

图 9-20　尺寸及公差标注

(28) 在命令行中输入 M 后按 Enter 键,启动"移动"命令,将绘制好的视图移动到图框合适的区域,结果如图 9-22 所示。

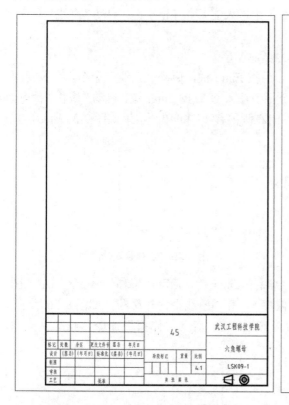

图 9-21　插入图框并修改标题栏

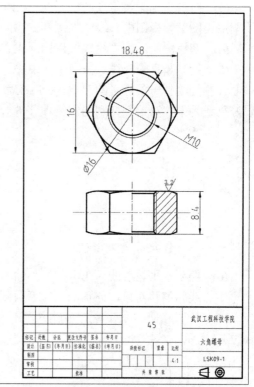

图 9-22　最终效果图

(29) 保存文件。将新文件命名为"螺母设计.dwg"并保存至"\data\ch09"文件夹。

9.2 螺栓设计

M10×40 螺栓设计过程与螺母类似，主视图中螺杆部分利用"直线""修剪""倒角"和"镜像"命令绘制；螺栓头则需要利用投影对应关系将主视图与左视图配合绘制。绘制的螺栓如图 9-23 所示。

螺栓绘制

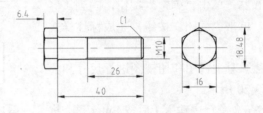

图 9-23 六角螺栓

(1) 建立新文件。打开 AutoCAD 2024 应用程序，以"\data\绘图样板\机械样板.dwt"样板文件为模板，建立新文件。

(2) 切换图层。将"中心线"图层设置为当前图层。

(3) 绘制主视图及俯视图中心线。在命令行中输入 L 后按 Enter 键，启动"直线"命令，绘制主视图及俯视图中心线，如图 9-24 所示。

(4) 切换图层。将"轮廓线"图层设置为当前图层。

(5) 绘制竖直轮廓线。在命令行中输入 L 后按 Enter 键，启动"直线"命令，在主视图中心线左侧绘制一条竖直的直线。然后在命令行中输入 O 后按 Enter 键，启动"偏移"命令，以竖直线为偏移对象，分别向左侧偏移 6.4，向右侧偏移 14 和 40，结果如图 9-25 所示。

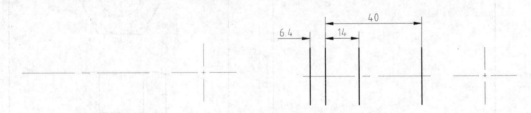

图 9-24 绘制中心线   图 9-25 绘制竖直轮廓线

(6) 绘制水平轮廓线。在命令行中输入 O 后按 Enter 键，启动"偏移"命令，以主视图水平中心线为偏移对象，分别向上、下两侧偏移 5，并调整线型为轮廓线，如图 9-26 所示。

(7) 轮廓修剪。在命令行中输入 TR 后按 Enter 键，启动"修剪"命令，轮廓修剪如图 9-27 所示。

图 9-26 绘制水平轮廓线   图 9-27 轮廓修剪

(8) 绘制螺杆小径。将"细实线"图层设置为当前图层。在命令行中输入 O 后按 Enter 键,启动"偏移"命令,以直线 1 和直线 2 为偏移对象,分别向内侧偏移 0.54,并调整线型为细实线。然后在命令行中输入 TR 后按 Enter 键,启动"修剪"命令,对多余的线段进行修剪,结果如图 9-28 所示。

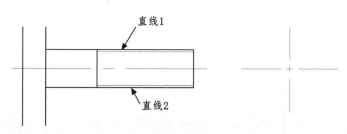

图 9-28　绘制螺杆小径

(9) 轮廓线倒角。在命令行中输入 CHA 后按 Enter 键,启动"倒角"命令。对螺杆右端互相垂直的两条轮廓线进行倒角,倒角大小为 C1,如图 9-29 所示。

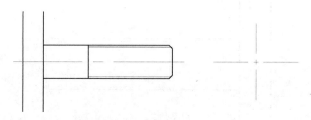

图 9-29　轮廓线倒角

(10) 绘制倒角轮廓,进行图形修剪。在命令行中输入 L 后按 Enter 键,启动"直线"命令,绘制倒角轮廓,并对多余线段进行修剪,结果如图 9-30 所示。

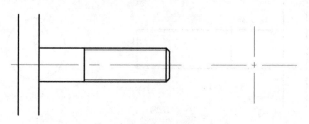

图 9-30　绘制倒角轮廓

(11) 绘制过渡椭圆弧。在命令行中输入 EL 后按 Enter 键,启动"椭圆"命令,绘制以点 A 为椭圆圆心,椭圆长轴为 1,以螺纹公称直径与小径之差的一半为小径的椭圆,如图 9-31(a)所示。

(12) 修剪多余的圆弧段。在命令行中输入 TR 后按 Enter 键,启动"修剪"命令,修剪多余的椭圆弧,结果如图 9-31(b)所示。

(13) 镜像过渡椭圆弧。在命令行中输入 MI 后按 Enter 键,启动"镜像"命令,以第(12)步创建的过渡椭圆弧为对象,以主视图水平中心线为镜像中心线进行镜像,结果如图 9-32 所示。

(14) 切换图层。将"轮廓线"图层设置为当前图层。在命令行中输入 C 后按 Enter 键,启动"圆"命令，以左视图中心线交点为圆心，绘制半径为 8 的圆，如图 9-33 所示。

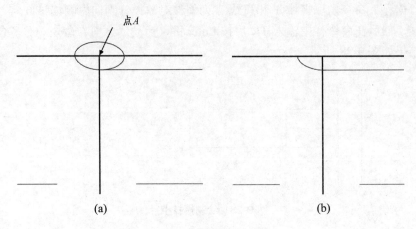

图 9-31　绘制过渡椭圆弧

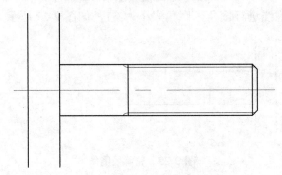

图 9-32　镜像过渡椭圆弧

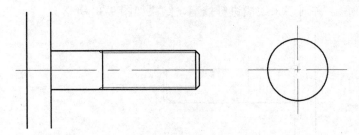

图 9-33　绘制圆

(15) 绘制正六边形。在命令行中输入 POL 后按 Enter 键，启动"多边形"命令，绘制与圆外切的正六边形，完成螺栓左视图的绘制，结果如图 9-34 所示。

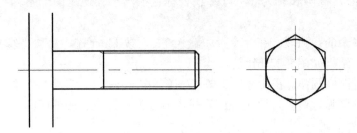

图 9-34　绘制正六边形

(16) 仿照螺母的两视图绘制，利用左视图的定位点反过来完成螺栓主视图的绘制。先绘制辅助定位线，然后绘制六角螺帽的轮廓倒角和圆弧投影线，最后补全和修剪图形。绘制结果如图 9-35 所示。

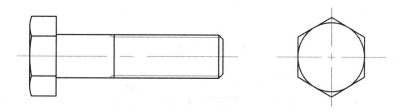

图 9-35　绘制螺栓头

(17) 绘制螺栓头过渡圆弧。在命令行中输入 O 后按 Enter 键，启动"偏移"命令，将图 9-36 所示的直线 1 向右偏移 1，将直线 2 向上偏移 1。然后以两条偏移线的交点为圆心，绘制半径为 1 的圆，结果如图 9-37 所示。

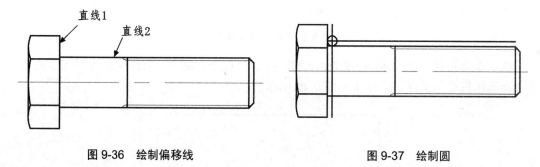

图 9-36　绘制偏移线　　　　　　　　　图 9-37　绘制圆

(18) 修剪图形。在命令行中输入 TR 后按 Enter 键，启动"修剪"命令，对多余的线段和圆弧进行修剪，结果如图 9-38 所示。

(19) 镜像过渡圆弧。在命令行中输入 MI 后按 Enter 键，启动"镜像"命令，以第(18)步绘制的过渡圆弧为镜像对象，以主视图水平中心线为镜像中心线，然后再对多余的线段进行修剪，绘制结果如图 9-39 所示。

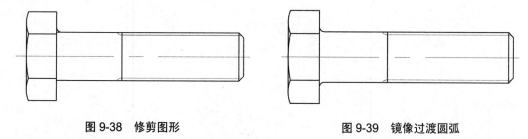

图 9-38　修剪图形　　　　　　　　　图 9-39　镜像过渡圆弧

(20) 尺寸标注。首先切换图层，将"标注线"图层设置为当前图层；然后对主视图和左视图进行尺寸标注，标注结果如图 9-40 所示。

(21) 标注技术要求。在命令行中输入 MT 后按 Enter 键，启动"多行文字"命令，标注技术要求，如图 9-41 所示。

(22) 插入 A4 图框。在命令行中输入 I 后按 Enter 键，将"\data\图形块\A4 图框-竖.dwg"插入绘图区，并修改标题栏。

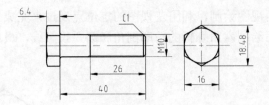

图 9-40 标注尺寸

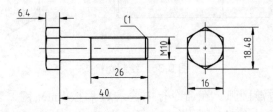

技术要求
1.应经时效处理,消除内应力。
2.未注圆角R1。

图 9-41 标注技术要求

(23) 在命令行中输入 M 后按 Enter 键,启动"移动"命令,将绘制好的视图及技术要求移动到图框合适的区域,结果如图 9-42 所示。

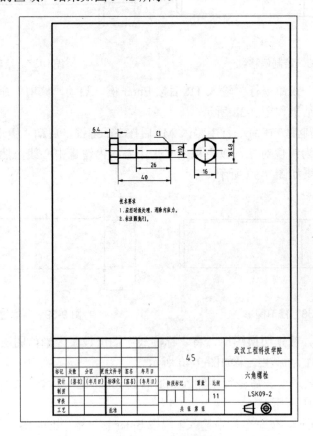

图 9-42 最终效果图

9.3 阶梯轴设计

轴类零件是机械零件中的一种典型机件，它是有一系列同轴回转体的零件，其上分布有各种键槽。在机械零件图的绘制中，对轴类零件的绘制主要是绘制轴的主视图，局部细节用局部剖视图、局部放大视图等来表现。它的主视图具有对称性，作图时可以以轴的中心线为相对位置，在绘制完轴的上半部分后，使用镜像命令完成整个轴轮廓图的绘制。绘制的传动轴如图 9-43 所示。

阶梯轴绘制

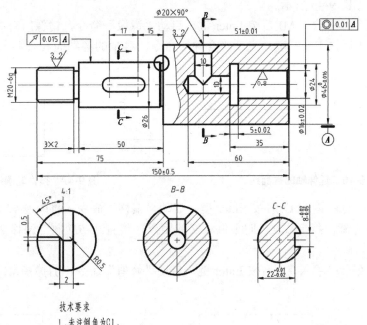

技术要求
1. 未注倒角为C1。
2. 调质处理至45~50HRC。
3. 未注尺寸公差按GB/T1804-2000-m。
4. 未注几何公差按GB/T1184-1996-k。

图 9-43 传动轴

绘图步骤如下。

(1) 建立新文件。打开 AutoCAD 2024 应用程序，以 "\data\绘图样板\机械样板.dwt" 样板文件为模板，建立新文件。

(2) 切换图层。将"中心线"图层设置为当前图层。单击状态栏中的"正交模式"和"对象捕捉"按钮，将正交模式和对象捕捉功能开启。

(3) 绘制主视图中心线。在命令行中输入 L 后按 Enter 键，启动"直线"命令，绘制主视图中心线，如图 9-44 所示。

(4) 切换图层。将"轮廓线"图层设置为当前图层。在命令行中输入 L 后按 Enter 键，启动"直线"命令。将光标移动到对称中心线左侧适当位置单击，确定第一段轴的起点，然后将光标向上移动并在命令行中输入 10，按 Enter 键；将光标向右移动并在命令行中输入

25，按 Enter 键；将光标向上移动并在命令行中输入 3，按 Enter 键；将光标向右移动并在命令行中输入 50，按 Enter 键；将光标向上移动并在命令行中输入 7，按 Enter 键；将光标向右移动并在命令行中输入 75，按 Enter 键；将光标向下移动并在命令行中输入 20，按 Enter键，完成轴外轮廓的绘制。按 Esc 键退出"直线"命令，如图 9-45 所示。

图 9-44　绘制对称中心线　　　　　　　　图 9-45　绘制轴的外轮廓

(5)　在命令行中输入 EX 后按 Enter 键，启动"延伸"命令，将轴的各端面延伸到轴的对称中心线，如图 9-46 所示。

(6)　在命令行中输入 MI 后按 Enter 键，启动"镜像"命令，镜像所有的轮廓线；在命令行中输入 JO 后按 Enter 键，启动"合并"命令，将轴的各端面线合并，结果如图 9-47所示。

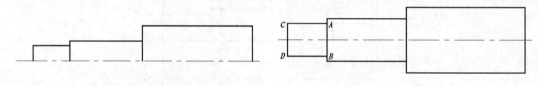

图 9-46　延伸轴的端面线　　　　　　　　图 9-47　镜像轮廓线

(7)　在命令行中输入 O 后按 Enter 键，启动"偏移"命令，将图 9-47 所示的直线 AB向左偏移 3 的距离，将直线 AC 向下偏移 2 的距离，将直线 BD 向上偏移 2 的距离，结果如图 9-48 所示。

(8)　在命令行中输入 TR 后按 Enter 键，启动"修剪"命令，剪掉多余的线段，结果如图 9-49 所示。

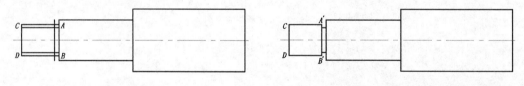

图 9-48　绘制退刀槽　　　　　　　　　　图 9-49　整理退刀槽形状

(9)　在命令行中输入 O 后按 Enter 键，启动"偏移"命令，将图 9-49 所示的直线 A'C向下偏移 1.5 的距离，将直线 B'D 向上偏移 1.5 的距离，然后将偏移的两条直线的线型调整为细实线，结果如图 9-50 所示。

(10) 在命令行中输入 CHA 后按 Enter 键，启动"倒角"命令，对第一段轴端面进行距离为 1.5 的倒角，结果如图 9-51 所示。

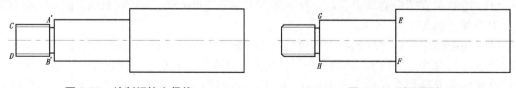

图 9-50　绘制螺纹小径线　　　　　　　　图 9-51　端面倒角

(11) 在命令行中输入 O 后按 Enter 键，启动"偏移"命令，将图 9-52 所示的直线 *EF* 向左偏移 1.5 和 2 的距离，将直线 *FH* 向上偏移 0.5 的距离，将直线 *EG* 向下偏移 0.5 的距离，结果如图 9-53 所示。

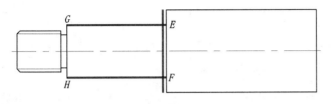

图 9-52　绘制越程槽

(12) 在命令行中输入 CHA 后按 Enter 键，启动"倒角"命令，选择"不修剪"模式，对越程槽左端面进行距离为 0.5 的倒角。然后在命令行中输入 TR 后按 Enter 键，启动"修剪"命令，整理图形，结果如图 9-53 所示。

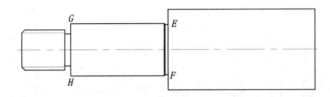

图 9-53　整理越程槽形状

(13) 在命令行中输入 F 后按 Enter 键，启动"圆角"命令，选择"不修剪"模式，对越程槽右端面进行距离为 0.5 的倒圆角，结果如图 9-54 所示。

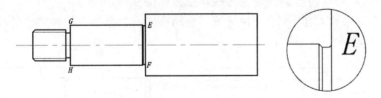

图 9-54　越程槽倒圆角

(14) 在命令行中输入 O 后按 Enter 键，启动"偏移"命令，将图 9-54 所示的直线 *EF* 向左分别偏移 15 和 32 的距离，如图 9-55 所示。

(15) 在命令行中输入 C 后按 Enter 键，启动"圆"命令，以第(14)步得到的直线与轴的对称中心线的交点为圆心，绘制两个直径为 8 的圆，如图 9-56 所示。

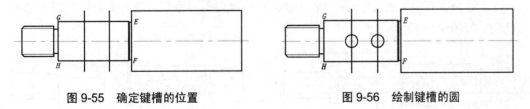

图 9-55　确定键槽的位置　　　　　　　图 9-56　绘制键槽的圆

(16) 在命令行中输入 L 后按 Enter 键，启动"直线"命令，绘制两个圆的公切线，如图 9-57 所示。

(17) 在命令行中输入 TR 后按 Enter 键，启动"修剪"命令，修剪键槽中多余的圆弧，然后将第(14)步得到的两条直线的线型调整为中心线，并利用夹点编辑方法调整直线长度，整理后的结果如图 9-58 所示。

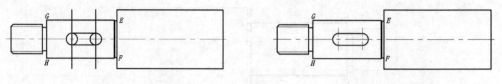

图 9-57　绘制圆的公切线　　　　　　　　　　　　图 9-58　整理键槽

(18) 在命令行中输入 O 后按 Enter 键，启动"偏移"命令，将图 9-59 所示的直线 *IJ* 分别向左偏移 30、35 和 60 的距离，将对称中心线向上、向下偏移 8 的距离，并将其线型调整为轮廓线，结果如图 9-59 所示。

(19) 在命令行中输入 TR 后按 Enter 键，启动"修剪"命令，修剪多余的线段形成第一段孔，如图 9-60 所示。

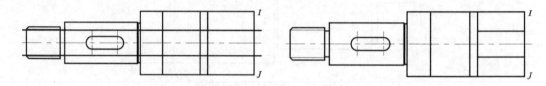

图 9-59　确定各孔的位置　　　　　　　　　　图 9-60　绘制第一段孔

(20) 在命令行中输入 O 后按 Enter 键，启动"偏移"命令，将对称中心线向上、向下偏移 12 的距离，然后将其线型调整为轮廓线，结果如图 9-61 所示。

(21) 在命令行中输入 TR 后按 Enter 键，启动"修剪"命令，修剪多余的线段，形成第二段孔，如图 9-62 所示。

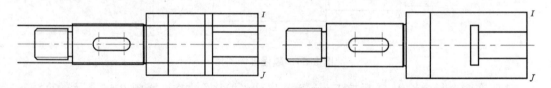

图 9-61　确定第二段孔的高度　　　　　　　　图 9-62　绘制第二段孔

(22) 在命令行中输入 O 后按 Enter 键，启动"偏移"命令，将对称中心线向上、向下各偏移 5 的距离，然后将其线型调整为轮廓线，结果如图 9-63 所示。

(23) 在命令行中输入 TR 后按 Enter 键，启动"修剪"命令，剪掉多余的线段，形成第三段孔，如图 9-64 所示。

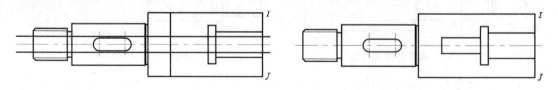

图 9-63　确定第三段孔的高度　　　　　　　　图 9-64　绘制第三段孔

(24) 在命令行中输入 L 后按 Enter 键，启动"直线"命令，绘制第三段孔的 120°锥角，如图 9-65 所示。

(25) 在命令行中输入 O 后按 Enter 键，启动"偏移"命令，将直线 *IJ* 向左偏移 51 的距离，结果如图 9-66 所示。

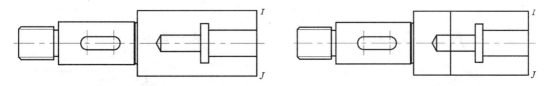

图 9-65　绘制第三段孔锥角　　　　　　　　图 9-66　确定侧孔的位置

(26) 在命令行中输入 O 后按 Enter 键，启动"偏移"命令，将第(25)步得到的直线向左、右分别偏移 5 的距离，结果如图 9-67 所示。

(27) 在命令行中输入 O 后按 Enter 键，启动"偏移"命令，将第(25)步得到的直线向左、右分别偏移 10 的距离，结果如图 9-68 所示。

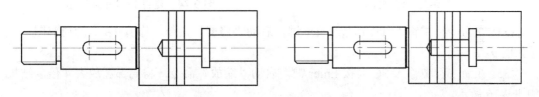

图 9-67　确定侧孔的小端尺寸　　　　　　　图 9-68　确定侧孔的大端尺寸

(28) 在命令行中输入 RO 后按 Enter 键，启动"旋转"命令，以点 1 和点 2 为基点，将第(27)步得到的直线分别旋转 45°和-45°，结果如图 9-69 所示。

(29) 在命令行中输入 TR 后按 Enter 键，启动"修剪"命令，整理图形，结果如图 9-70 所示。

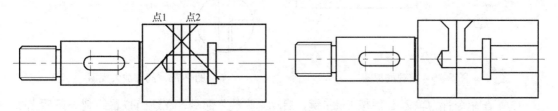

图 9-69　旋转侧孔的大端直线　　　　　　　图 9-70　整理侧孔形状

(30) 在命令行中输入 L 后按 Enter 键，启动"直线"命令，补画漏掉的线，并将侧孔中心线由轮廓线调整为中心线，结果如图 9-71 所示。

(31) 在命令行中输入 SPL 后按 Enter 键，启动"样条曲线"命令，在适当位置绘制一条样条曲线，并将其线型调整为细实线，如图 9-72 所示

(32) 在命令行中输入 C 后按 Enter 键，启动"圆"命令，在越程槽的适当位置绘制一个适当半径的圆，如图 9-73 所示。

(33) 在命令行中输入 CO 后按 Enter 键，启动"复制"命令，将越程槽与第(32)步绘制的圆复制到适当的位置，如图 9-74 所示。

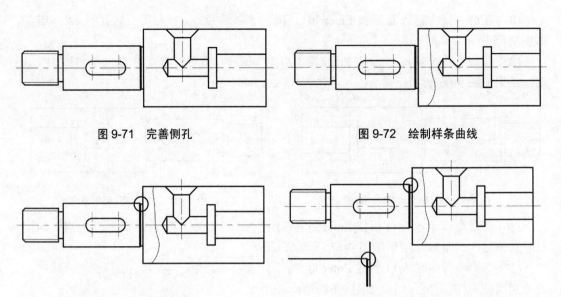

图 9-71　完善侧孔　　　　　　　　　　　　图 9-72　绘制样条曲线

图 9-73　绘制圆　　　　　　　　　　　　图 9-74　复制 1∶1 的局部图

(34) 在命令行中输入 TR 后按 Enter 键，启动"修剪"命令，修剪 1∶1 的局部图，结果如图 9-75 所示。

(35) 在命令行中输入 SC 后按 Enter 键，启动"缩放"命令，将局部图放大 4 倍，结果如图 9-76 所示。

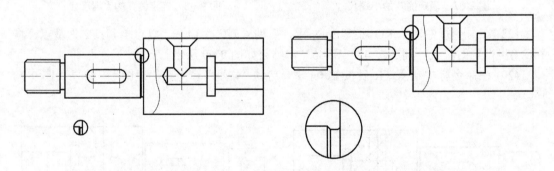

图 9-75　整理局部图　　　　　　　　　　　图 9-76　局部放大视图

(36) 在命令行中输入 L 后按 Enter 键，启动"直线"命令，在适当位置绘制一条适当长度的竖直线和水平线，然后将线型调整为中心线，如图 9-77 所示。

(37) 在命令行中输入 C 后按 Enter 键，启动"圆"命令，以第(36)步绘制的两条直线的交点为圆心，绘制直径分别为 10 和 40 的两个圆，如图 9-78 所示。

(38) 在命令行中输入 O 后按 Enter 键，启动"偏移"命令，将断面图 *B—B* 的竖直中心线向左偏移 5 和 10 的距离，向右偏移 5 和 10 的距离，将线型调整为轮廓线，结果如图 9-79 所示。

(39) 在命令行中输入 RO 后按 Enter 键，启动"旋转"命令，以点 3 和图 4 为基点，将第(38)步得到的侧孔大端直线分别旋转 45°和-45°，结果如图 9-80 所示。

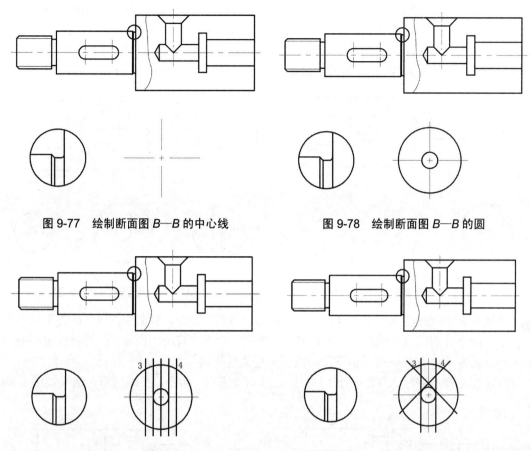

图 9-77　绘制断面图 *B*—*B* 的中心线　　　　图 9-78　绘制断面图 *B*—*B* 的圆

图 9-79　绘制偏移线　　　　　　　　图 9-80　旋转侧孔的大端直线

(40) 在命令行中输入 TR 后按 Enter 键，启动"修剪"命令，整理图形，结果如图 9-81 所示。

(41) 在命令行中输入 L 后按 Enter 键，启动"直线"命令，补画漏掉的线，结果如图 9-82 所示。

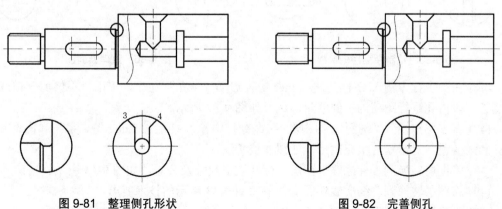

图 9-81　整理侧孔形状　　　　　　　图 9-82　完善侧孔

(42) 在命令行中输入 L 后按 Enter 键，启动"直线"命令，在适当位置绘制一条适当长度的水平线和竖直线，调整线型为中心线，如图 9-83 所示。

(43) 在命令行中输入 L 后按 Enter 键，启动"直线"命令，以第(42)步绘制的两条直线的交点为圆心，绘制直径为 26 的圆，如图 9-84 所示。

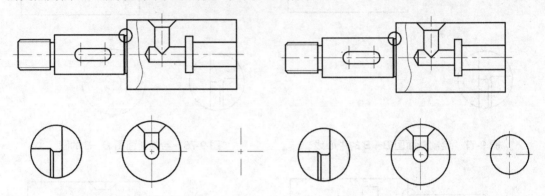

图 9-83　绘制断面图 *A*—*C* 的中心线　　　　　图 9-84　绘制断面图 *A*—*C* 的圆

(44) 在命令行中输入 O 后按 Enter 键，启动"偏移"命令，将断面图 *A*—*C* 的水平中心线向上、向下分别偏移 4 的距离。重新启动"偏移"命令，将断面图 *A*—*C* 的竖直中心线向右偏移 9 的距离，并将绘制的偏移线的线型调整为轮廓线，如图 9-85 所示。

(45) 在命令行中输入 TR 后按 Enter 键，启动"修剪"命令，整理图形，结果如图 9-86 所示。

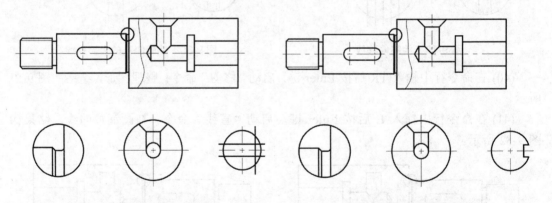

图 9-85　绘制断面图的键槽　　　　　　　　图 9-86　整理断面图

(46) 在命令行中输入 CHA 后按 Enter 键，启动"倒角"命令，采用"不修剪"模式对右侧第一段内孔进行距离为 1 的倒角，结果如图 9-87 所示。

(47) 将图层转换到"剖面线"图层，在命令行中输入 H 后按 Enter 键，系统弹出"图案填充和渐变色"对话框，填充图形，如图 9-88 所示。

(48) 将图层转换到"标注线"图层，标注图形尺寸及公差，如图 9-43 所示。

(49) 将图层转换到"细实线"图层，书写图 9-43 所示的技术要求。

(50) 将绘制好的图形移动到 A3 图框，并书写标题栏，最终效果如图 9-89 所示。

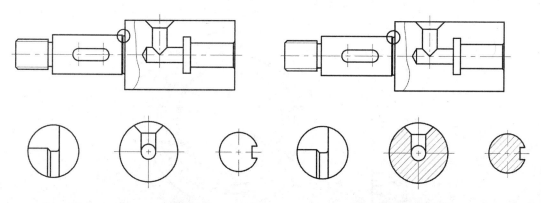

图 9-87　第一段内孔倒角　　　　　　　图 9-88　填充断面图

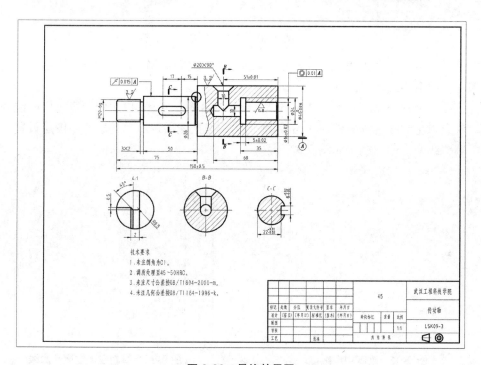

图 9-89　最终效果图

9.4　深沟球轴承设计

　　轴承零件图的绘制过程分为两个阶段，首先是绘制主视图，其次是完成剖面左视图的绘制。这里再次使用多视图互相投影对应关系绘制图形的方法。绘制的轴承如图 9-90 所示。

　　具体绘图步骤如下。

深沟球轴承绘制

　　(1)　建立新文件。打开 AutoCAD 2024 应用程序，以"\data\绘图样板\机械样板.dwt"样板文件为模板，建立新文件。

　　(2)　切换图层。将"中心线"图层设置为当前图层。单击状态栏中的"正交模式"和"对象捕捉"按钮，将正交模式和对象捕捉功能开启。

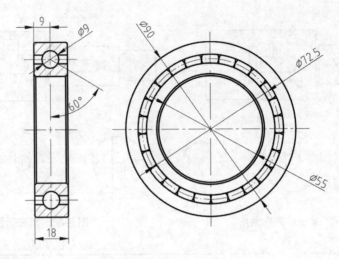

图 9-90　深沟球轴承

（3）绘制主视图中心线。在命令行中输入 L 后按 Enter 键，启动"直线"命令，绘制主视图和左视图中心线，如图 9-91 所示。

（4）在命令行中输入 O 后按 Enter 键，启动"偏移"命令，以主视图竖直中心线为偏移对象，分别向左侧和右侧各偏移 9 的距离，然后切换图层，将"轮廓线"图层设置为当前图层，调整线型为轮廓线，如图 9-92 所示。

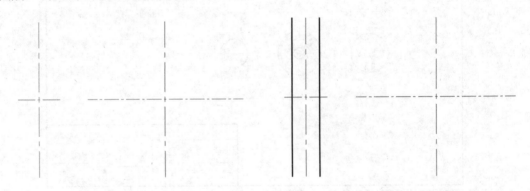

図 9-91　绘制中心线　　　　　　　　　　　　图 9-92　绘制左、右侧轮廓线

（5）在命令行中输入 O 后按 Enter 键，启动"偏移"命令，以主视图水平中心线为偏移对象，向上侧偏移 45 和 27.5 的距离，调整线型为轮廓线，如图 9-93 所示。

（6）在命令行中输入 TR 后按 Enter 键，启动"修剪"命令，剪掉多余的线段，整理后如图 9-94 所示。

（7）在命令行中输入 O 后按 Enter 键，启动"偏移"命令，以主视图水平中心线为偏移对象，向上侧偏移 36.25 的距离，如图 9-95 所示。

（8）在命令行中输入 C 后按 Enter 键，启动"圆"命令，以第(7)步绘制的偏移线和竖直中心线的交点为圆心，画直径为 9 的圆，如图 9-96 所示。

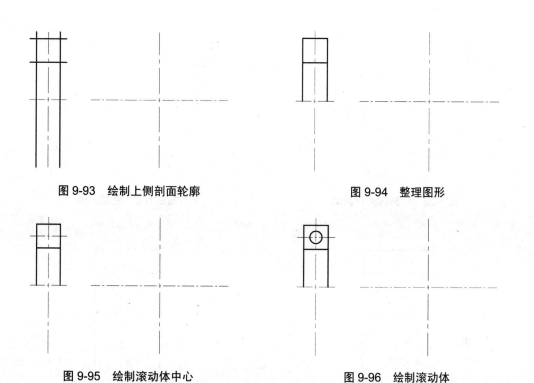

图 9-93 绘制上侧剖面轮廓　　　　　　图 9-94 整理图形

图 9-95 绘制滚动体中心　　　　　　图 9-96 绘制滚动体

(9) 在命令行中输入 L 后按 Enter 键，启动"直线"命令，以滚动体中心为起点，绘制与竖直中心线成 60°角的辅助线，如图 9-97 所示。

(10) 在命令行中输入 L 后按 Enter 键，启动"直线"命令，绘制一条经过水平直线且该直线经过滚动体外圆与辅助线的交点，如图 9-98 所示。

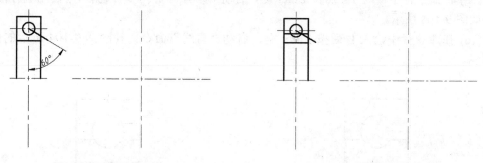

图 9-97 绘制辅助线　　　　　　图 9-98 绘制内圈内轮廓

(11) 在命令行中输入 MI 后按 Enter 键，启动"镜像"命令，以第(10)步绘制的内圈轮廓直线为镜像对象，以经过滚动体中心的水平线为镜像中心线进行镜像，结果如图 9-99 所示。

(12) 在命令行中输入 TR 后按 Enter 键，启动"修剪"命令，对多余的线段进行修剪，结果如图 9-100 所示。

(13) 在命令行中输入 F 后按 Enter 键，启动"圆角"命令，选择修剪模式，对外圈两个直角倒圆角，圆角半径为 1，如图 9-101 所示。

(14) 在命令行中输入 CHA 后按 Enter 键，启动"倒角"命令，选择不修剪模式，对内圈孔口进行倒角，倒角距离为 1，结果如图 9-102 所示。

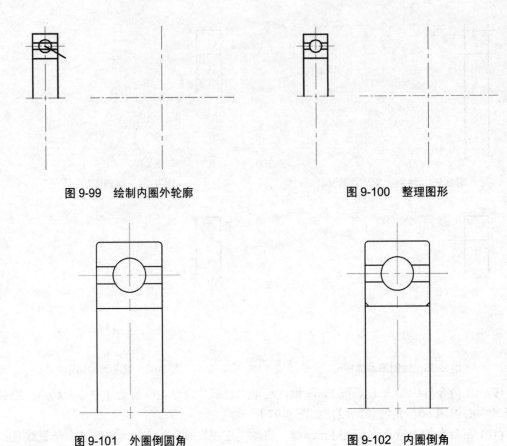

图 9-99　绘制内圈外轮廓　　　　　　　　　　图 9-100　整理图形

图 9-101　外圈倒圆角　　　　　　　　　　图 9-102　内圈倒角

(15) 在命令行中输入 TR 后按 Enter 键，启动"修剪"命令，对内侧两个倒角进行修剪，结果如图 9-103 所示。

(16) 在命令行中输入 L 后按 Enter 键，启动"直线"命令，补画图 9-104 所示的倒角轮廓线。

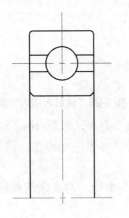

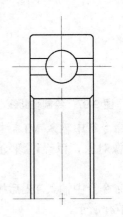

图 9-103　修剪倒角　　　　　　　　　　图 9-104　补画倒角轮廓

(17) 在命令行中输入 MI 后按 Enter 键，启动"镜像"命令，对上半个轴承进行镜像，结果如图 9-105 所示。

(18) 将图层切换为"剖面线"图层，在命令行中输入 H 后按 Enter 键，系统弹出"图案填充和渐变色"对话框，对轴承内圈和外圈截面进行填充，如图 9-106 所示。

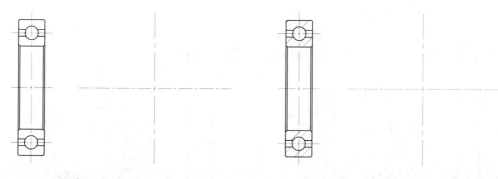

图 9-105　镜像轴承　　　　　　　图 9-106　填充剖面线

(19) 在命令行中输入 L 后按 Enter 键，启动"直线"命令，绘制图 9-107 所示的 5 条水平辅助线。

(20) 在命令行中输入 C 后按 Enter 键，启动"圆"命令，依次捕捉辅助线与中心线的交点，以交点到中心线交点的距离为半径，以中心线交点为圆心绘制图，注意中间的圆，更改其图层属性为"中心线"图层，删除辅助直线，结果如图 9-108 所示。

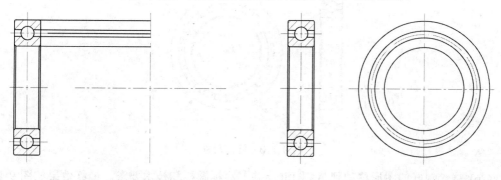

图 9-107　绘制水平辅助线　　　　　图 9-108　绘制左视图轮廓圆

(21) 在命令行中输入 O 后按 Enter 键，启动"偏移"命令，以轴承内圈直径圆为偏移对象，向外偏移 1 的距离，结果如图 9-109 所示。

(22) 在命令行中输入 C 后按 Enter 键，启动"圆"命令，以左视图中心线圆与竖直中心线的交点为圆心，绘制直径为 9 的圆，结果如图 9-110 所示。

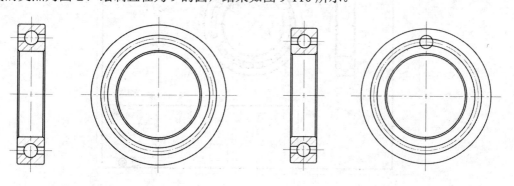

图 9-109　绘制左视图内圈倒角轮廓圆　　　　图 9-110　绘制左视图滚珠轮廓

(23) 在命令行中输入 TR 后按 Enter 键，启动"修剪"命令，将滚珠轮廓多余的圆弧修剪掉，结果如图 9-111 所示。

(24) 启动"环形阵列"命令，以第(23)步绘制的滚珠轮廓为阵列对象，设置阵列数目为25，指定填充角度为 360°，阵列后得到轴承左视图，如图 9-112 所示。

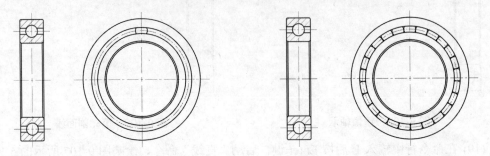

图 9-111　修剪左视图滚珠轮廓　　　　　　图 9-112　阵列左视图滚珠轮廓

(25) 将图层切换到"标注线"图层，标注图形尺寸，如图 9-113 所示。

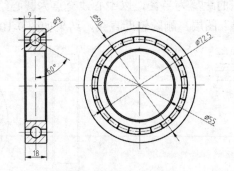

图 9-113　标注尺寸

(26) 将绘制好的图形移动到 A4 图框，并书写标题栏和技术要求。最终效果如图 9-114所示。

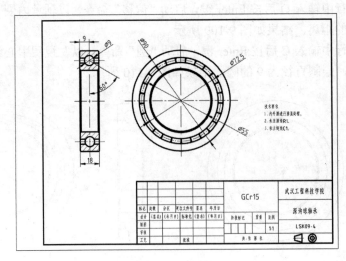

图 9-114　最终效果图

9.5 本章小结

本章结合机械工程的相关制图标准，通过螺母、螺栓、阶梯轴、深沟球轴承等简单零件设计案例，系统地介绍二维机械工程制图的基本流程和操作方法。通过本章的学习，读者将掌握机械平面工程图的制作流程和制作技巧，提升设计技能。

(1) 通过绘制螺母和螺栓两种零件，学习主视图与俯视图(或左视图)相互投影、对应同步的绘制方法。

(2) 通过对简单零件的设计，进一步学习二维绘图、图形编辑、尺寸标注、图表绘制等操作方法和技巧。

(3) 通过对轴类零件的绘制，掌握回转类零件主视图、局部放大视图、局部剖视图的绘制方法。

(4) 通过对轴承零件的绘制，掌握利用多视图互相投影对应关系绘制图形的方法。

9.6 思考与练习

(1) 综合运用所学知识，绘制并标注图 9-115 所示螺母零件图。

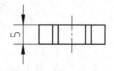

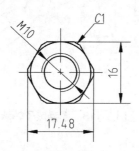

图 9-115 螺母

(2) 综合运用所学知识，绘制并标注图 9-116 所示螺栓零件图。

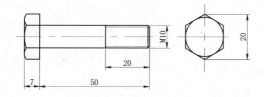

图 9-116 螺栓

(3) 综合运用所学知识，绘制并标注图 9-117 所示传动轴零件图。

(4) 综合运用所学知识，绘制并标注图 9-118 所示圆锥滚子轴承零件图。

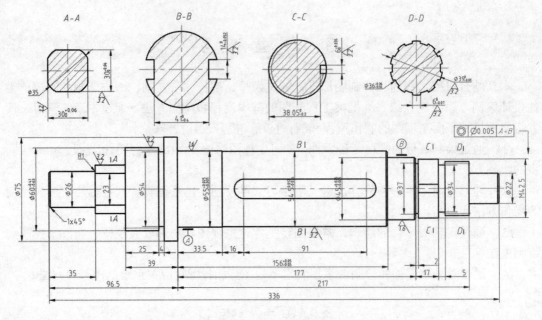

图 9-117 传动轴

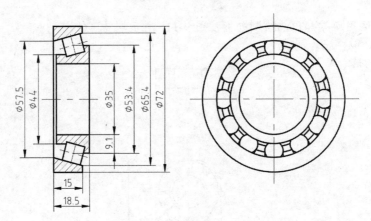

图 9-118 圆锥滚子轴承

第 10 章

齿轮类零件工程图设计

本章结合机械工程的相关制图标准，以案例形式系统地介绍齿轮类零件的二维工程制图绘制流程和操作方法。通过本章的学习，读者将掌握齿轮、蜗轮等齿轮类零件工程图的制作流程和制作技巧，提升设计技能。

本章导读

本章主要介绍 AutoCAD 2024 二维机械制图的基本技巧及齿轮类零件平面工程图的绘制思路，主要内容如下：

◎ 熟悉直齿圆柱齿轮的几何要素及尺寸关系；

◎ 掌握直齿圆柱齿轮的制图规则；

◎ 掌握直齿圆柱齿轮的工程图设计方法及技巧；

◎ 掌握蜗轮的工程图设计方法及技巧。

10.1 圆柱齿轮零件图设计

圆柱齿轮零件是机械产品中经常使用的一种典型零件，标准直齿圆柱齿轮各部分名称和尺寸如图 10-1 所示。

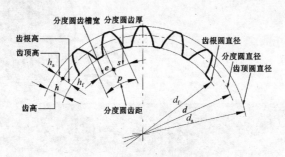

图 10-1　齿轮各部分名称

标准渐开线直齿圆柱齿轮的几何要素及尺寸关系如下。

◎　齿顶圆直径(d_a)是通过轮齿顶部的圆周直径。

◎　齿根圆直径(d_f)是通过轮齿根部的圆周直径。

◎　分度圆直径(d)是齿顶圆和齿根圆之间的一个圆的直径，在标准齿轮分度圆的圆周上齿厚(s)和齿槽宽(e)相等。

◎　齿距(p)是指在分度圆上两个相邻齿对应点间的弧长，标准齿轮 $s=e$，$p=s+e$。

◎　齿高(h)是从齿顶到齿根的径向距离，$h=h_a+h_f$。

◎　齿根高(h_f)是从分度圆到齿根圆的径向距离。

◎　齿顶高(h_a)是从齿顶圆到分度圆的径向距离。

标准渐开线直齿圆柱齿轮的基本参数如下。

◎　齿数 z 是齿轮上轮齿的个数。

◎　模数 m 是齿轮设计和制造的重要参数，由分度圆周长 $pz=\pi d$ 可知，$d=pz/\pi$，令 $p/\pi=m$，则 $d=mz$。齿数一定时，模数越大，轮齿的尺寸越大，齿轮的承载能力也越大。

◎　压力角 α 是指齿廓在与分度圆的交点处所受正压力的方向(即法线方向)与该点的速度方向所夹的锐角。

标准渐开线直齿圆柱齿轮各部分尺寸的计算公式见表 10-1。

表 10-1　标准渐开线直齿圆柱齿轮各部分尺寸的计算公式

名　称	符　号	计算公式	名　称	符　号	计算公式
模数	m	$m=p/\pi$	分度圆齿距	p	$p=\pi m=s+e$
压力角	α	20°	齿厚	s	$s=\pi m/2$
分度圆直径	d	$d=mz$	齿槽宽	e	$e=\pi m/2$
基圆直径	d_b	$d_b=d\cos\alpha$	顶隙	c	$c=0.25m$
齿顶高	h_a	$h_a=m$	齿顶圆直径	d_a	$d_a=d+2h_a$
齿根高	h_f	$h_f=1.25m$	齿根圆直径	d_f	$d_f=d-2h_f$
全齿高	h	$h=2.25m$	标准中心距	a	$a=m(z_1\pm z_2)/2$

对于单个直齿圆柱齿轮而言，轮齿按规定绘制，齿轮其余部分按其投影绘制，如图 10-2 所示。

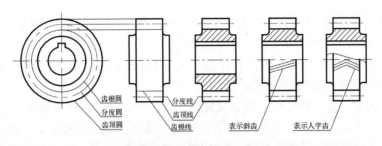

图 10-2　单个齿轮画法示意图

◎　齿顶圆和齿顶线用粗实线绘制。

◎　分度圆和分度线用细点画线绘制。

◎　在投影的端面视图中，齿根圆和齿根线用细实线绘制(或省略不画)。

◎　剖视图中轮齿按不剖处理，齿根线画粗实线。

◎　用 3 条与齿线方向一致的细实线可表示斜齿或人字齿形状。

本节将绘制标准直齿圆柱齿轮零件图，如图 10-3 所示，它的主视剖面图呈对称形状，侧视图则由一组同心圆构成。本实例的制作思路是按照 1：1 全尺寸绘制圆柱齿轮的主视图和侧视图，与前面章节类似，绘制过程中充分利用多视图互相投影对应关系。

直齿圆柱
齿轮绘制

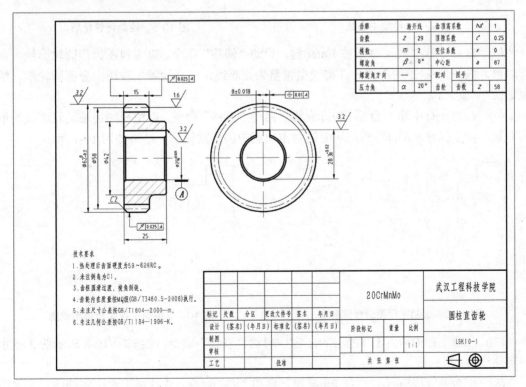

图 10-3　直齿圆柱齿轮设计

绘图步骤如下。

(1) 建立新文件。打开 AutoCAD 2024 应用程序，以"\data\绘图样板\机械样板.dwt"样板文件为模板，建立新文件。

(2) 切换图层。将"中心线"图层设定为当前图层。单击状态栏中的"正交模式"和"对象捕捉"按钮，将正交模式和对象捕捉功能开启。

(3) 绘制主视图中心线。在命令行中输入 L 后按 Enter 键，启动"直线"命令，绘制主视图和左视图中心线，如图 10-4 所示。

(4) 切换图层。将"轮廓线"图层设置为当前图层。在命令行中输入 L 后按 Enter 键，启动"直线"命令。将光标移动到主视图水平中心线左端适当位置单击，确定齿轮左侧轮廓起点，然后将光标向上移动并在命令行中输入 31，按 Enter 键；将光标向右移动并在命令行中输入 15，按 Enter 键；将光标向下移动并在命令行中输入 10，按 Enter 键；将光标向右移动并在命令行中输入 10，按 Enter 键；将光标向下移动并在命令行中输入 21，按 Enter 键，完成圆柱齿轮外轮廓的绘制。按 Esc 键退出"直线"命令，如图 10-5 所示。

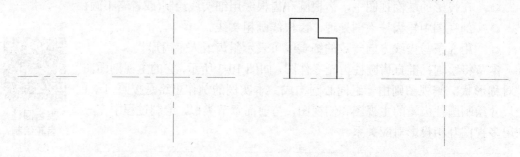

图 10-4　绘制中心线　　　　　　　　　　　图 10-5　绘制齿轮轮廓

(5) 在命令行中输入 O 后按 Enter 键，启动"偏移"命令。以主视图齿顶圆轮廓线为偏移对象，向下偏移 2 的距离，并将线型调整为点画线，从而绘制主视图中分度圆轮廓，结果如图 10-6 所示。

(6) 在命令行中输入 O 后按 Enter 键，启动"偏移"命令。以主视图齿顶圆轮廓线为偏移对象，向下偏移 4.5 的距离，从而绘制主视图中齿根圆轮廓，结果如图 10-7 所示。

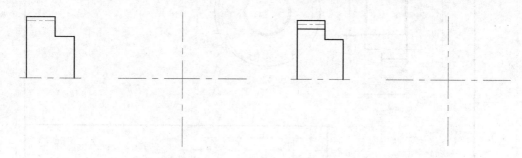

图 10-6　绘制主视图分度圆轮廓　　　　　　　图 10-7　绘制主视图齿根圆轮廓

(7) 在命令行中输入 L 后按 Enter 键，启动"直线"命令，绘制图 10-8 所示的 3 条水平辅助线。

(8) 在命令行中输入 C 后按 Enter 键，启动"圆"命令，依次捕捉水平辅助线与左视图竖直中心线的交点绘制圆，注意中间的圆，更改其线型为点画线，将最内侧圆的线型调整为细实线，删除辅助直线，结果如图 10-9 所示。

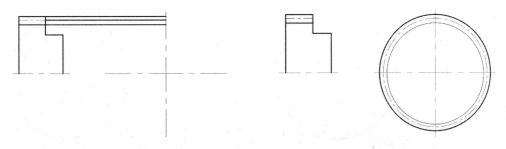

图 10-8　绘制水平辅助线　　　　　　图 10-9　绘制左视图对应的圆

(9) 在命令行中输入 C 后按 Enter 键，启动"圆"命令，以左视图中心线交点为圆心，绘制直径为 25 的圆，结果如图 10-10 所示。

(10) 在命令行中输入 O 后按 Enter 键，启动"偏移"命令，以主视图竖直中心线为偏移对象，分别向两侧偏移 4 的距离，然后以水平中心线为偏移对象，向上偏移 15.8 的距离，调整线型为轮廓线，结果如图 10-11 所示。

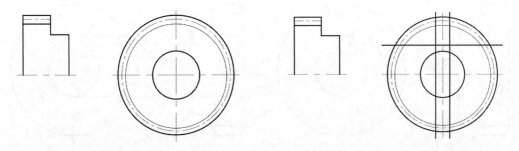

图 10-10　绘制左视图 ϕ25 轮毂孔　　　　图 10-11　绘制左视图轮毂键槽轮廓

(11) 在命令行中输入 TR 后按 Enter 键，启动"修剪"命令，剪掉多余的线段和圆弧，结果如图 10-12 所示。

(12) 在命令行中输入 CHA 后按 Enter 键，启动"倒角"命令，选择修剪模式，对主视图齿顶两侧边进行距离为 2 的倒角，结果如图 10-13 所示。

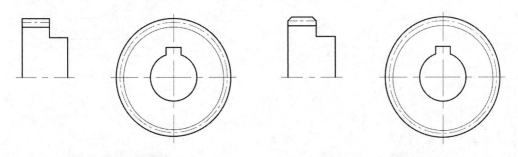

图 10-12　整理图形　　　　　　　　图 10-13　创建 C2 倒角

(13) 在命令行中输入 F 后按 Enter 键，启动"圆角"命令，采用修剪模式，在主视图阶梯处创建 R3 过渡圆角，结果如图 10-14 所示。

(14) 在命令行中输入 CHA 后按 Enter 键，启动"倒角"命令，选择修剪模式，对主视图最右侧轮廓圆倒角，倒角距离为 1，结果如图 10-15 所示。

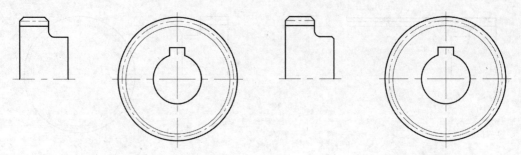

图 10-14　创建 R3 过渡圆角　　　　　　　　　图 10-15　创建 C1 倒角

　　(15) 在命令行中输入 MI 后按 Enter 键，启动"镜像"命令，框交选择主视图水平中心线上侧所有图形，以水平中心线为镜像中心线进行镜像，结果如图 10-16 所示。

　　(16) 在命令行中输入 L 后按 Enter 键，启动"直线"命令，分别过图 10-16 所示点 1、点 2 和点 3 绘制 3 条水平辅助线，结果如图 10-17 所示。

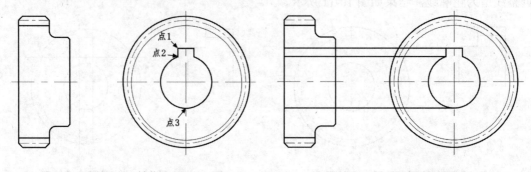

图 10-16　镜像齿轮　　　　　　　　　　　　图 10-17　绘制水平辅助线

　　(17) 在命令行中输入 TR 后按 Enter 键，启动"修剪"命令，剪掉多余的线段，结果如图 10-18 所示。

　　(18) 在命令行中输入 CHA 后按 Enter 键，启动"倒角"命令，选择不修剪模式，在主视图中对直径为 ϕ25mm 的孔进行孔口倒角，尺寸为 C1，结果如图 10-19 所示。

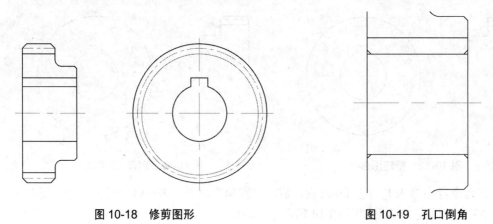

图 10-18　修剪图形　　　　　　　　　　　　图 10-19　孔口倒角

　　(19) 在命令行中输入 TR 后按 Enter 键，启动"修剪"命令，剪掉多余的线段，然后在命令行中输入 L 后按 Enter 键，启动"直线"命令，补画主视图倒角轮廓线，结果如图 10-20 所示。

(20) 在命令行中输入 O 后按 Enter 键，启动"偏移"命令，以左视图中孔口直径 ϕ 25mm 圆弧为偏移对象，向外侧偏移 1 的距离，然后在命令行中输入 EX 后按 Enter 键，启动"延伸"命令，补全左视图孔口倒角轮廓线，结果如图 10-21 所示。

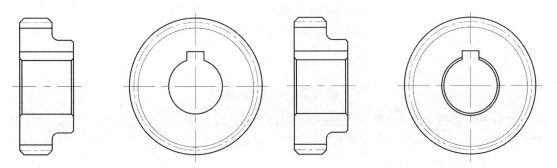

图 10-20　绘制主视图孔口倒角轮廓　　　　图 10-21　绘制左视图孔口倒角轮廓

(21) 将图层切换为"剖面线"图层，在命令行中输入 H 后按 Enter 键，系统弹出"图案填充和渐变色"对话框，对齿轮主视图截面进行填充，如图 10-22 所示。

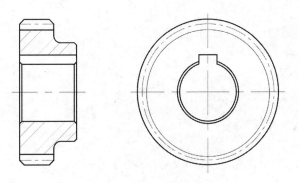

图 10-22　填充剖面线

(22) 将图层切换到"标注线"图层，标注图形尺寸、形位公差及表面粗糙度，结果如图 10-23 所示。

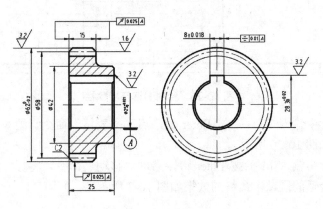

图 10-23　标注图形

(23) 在命令行中输入 MT 后按 Enter 键，启动"多行文字"命令，标注技术要求，如图 10-24 所示。

技术要求

1.热处理后齿面硬度为59~62HRC。

2.未注倒角为C1。

3.齿根圆滑过渡，棱角倒钝。

4.齿轮内在质量按MQ级(GB/T3480.5-2008)执行。

5.未注尺寸公差按GB/T1804—2000—m。

6.未注几何公差按GB/T1184—1996—K。

图 10-24　标注技术要求

(24) 在命令行中输入 I 后按 Enter 键，启动"插入块"命令，在绘图区插入"\data\图形块"文件夹中的 A4-H 图框和国标规定标题栏，将标题栏放置在图框的右下角，填写标题栏信息，结果如图 10-25 所示。

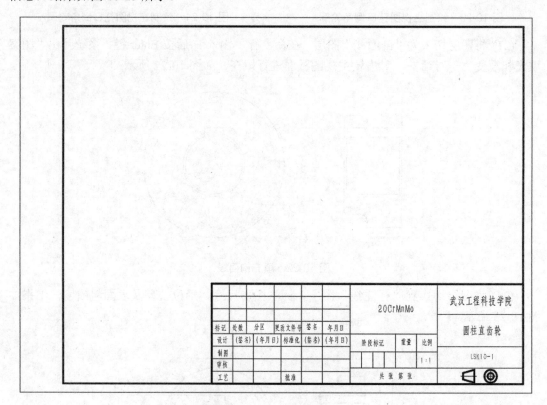

图 10-25　绘制图框及标题栏

(25) 在命令行中输入 TAB 后按 Enter 键，启动"表格"命令，绘制齿轮参数表并填写齿轮参数，结果如图 10-26 所示。

(26) 在命令行中输入 M 后按 Enter 键，启动"移动"命令，将标注好的视图及技术要求移动到图框内合适的区域。最终的效果如图 10-3 所示。

齿廓		渐开线	齿顶高系数	h_a^*	1
齿数	z	29	顶隙系数	c^*	0.25
模数	m	2	变位系数	x	0
螺旋角	β	0°	中心距	a	87
螺旋角方向		—	配对	图号	
压力角	α	20°	齿轮 齿数	z	58

图 10-26　绘制齿轮参数表

10.2　蜗轮零件图设计

蜗轮绘制

蜗轮蜗杆机构常用来传递两交错轴之间的运动和动力。蜗轮与蜗杆在其中间平面内相当于齿轮与齿条，因此蜗轮的画法类似于齿轮画法，但在投影的端面视图中，蜗轮的齿根圆省略不画。

本节将绘制标准蜗轮零件图，如图 10-27 所示，它的主视剖面图呈对称形状，侧视图则由一组同心圆构成。本实例的制作思路是按照 1∶1 全尺寸绘制蜗轮的主视图和侧视图，与齿轮画法类似，绘制过程中充分利用多视图互相投影对应关系，然后对全尺寸视图进行缩放，并修改标注样式中的比例因子，将视图缩小为原尺寸的 50%，最后将缩放的视图移至 A3-h 图框中。

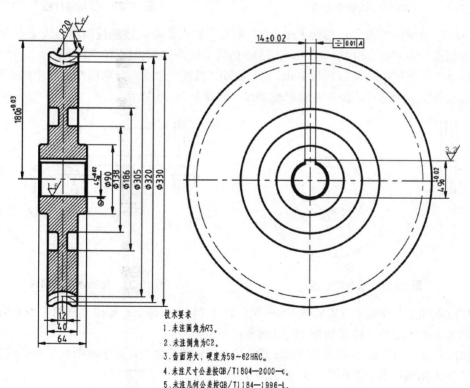

技术要求
1. 未注圆角为R3。
2. 未注倒角为C2。
3. 齿面淬火，硬度为59~62HRC。
4. 未注尺寸公差按GB/T1804-2000-c。
5. 未注几何公差按GB/T1184-1996-L。

图 10-27　蜗轮设计

绘图步骤如下。

（1）建立新文件。打开 AutoCAD 2024 应用程序，以"\data\绘图样板\机械样板.dwt"样板文件为模板，建立新文件。

（2）切换图层。将"中心线"图层设置为当前图层。单击状态栏中的"正交模式"和"对象捕捉"按钮，将正交模式和对象捕捉功能开启。

（3）绘制中心线。在命令行中输入 L 后按 Enter 键，启动"直线"命令，绘制主视图和左视图中心线，如图 10-28 所示。

（4）切换图层。将"轮廓线"图层设置为当前图层。在命令行中输入 O 后按 Enter 键，启动"偏移"命令。以主视图竖直中心线为偏移对象，分别向左、右两侧偏移 32、20 和 6 的距离。调整线型为轮廓线，结果如图 10-29 所示。

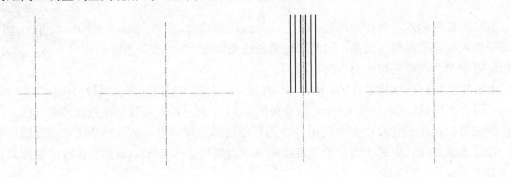

图 10-28　绘制中心线　　　　　　　　　　图 10-29　绘制偏移线

（5）在命令行中输入 C 后按 Enter 键，启动"圆"命令，以左视图中心线交点为圆心，分别绘制直径为 $\phi90$、$\phi138$、$\phi186$ 和 $\phi330$ 的同心圆，结果如图 10-30 所示。

（6）在命令行中输入 L 后按 Enter 键，启动"直线"命令，分别以左视图中同心圆与竖直中心线的交点为起点，画 4 条水平辅助线，结果如图 10-31 所示。

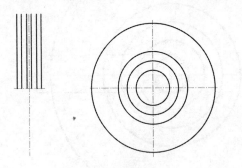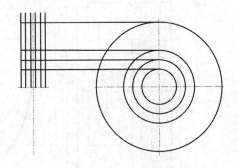

图 10-30　绘制同心圆　　　　　　　　　　图 10-31　绘制水平辅助线

（7）在命令行中输入 TR 后按 Enter 键，启动"修剪"命令，剪掉主视图中多余的线段，得到蜗轮大致轮廓线，结果如图 10-32 所示。

（8）在命令行中输入 O 后按 Enter 键，启动"偏移"命令，以主视图水平中心线为偏移对象，向上侧偏移 180 的距离，结果如图 10-33 所示。

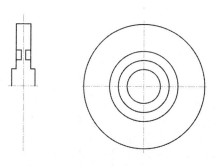 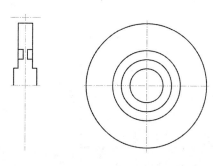

图 10-32　整理图形　　　　　　　　　　　　图 10-33　偏移中心线

(9)　在命令行中输入 ARC 后按 Enter 键，启动"圆弧"命令，以第(8)步绘制的偏移线与竖直中心线交点为圆心，绘制半径为 R20mm 的圆弧，结果如图 10-34 所示。

(10)　在命令行中输入 O 后按 Enter 键，启动"偏移"命令，以第(9)步绘制的圆弧为偏移对象，向下侧偏移 7.5。然后在命令行中输入 EX 后按 Enter 键，启动"延伸"命令，使偏移的圆弧延伸至蜗轮两侧面轮廓，调整圆弧线型为点画线，结果如图 10-35 所示。

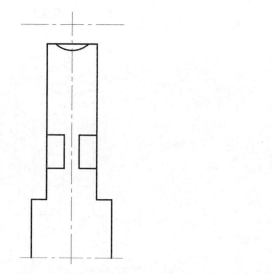 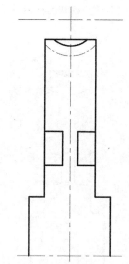

图 10-34　绘制 R20mm 的圆弧　　　　　　　图 10-35　绘制分度圆圆弧

(11) 在命令行中输入 O 后按 Enter 键，启动"偏移"命令，以第(10)步绘制的分度圆圆弧为偏移对象，向下侧偏移 7.5 的距离，调整线型为粗实线，然后启动"修剪"命令，对图形进行修整，结果如图 10-36 所示。

(12) 在命令行中输入 F 后按 Enter 键，启动"圆角"命令，选择修剪模式，对图 10-35 所示的 1～8 处进行倒圆角，圆角半径为 R3mm，结果如图 10-37 所示。

(13) 在命令行中输入 CHA 后按 Enter 键，启动"倒角"命令，对蜗轮两侧外圆轮廓进行倒角，倒角大小为 C2，结果如图 10-38 所示。

(14) 在命令行中输入 TR 后按 Enter 键，启动"修剪"命令，将齿顶多余的线段修剪掉，结果如图 10-39 所示。

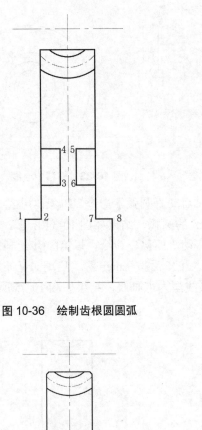

图 10-36   绘制齿根圆圆弧

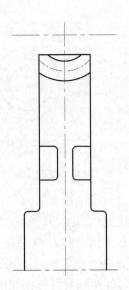

图 10-37   倒圆角

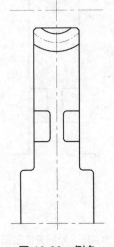

图 10-38   倒角

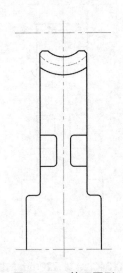

图 10-39   整理图形

(15) 在命令行中输入 MI 后按 Enter 键，启动"镜像"命令，框交选择主视图水平中心线上侧的图元，以水平中心线为镜像中心线进行镜像，结果如图 10-40 所示。

(16) 在命令行中输入 C 后按 Enter 键，启动"圆"命令，以左视图水平中心线交点为圆心，绘制直径分别为 ϕ45mm 和 ϕ305mm 的圆，将直径为 ϕ305mm 的圆的线型调整为点画线，结果如图 10-41 所示。

(17) 在命令行中输入 O 后按 Enter 键，启动"偏移"命令，以左视图竖直中心线为偏移对象，分别向两侧偏移 7 的距离，然后以水平中心线为偏移对象，向上侧偏移 26.5 的距离，调整偏移线的线型为轮廓线，结果如图 10-42 所示。

(18) 在命令行中输入 TR 后按 Enter 键，启动"修剪"命令，剪掉多余的线段，结果如图 10-43 所示。

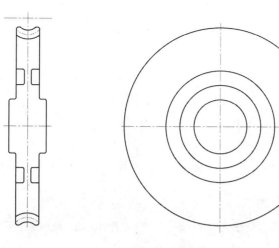

图 10-40　镜像蜗轮

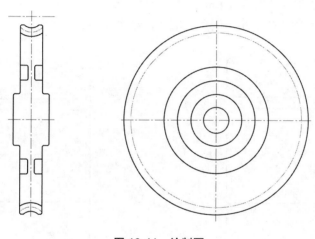

图 10-41　绘制圆

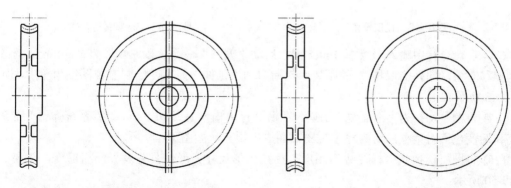

图 10-42　通过偏移绘制轮毂孔轮廓　　　　　　图 10-43　整理图形

(19) 在命令行中输入 L 后按 Enter 键，启动"直线"命令，绘制图 10-44 所示的水平辅助线。

(20) 在命令行中输入 TR 后按 Enter 键，启动"修剪"命令，剪掉多余的直线，结果如图 10-45 所示。

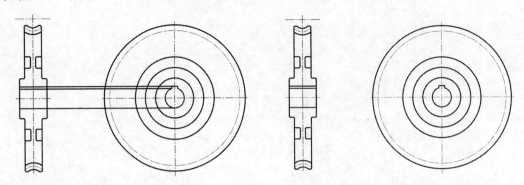

图 10-44　绘制水平辅助线　　　　　　　　图 10-45　绘制主视图轮毂孔轮廓

(21) 在命令行中输入 CHA 后按 Enter 键，启动"倒角"命令，选择不修剪模式，对主视图孔口进行倒角，倒角大小为 C2，结果如图 10-46 所示。

(22) 在命令行中输入 TR 后按 Enter 键，启动"修剪"命令，对多余的线段进行修剪，然后启动"直线"命令，补画孔口倒角轮廓线，结果如图 10-47 所示。

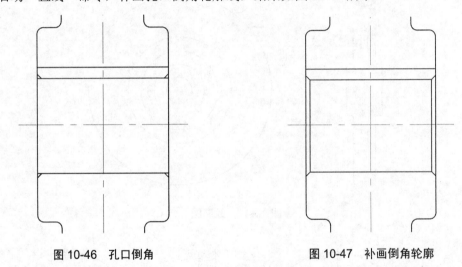

图 10-46　孔口倒角　　　　　　　　　　　图 10-47　补画倒角轮廓

(23) 在命令行中输入 O 后按 Enter 键，启动"偏移"命令，以左视图直径 ϕ45mm 的圆弧为偏移对象，向外侧偏移 2 的距离，然后启动"延伸"命令，绘制左视图倒角轮廓，如图 10-48 所示。

(24) 将图层切换为"剖面线"图层，在命令行中输入 H 后按 Enter 键，系统弹出"图案填充和渐变色"对话框，对蜗轮主视图截面进行填充，如图 10-49 所示。

(25) 将图层切换到"标注线"图层，标注图形尺寸、形位公差及表面粗糙度，结果如图 10-50 所示。

(26) 在命令行中输入 MT 后按 Enter 键，启动"多行文字"命令，标注技术要求，如图 10-51 所示。

(27) 在命令行中输入 SC 后按 Enter 键，启动"缩放"命令，将所有视图及标注进行缩放，缩放比例为 0.5，缩放后结果如图 10-52 所示。此时，所有标注尺寸值为原尺寸值的 0.5 倍。

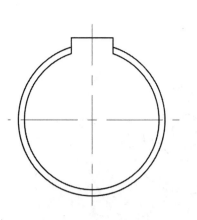

图 10-48 左视图倒角轮廓

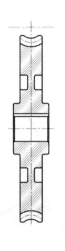

图 10-49 填充剖面线

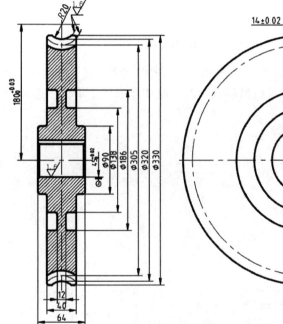

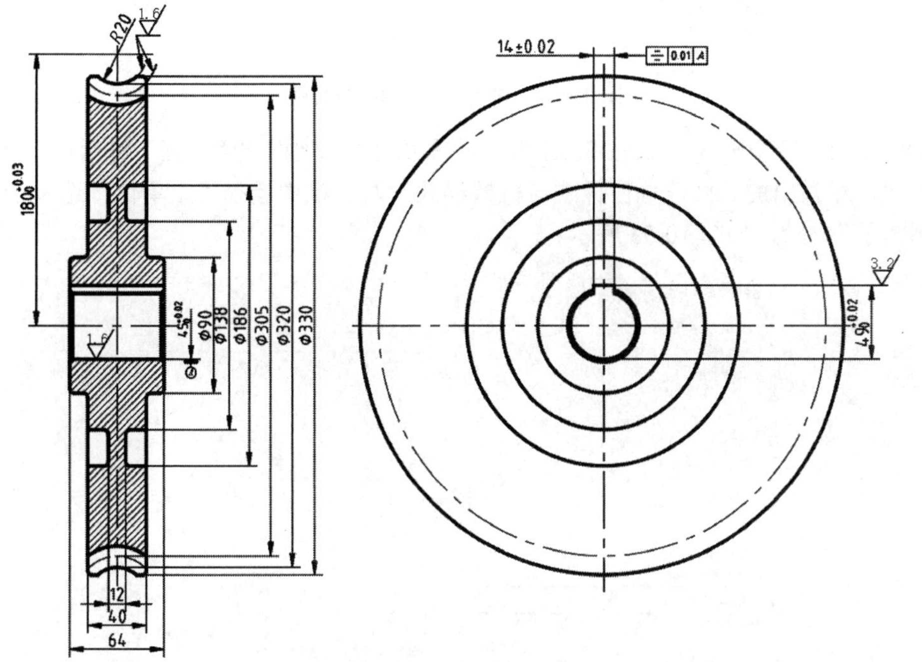

图 10-50 标注图形

技术要求

1．未注圆角为R3。

2．未注倒角为C2。

3．齿面淬火，硬度为59~62HRC。

4．未注尺寸公差按GB/T1804—2000—c。

5．未注几何公差按GB/T1184—1996-L。

图 10-51 标注技术要求

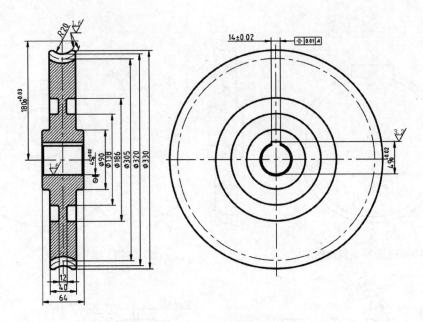

图 10-52　按 1∶2 比例缩放视图

(28) 在命令行中输入 D 后按 Enter 键，系统弹出"标注样式管理器"对话框，单击"修改"按钮，在弹出的"修改标注样式：机械样式"对话框中选择"主单位"选项卡，设置"比例因子"为 2，如图 10-53 所示。

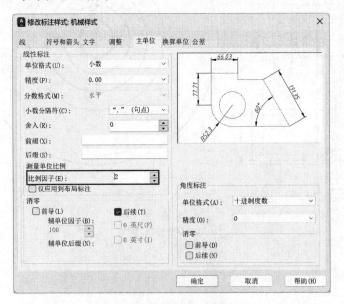

图 10-53　调整比例因子

(29) 在命令行中输入 I 后按 Enter 键，启动"插入块"命令，在绘图区插入"\data\图形块"文件夹中的 A3-H 图框和国标规定标题栏，将标题栏放置在图框的右下角，填写标题栏信息，结果如图 10-54 所示。

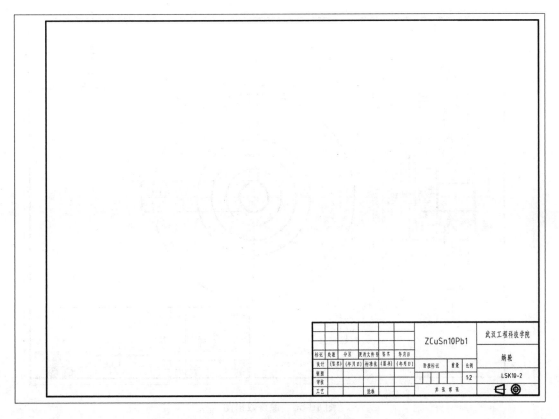

图 10-54　插入图框及标题栏

(30) 在命令行中输入 TAB 后按 Enter 键，启动"表格"命令，绘制蜗轮参数表并填写蜗轮参数，结果如图 10-55 所示。

端面模数		m	5
齿数		Z	61
轴截面齿形角		α	20°
变位系数		x_2	0.5
分度圆螺旋角		γ	11°18′36″
螺旋线方向		右旋	
配对	图号		
蜗杆	头数		

图 10-55　绘制蜗轮参数表并填写蜗轮参数

(31) 在命令行中输入 M 后按 Enter 键，启动"移动"命令，将蜗轮参数表移至图框的右上角，然后将缩放后的视图移动到图框内合适的区域。最终的效果如图 10-56 所示。

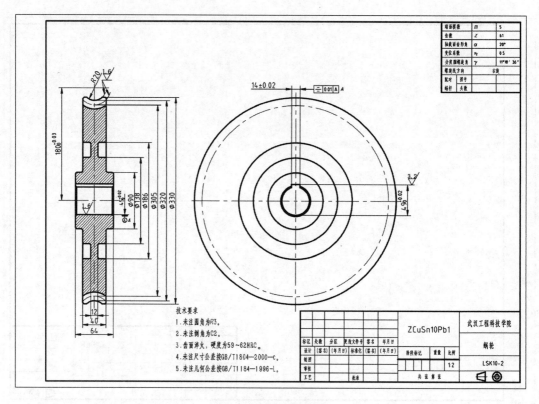

图 10-56 最终效果图

10.3 本章小结

本章结合机械工程中齿轮、蜗轮的相关制图标准，通过案例系统地介绍了齿轮、蜗轮的基本绘制流程和操作方法。通过本章的学习，读者将掌握机械平面工程图的制作流程和制作技巧，提升设计技能。

(1) 通过绘制齿轮和蜗轮两种零件，学习主视图与俯视图(或左视图)相互投影、对应同步的绘制方法。

(2) 熟悉齿轮、蜗轮零件的几何要素及尺寸关系。

(3) 掌握齿轮、蜗轮的制图规则。

(4) 通过工程图的绘制，进一步学习二维绘图、图形编辑、图形缩放、尺寸标注样式管理、图表绘制等操作方法和技巧。

10.4 思考与练习

(1) 综合运用所学知识，绘制并标注图 10-57 所示的齿轮轴。

(2) 综合运用所学知识，绘制并标注图 10-58 所示的齿轮。

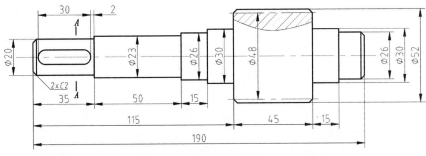

技术要求

1. 热处理后齿面硬度为241~286HBW。

2. 未注倒角为C2。

3. 齿根圆滑过渡，棱角倒钝。

4. 未注尺寸公差按GB/T-1804-2000-m。

5. 未注几何公差按GB/T-1184-1996-K。

图 10-57　齿轮轴

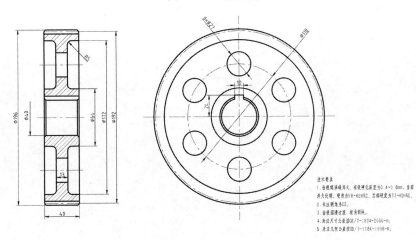

技术要求

1. 齿根部渗碳淬火，有效硬化深度为0.4~0.8mm，齿面淬火处理，硬度为59~62HRC，芯部硬度为33~40HRC。

2. 未注倒角C2。

3. 齿根圆滑过渡，棱角倒钝。

4. 未注尺寸公差按GB/T-1804-2000-m。

5. 未注几何公差按GB/T-1184-1996-K。

图 10-58　齿轮

第 11 章

箱体类零件图设计

箱体类零件结构一般为框架结构或壳体结构，绘制箱体类零件需要设计和表达的内容相对较多，因此这类零件一般属于机械零件中比较复杂的零件。本章将详细讲解二维机械零件设计中比较经典的一个实例——减速器箱体零件图设计。

本章导读

本章主要介绍 AutoCAD 2024 二维机械制图的基本技巧及箱体类零件平面工程图的绘制思路，主要内容如下：

◎ 熟悉减速器箱盖零件的视图表达方案；

◎ 掌握减速器箱盖零件的设计流程及绘图技巧；

◎ 熟悉减速器箱体零件的视图表达方案；

◎ 掌握减速器箱体的工程图设计方法及技巧。

11.1 减速器箱盖设计

　　减速器箱盖的绘制过程是使用 AutoCAD 2024 二维绘图功能的综合实例,绘制的减速器箱盖如图 11-1 所示,其中主视图采用局部剖视图,左视图采用旋转剖视图,俯视图和左视图分别沿轴线对称。绘制时,先绘制减速器箱盖主视图,然后利用机械制图的 "长对正、高平齐、宽相等" 投影关系来绘制俯视图和左视图,最后标注各个视图。

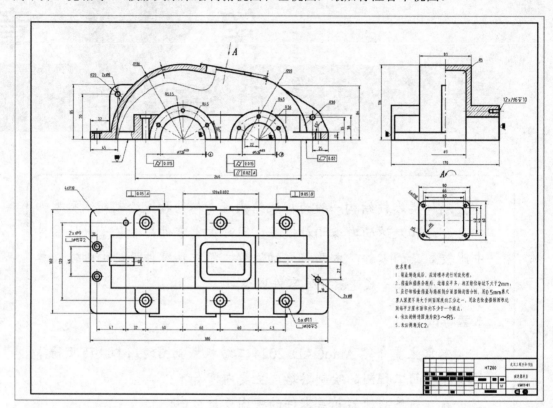

图 11-1　减速器箱盖

11.1.1　绘制减速器箱盖主视图

　　减速器箱盖主视图绘图步骤如下。

　　(1)　建立新文件。打开 AutoCAD 2024 应用程序,以 "\data\绘图样板\机械样板.dwt" 样板文件为模板,建立新文件。

　　(2)　切换图层。将 "中心线" 图层设置为当前图层。单击状态栏中的 "正交模式" 和 "对象捕捉" 按钮,将正交模式和对象捕捉功能开启。

　　(3)　绘制主视图中心线。在命令行中输入 L 后按 Enter 键,启动 "直线" 命令,绘制主视图中心线,如图 11-2 所示。

　　(4)　切换图层。将 "轮廓线" 图层设置为当前图层。在命令行中输入 C 后按 Enter 键,启动 "圆" 命令,分别绘制半径为 36、53.5 和 116 的同心圆,结果如图 11-3 所示。

图 11-2　绘制中心线

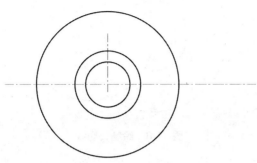

图 11-3　绘制同心圆

(5) 在命令行中输入 O 后按 Enter 键，启动"偏移"命令，以竖直中心线为偏移对象，分别向右侧偏移 98 和 120 的距离，结果如图 11-4 所示。

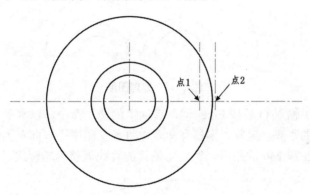

图 11-4　偏移中心线

(6) 在命令行中输入 C 后按 Enter 键，启动"圆"命令，以图 11-4 中的点 1 为圆心，绘制半径为 99 的圆。重复"圆"命令，以点 2 为圆心，绘制半径分别为 26 和 45 的同心圆，结果如图 11-5 所示。

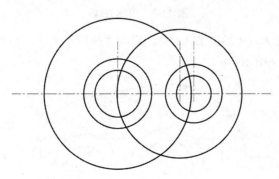

图 11-5　绘制圆

(7) 在命令行中输入 L 后按 Enter 键，启动"直线"命令，绘制半径为 116 和 99 两圆右上侧的公切线，结果如图 11-6 所示。

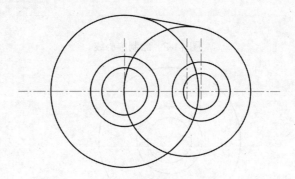

图 11-6　绘制公切线

(8) 在命令行中输入 TR 后按 Enter 键，启动"修剪"命令，剪掉多余的圆弧，整理后的图形如图 11-7 所示。

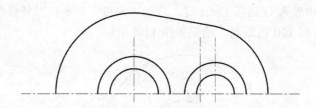

图 11-7　整理图形

(9) 在命令行中输入 O 后按 Enter 键，启动"偏移"命令，以水平中心线为偏移对象，向上偏移 12 和 38 的距离。重复"偏移"命令，将最左侧中心线向左侧偏移 79 和 150 的距离，向右侧偏移 185 和 230 的距离，然后将偏移的直线调整为轮廓线，如图 11-8 所示。

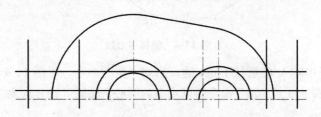

图 11-8　偏移直线

(10) 在命令行中输入 TR 后按 Enter 键，启动"修剪"命令，剪掉多余的线段和圆弧，修剪后的图形如图 11-9 所示。

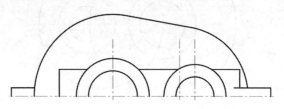

图 11-9　整理图形轮廓

(11) 在命令行中输入 L 后按 Enter 键，启动"直线"命令，过轮廓顶公切线的中点作一条直线，且与该公切线轮廓垂直，将线型调整为中心线，如图 11-10 所示，从而确定顶部透视盖的中心。

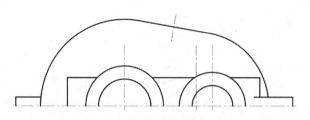

图 11-10　绘制透视盖中心线

(12) 在命令行中输入 O 后按 Enter 键，启动"偏移"命令，以第(11)步绘制的中心线为偏移对象，分别向两侧偏移，偏移距离为 30 和 40，调整偏移线的线型为轮廓线。重复执行"偏移"命令，将箱盖轮廓线向内偏移，偏移距离为 8，将公切线轮廓向外偏移 4 的距离，结果如图 11-11 所示。

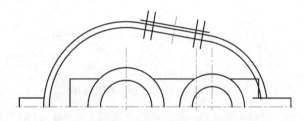

图 11-11　偏移轮廓曲线

(13) 切换图层。将"细实线"图层设置为当前图层。在命令行中输入 SPL 后按 Enter 键，启动"样条曲线"命令，绘制结果如图 11-12 所示。

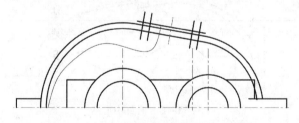

图 11-12　绘制局部剖视图波浪线分界

(14) 在命令行中输入 TR 后按 Enter 键，启动"修剪"命令，剪掉多余的线段和圆弧，修剪后的图形如图 11-13 所示。

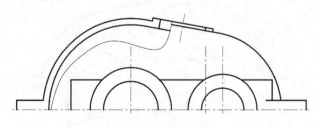

图 11-13　整理图形

(15) 在命令行中输入 O 后按 Enter 键，启动"偏移"命令，以最左侧竖直中心线为偏移对象，向左偏移 105 的距离。重复执行"偏移"命令，以水平中心线为偏移对象，向上偏移 70 的距离，如图 11-14 所示。

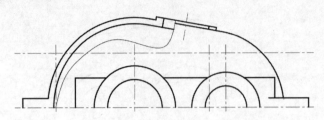

图 11-14　确定左侧吊耳中心

(16) 切换图层。将"轮廓线"图层设置为当前图层。在命令行中输入 C 后按 Enter 键，启动"圆"命令，以第(15)步偏移中心线交点为圆心，绘制半径为 4 的图，如图 11-15 所示。

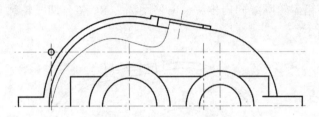

图 11-15　绘制左侧吊耳孔轮廓

(17) 在命令行中输入 O 后按 Enter 键，启动"偏移"命令，以最左侧竖直中心线为偏移对象，向左偏移 118 的距离。重复执行"偏移"命令，以水平中心线为偏移对象，向上偏移 85 的距离，调整偏移线的线型为轮廓线，如图 11-16 所示。

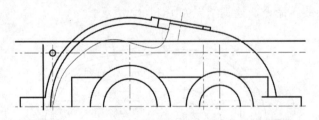

图 11-16　偏移中心线

(18) 单击左侧吊耳外轮廓直线及孔中心线，利用夹点编辑调整轮廓线长度，调整后的结果如图 11-17 所示。

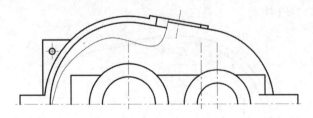

图 11-17　整理左侧吊耳轮廓

(19) 在命令行中输入 F 后按 Enter 键，启动"圆角"命令，选择修剪模式，设置圆角半径为 20 进行倒圆角，绘制的左侧吊耳外轮廓圆角如图 11-18 所示。

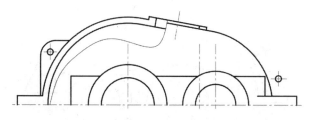

图 11-18　左侧吊耳外轮廓倒圆角

(20) 在命令行中输入 O 后按 Enter 键，启动"偏移"命令，以最右侧竖直中心线为偏移对象，向右偏移 85 的距离。重复执行"偏移"命令，以水平中心线为偏移对象，向上偏移 35 的距离，确定右侧吊耳孔中心，如图 11-19 所示。

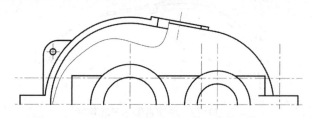

图 11-19　确定右侧吊耳孔中心

(21) 在命令行中输入 C 后按 Enter 键，启动"圆"命令，以第(20)步偏移的中心线交点为圆心绘制半径为 4 的圆，然后利用夹点编辑调整孔中心线长度，结果如图 11-20 所示。

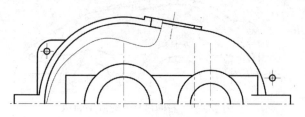

图 11-20　绘制右侧吊耳孔轮廓

(22) 在命令行中输入 O 后按 Enter 键，启动"偏移"命令，以水平中心线为偏移对象，向上偏移 84 的距离，偏移线与箱盖 R99 圆弧外轮廓交点为 A，然后在命令行中输入 L 后按 Enter 键，启动"直线"命令，过 R99 圆弧中心 O 和 A 点作一条直线，结果如图 11-21 所示。

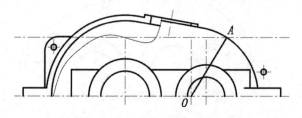

图 11-21　绘制辅助线

(23) 在命令行中输入 L 后按 Enter 键，启动"直线"命令，过点 A 作一条与直线 OA 垂直的垂线，然后重复执行"直线"命令，过箱体端盖右侧端点作一条斜向上、与水平线成

65°夹角的直线，结果如图 11-22 所示。

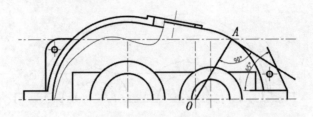

图 11-22　绘制右侧吊耳轮廓线

(24) 在命令行中输入 TR 后按 Enter 键，启动"修剪"命令，对多余的直线进行修剪，修剪后的图形如图 11-23 所示。

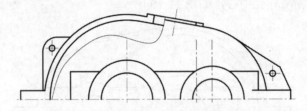

图 11-23　整理右侧吊耳轮廓线

(25) 在命令行中输入 F 后按 Enter 键，启动"圆角"命令，选择修剪模式，设圆角半径为 30 进行倒圆角，绘制的右侧吊耳外轮廓圆角如图 11-24 所示。

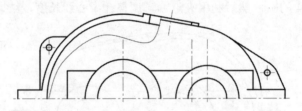

图 11-24　右侧吊耳外轮廓倒圆角

(26) 在命令行中输入 O 后按 Enter 键，启动"偏移"命令，以最左侧中心线为偏移对象，分别向左侧偏移 60 和 139 的距离，利用夹点编辑调整偏移中心线的长度，结果如图 11-25 所示。

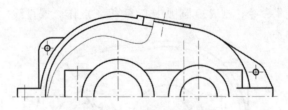

图 11-25　偏移确定孔中心线

(27) 在命令行中输入 O 后按 Enter 键，启动"偏移"命令，以最左侧孔中心线为偏移对象，分别向两侧偏移 4.5 和 7.5 的距离，调整线型为轮廓线。重启"偏移"命令，将左侧底板水平轮廓线向下偏移 2 的距离，结果如图 11-26 所示。

(28) 在命令行中输入 TR 后按 Enter 键，启动"修剪"命令，对沉头孔轮廓进行修剪，修剪后的轮廓如图 11-27 所示。

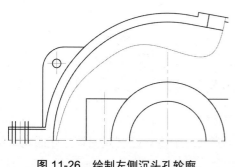

图 11-26　绘制左侧沉头孔轮廓

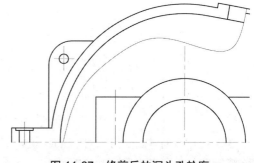

图 11-27　修剪后的沉头孔轮廓

(29) 在命令行中输入 O 后按 Enter 键，启动"偏移"命令，以左侧第二条孔中心线为偏移对象，分别向两侧偏移 5.5 和 9 的距离，调整线型为轮廓线。重启"偏移"命令，将孔顶面水平轮廓线向下偏移 5 的距离，结果如图 11-28 所示。

(30) 在命令行中输入 TR 后按 Enter 键，启动"修剪"命令，对沉头孔轮廓进行修剪，修剪后的轮廓如图 11-29 所示。

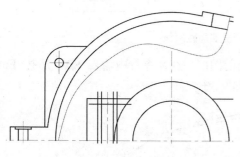

图 11-28　绘制沉头孔轮廓

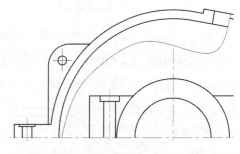

图 11-29　修剪后的沉头孔轮廓

(31) 在命令行中输入 O 后按 Enter 键，启动"偏移"命令，以最右侧的中心线为偏移对象，向右侧偏移 94 的距离，确定右侧销孔中心线位置，然后利用夹点编辑调整中心线长度，结果如图 11-30 所示。

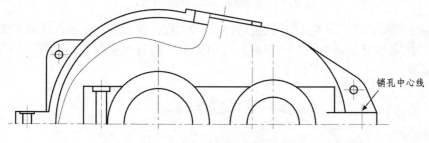

销孔中心线

图 11-30　确定销孔中心线

(32) 在命令行中输入 O 后按 Enter 键，启动"偏移"命令，以销孔中心线为偏移对象，分别向两侧偏移 4 的距离，调整偏移线的线型为轮廓线，利用夹点编辑调整轮廓线长度，结果如图 11-31 所示。

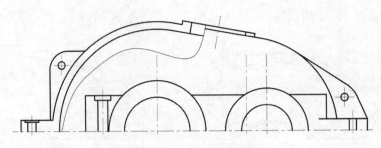

图 11-31　绘制销孔轮廓

(33) 在命令行中输入 L 后按 Enter 键，启动"直线"命令，绘制减速箱盖底面轮廓线，并修整轮廓线，结果如图 11-32 所示。

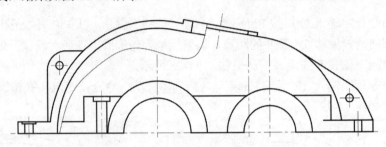

图 11-32　绘制减速箱盖底面轮廓线

(34) 切换图层。将"细实线"图层设置为当前图层。在命令行中输入 SPL 后按 Enter 键，启动"样条曲线"命令，绘制图 11-33 所示的样条曲线。

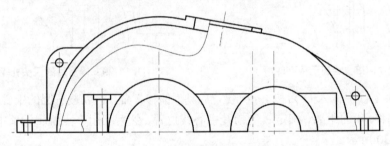

图 11-33　绘制局部剖视图界线

(35) 切换图层。将"剖面线"图层设置为当前图层。在命令行中输入 H 后按 Enter 键，系统弹出"图案填充和渐变色"对话框，对箱盖主视图局部剖面进行填充，填充效果如图 11-34 所示。

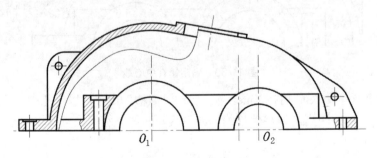

图 11-34　填充剖面线

(36) 切换图层。将"中心线"图层设置为当前图层。在命令行中输入 ARC 后按 Enter 键，启动"圆弧"命令，以 O_1 为圆心绘制半径为 45 的半圆弧。重启"圆弧"命令，以 O_2 为圆心绘制半径为 36 的半圆弧，结果如图 11-35 所示。

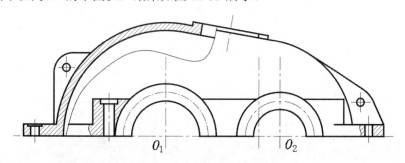

图 11-35　绘制安装孔圆弧中心线

(37) 在命令行中输入 L 后按 Enter 键，启动"直线"命令，以 O_1 为起点，绘制与水平线成 30° 夹角、长度为 50 的直线。重启"直线"命令，以 O2 为起点，绘制与水平线成 30° 夹角、长度为 42 的直线，结果如图 11-36 所示。

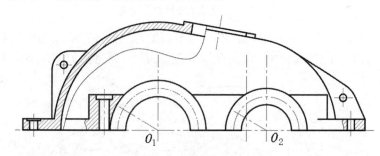

图 11-36　绘制安装孔中心

(38) 切换图层。将"细实线"图层设置为当前图层。在命令行中输入 C 后按 Enter 键，启动"圆"命令。分别以第(37)步绘制的两直线与圆弧的交点为圆心，绘制半径为 3 的圆。结果如图 11-37 所示。

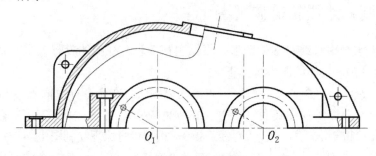

图 11-37　绘制圆

(39) 在命令行中输入 O 后按 Enter 键，启动"偏移"命令。以第(38)步绘制的两圆为偏移对象，向内侧偏移 0.5 的距离，调整线型为轮廓线，结果如图 11-38 所示。

(40) 在命令行中输入 TR 后按 Enter 键，启动"修剪"命令，对图 11-38 中两细实线圆进行修剪，结果如图 11-39 所示。

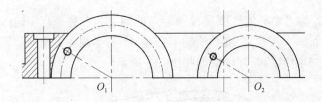

图 11-38　偏移圆

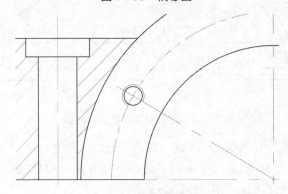

图 11-39　完成 M6 螺纹孔绘制

(41) 启动"环形阵列"命令，以第(40)步绘制好的螺纹孔及中心线为阵列对象，分别以 O_1 点和 O_2 点为基点，阵列数量为 3，角度范围为-120°。阵列后的结果如图 11-40 所示。

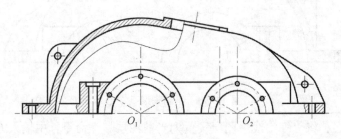

图 11-40　阵列螺纹孔

11.1.2　绘制减速器箱盖俯视图

俯视图是沿水平中心线对称的图形，根据主视图和左视图的投影关系，知道俯视图外轮廓长 380、宽 170，具体绘图步骤如下。

(1) 切换图层，将"中心线"图层设置为当前图层。在命令行中输入 O 后按 Enter 键，启动"偏移"命令，以主视图底面水平中心线为偏移对象，向下偏移 230 的距离。然后在命令行中输入 L 后按 Enter 键，启动"直线"命令，根据投影原理绘制图 11-41 所示的中心线。

(2) 在命令行中输入 O 后按 Enter 键，启动"偏移"命令，以俯视图水平中心线为偏移对象，分别向上偏移 40.5、80 和 85 的距离。然后重复执行"偏移"命令，以左侧竖直中心线为偏移对象，将其向左侧偏移 150 的距离，向右侧偏移 230 的距离，并将偏移线的线型调整为轮廓线，利用夹点编辑调整各线段的长度，结果如图 11-42 所示。

(3) 切换图层，将"轮廓线"图层设置为当前图层。在命令行中输入 L 后按 Enter 键，启动"直线"命令，绘制图 11-43 所示的多条竖直投影线。

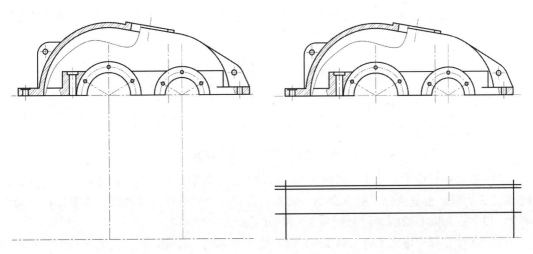

图 11-41 绘制俯视图中心线　　　　　　　图 11-42 绘制偏移线

(4) 在命令行中输入 TR 后按 Enter 键，启动"修剪"命令，将多余的线段进行修剪，得到箱盖俯视图大概轮廓，如图 11-44 所示。

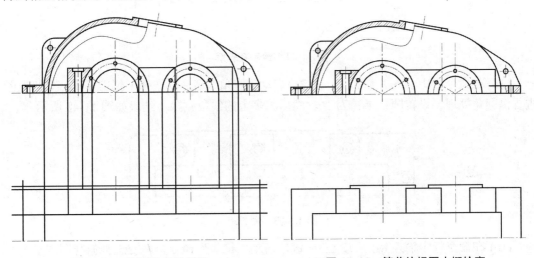

图 11-43 绘制竖直投影线　　　　　　　图 11-44 箱盖俯视图大概轮廓

(5) 在命令行中输入 O 后按 Enter 键，启动"偏移"命令，以俯视图水平中心线为偏移对象，分别向上偏移 23 和 60 的距离。重复执行"偏移"命令，将左侧竖直中心线向左偏移 60、92 和 139 的距离，然后将其向右侧偏移 59、163 的距离，确定俯视图上各孔的中心，结果如图 11-45 所示。

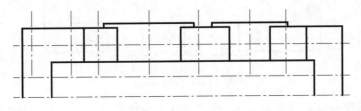

图 11-45 偏移直线

(6) 利用夹点编辑功能，调整各中心线至合适的长度，从而显示俯视图上各孔中心位置，结果如图 11-46 所示。

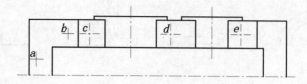

图 11-46　确定各孔中心位置

(7) 在命令行中输入 C 后按 Enter 键，启动"圆"命令，以 *a* 点为圆心绘制半径分别为 4.5 和 7.5 的圆。重复执行"圆"命令，以 *b* 点为圆心绘制半径为 4 的圆。重复执行"圆"命令，以 *c* 点为圆心绘制半径分别为 5.5 和 10 的圆。

(8) 在命令行中输入 CO 后按 Enter 键，启动"复制"命令，将 *c* 点处半径为 5.5 和 10 的两个同心圆复制到 *d* 点和 *e* 点处，结果如图 11-47 所示。

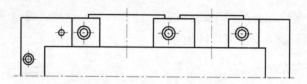

图 11-47　绘制孔轮廓

(9) 在命令行中输入 F 后按 Enter 键，启动"圆角"命令，选择不修剪模式，对俯视图进行倒圆角处理，设置圆角半径为 10，然后将多余的线段删除，结果如图 11-48 所示。

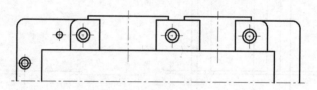

图 11-48　倒圆角

(10) 在命令行中输入 MI 后按 Enter 键，启动"镜像"命令，框交选择俯视图水平中心线上侧除销孔以外的所有图形，以水平中心线为镜像中心线进行镜像，结果如图 11-49 所示。

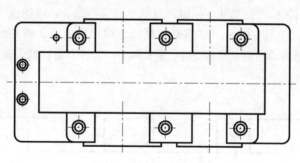

图 11-49　镜像箱盖

(11) 在命令行中输入 O 后按 Enter 键，启动"偏移"命令，以水平中心线为偏移对象，向下偏移 27 的距离，重复执行"偏移"命令，选择最右侧轮廓线为偏移对象，向左偏移 16

的距离，调整线型为中心线，然后利用夹点编辑功能调整中心线长度，结果如图 11-50 所示。

（12）在命令行中输入 C 后按 Enter 键，启动"圆"命令，以第(11)步确定的销孔中心为圆心，绘制半径为 4 的圆，结果如图 11-51 所示。

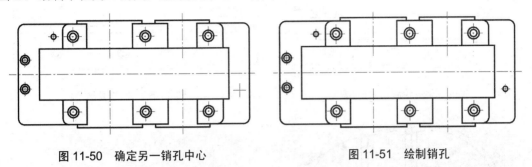

图 11-50　确定另一销孔中心　　　　　图 11-51　绘制销孔

（13）在命令行中输入 O 后按 Enter 键，启动"偏移"命令，以水平中心线为偏移对象，分别向上、下两侧偏移 6 的距离，调整偏移直线线型为轮廓线，结果如图 11-52 所示。

（14）在命令行中输入 L 后按 Enter 键，启动"直线"命令，绘制吊耳轮廓的投影辅助线，结果如图 11-53 所示。

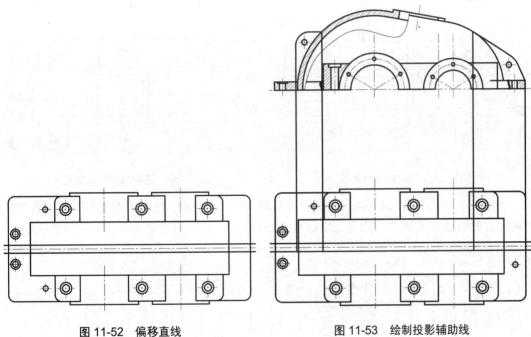

图 11-52　偏移直线　　　　　　图 11-53　绘制投影辅助线

（15）在命令行中输入 TR 后按 Enter 键，启动"修剪"命令，剪掉多余的线段，结果如图 11-54 所示。

（16）在命令行中输入 O 后按 Enter 键，启动"偏移"命令，以水平中心线为偏移对象，分别向上、下两侧偏移 20 和 30 的距离，调整偏移直线线型为轮廓线，结果如图 11-55 所示。

（17）在命令行中输入 L 后按 Enter 键，启动"直线"命令，绘制透视盖轮廓的投影辅助线，结果如图 11-56 所示。

（18）在命令行中输入 TR 后按 Enter 键，启动"修剪"命令，剪掉多余的线段，结果如图 11-57 所示。

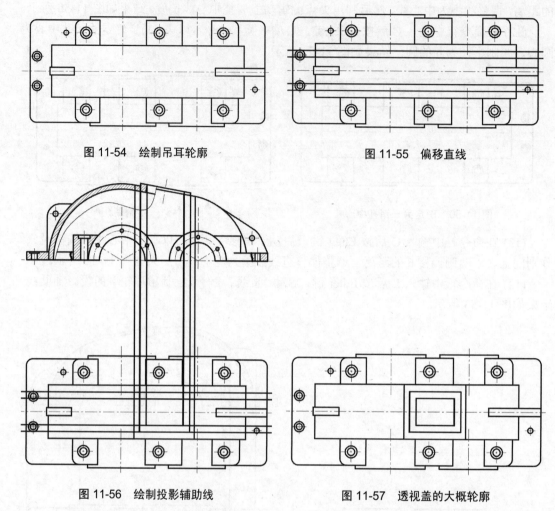

图 11-54　绘制吊耳轮廓

图 11-55　偏移直线

图 11-56　绘制投影辅助线

图 11-57　透视盖的大概轮廓

(19) 在命令行中输入 F 后按 Enter 键，启动"圆角"命令，选择不修剪模式，设透视盖外侧轮廓的圆角半径为 10，内腔轮廓的圆角半径为 5，进行倒圆角处理，删除多余的线段，结果如图 11-58 所示。

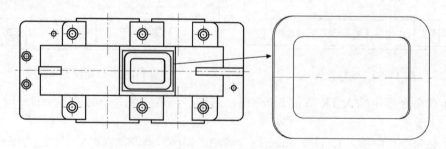

图 11-58　透视盖轮廓倒圆角

11.1.3　绘制减速器箱盖左视图

减速器箱盖左视图绘图步骤如下。

(1) 切换图层。将"中心线"图层设置为当前图层。在命令行中输入 L 后按 Enter 键，启动"直线"命令，绘制一条竖直中心线，如图 11-59 所示。

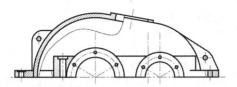

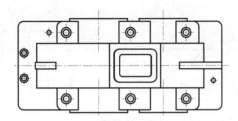

图 11-59　绘制左视图中心线

(2) 切换图层，将"轮廓线"图层设置为当前图层。在命令行中输入 O 后按 Enter 键，启动"偏移"命令，以第(1)步绘制的竖直中心线为偏移对象，向左侧偏移 85、80 和 40.5 的距离，向右侧偏移 85 和 40.5 的距离，调整线型为轮廓线，如图 11-60 所示。

(3) 在命令行中输入 L 后按 Enter 键，启动"直线"命令，绘制底面轮廓线，如图 11-61 所示。

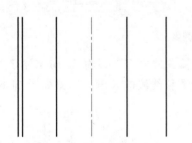

图 11-60　偏移直线

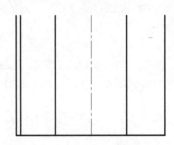

图 11-61　绘制底面轮廓线

(4) 在命令行中输入 L 后按 Enter 键，启动"直线"命令，绘制水平投影辅助线，如图 11-62 所示。

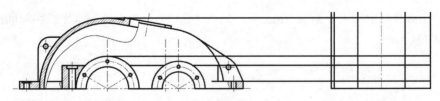

图 11-62　绘制水平投影辅助线

(5) 在命令行中输入 TR 后按 Enter 键，启动"修剪"命令，根据三视图投影关系，修剪掉多余的线段，修剪后得到左视图大概轮廓，如图 11-63 所示。

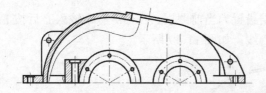
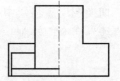

图 11-63　箱盖左视图轮廓

　　(6)　在命令行中输入 O 后按 Enter 键，启动"偏移"命令，以左视图竖直中心线为偏移对象，向左偏移 6 的距离，调整偏移线的线型为轮廓线。然后在命令行中输入 L 后按 Enter键，启动"直线"命令，过左吊耳顶部与圆弧轮廓交点作一条水平的投影辅助线，结果如图 11-64 所示。

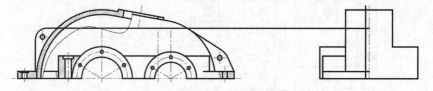

图 11-64　绘制左视图吊耳轮廓

　　(7)　在命令行中输入 TR 后按 Enter 键，启动"修剪"命令，剪掉多余的直线，结果如图 11-65 所示。

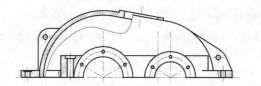
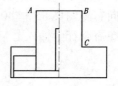

图 11-65　整理图形

　　(8)　在命令行中输入 O 后按 Enter 键，启动"偏移"命令，以直线 AB 和 BC 为偏移对象，向内侧偏移 8 的距离，然后利用夹点编辑功能调整线段的长度，结果如图 11-66 所示。

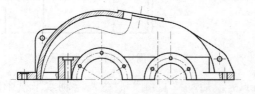
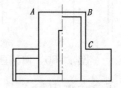

图 11-66　绘制内部轮廓

　　(9)　在命令行中输入 L 后按 Enter 键，启动"直线"命令，绘制水平投影辅助线，结果如图 11-67 所示。

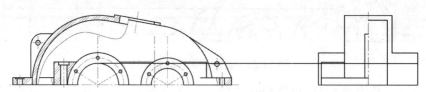

图 11-67　绘制水平投影辅助线

(10) 在命令行中输入 TR 后按 Enter 键，启动"修剪"命令，剪掉多余的线段，结果如图 11-68 所示。

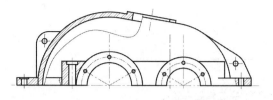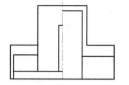

图 11-68　剪掉多余线段

(11) 在命令行中输入 L 后按 Enter 键，启动"直线"命令，绘制水平投影辅助线，确定螺纹孔中心，将线型调整为中心线，并利用夹点编辑功能调整中心线的长度，结果如图 11-69 所示。

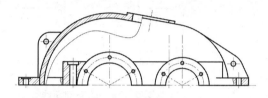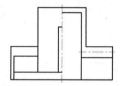

图 11-69　绘制水平投影辅助线

(12) 在命令行中输入 O 后按 Enter 键，启动"偏移"命令，以螺纹孔中心线为偏移对象，分别向上、下两侧偏移 2.5 的距离，调整线型为粗实线。重复执行"偏移"命令，以螺纹孔中心线为偏移对象，分别向上、下两侧偏移 3 的距离，调整线型为细实线。重复执行"偏移"命令，以最右侧竖直轮廓线为偏移对象，向左侧偏移 10 和 15 的距离，结果如图 11-70 所示。

(13) 在命令行中输入 TR 后按 Enter 键，启动"修剪"命令，剪掉多余的线段，结果如图 11-71 所示。

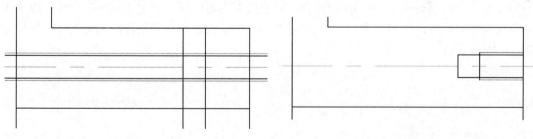

图 11-70　偏移直线　　　　　　图 11-71　剪掉多余线段

(14) 在命令行中输入 L 后按 Enter 键，启动"直线"命令，补画底孔轮廓，结果如图 11-72 所示。

(15) 在命令行中输入 F 后按 Enter 键，启动"圆角"命令，采用修剪模式，对箱体内侧轮廓倒圆角，圆角大小为 $R5$，结果如图 11-73 所示。

(16) 切换图层。将"剖面线"图层设置为当前图层。在命令行中输入 H 后按 Enter 键，系统弹出"图案填充和渐变色"对话框，对箱盖左视图右侧剖面进行填充，填充效果如图 11-74 所示。

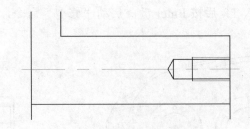

图 11-72　完成螺纹孔绘制

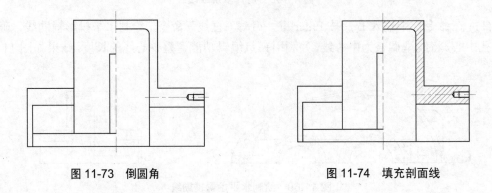

图 11-73　倒圆角　　　　　　　　　　　图 11-74　填充剖面线

11.1.4　绘制透视盖 A 向视图

由主视图和俯视图可知透视盖的外轮廓长 80、宽 60，内轮廓长 60、宽 40，沿中心线对称，绘图步骤如下。

(1) 切换图层，将"中心线"图层设置为当前图层。在命令行中输入 L 后按 Enter 键，启动"直线"命令，绘制透视盖中心线，如图 11-75 所示。

(2) 在命令行中输入 O 后按 Enter 键，启动"偏移"命令，以竖直中心线为偏移对象，分别向左、右两侧偏移 40 和 30 的距离，调整线型为粗实线。重复"偏移"命令，以水平中心线为偏移对象，分别向上、下两侧偏移 30 和 20 的距离，调整线型为粗实线。结果如图 11-76 所示。

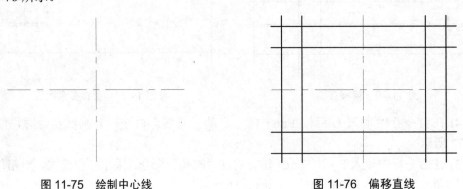

图 11-75　绘制中心线　　　　　　　　　　图 11-76　偏移直线

(3) 在命令行中输入 TR 后按 Enter 键，启动"修剪"命令，剪掉多余的线段，然后在命令行中输入 F 后按 Enter 键，启动"圆角"命令，采用修剪模式，对透视盖外侧轮廓倒圆角，圆角大小为 R10。重复执行"圆角"命令，对其内侧轮廓倒圆角，圆角大小为 R5，结果如图 11-77 所示。

(4) 绘制 M5 螺纹孔，绘制结果如图 11-78 所示。

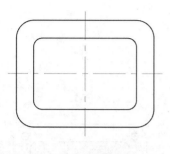

图 11-77　修整图形

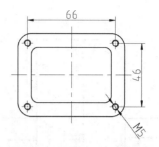

图 11-78　绘制 M5 螺纹孔

11.1.5　标注减速器箱盖

切换图层，将"尺寸线"图层设置为当前图层。在命令行中输入 D 后按 Enter 键，系统弹出"标注样式管理器"对话框，将"机械样式"设置为当前使用的标注样式。

(1) 主视图尺寸标注如图 11-79 所示。

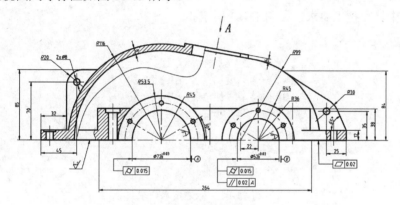

图 11-79　主视图尺寸标注

(2) 俯视图尺寸标注如图 11-80 所示。

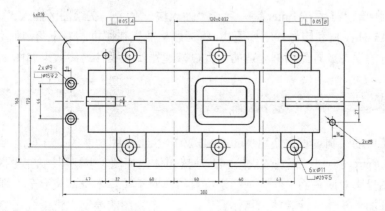

图 11-80　俯视图尺寸标注

249

(3) 左视图尺寸标注如图 11-81 所示。

(4) *A* 向视图尺寸标注如图 11-82 所示。

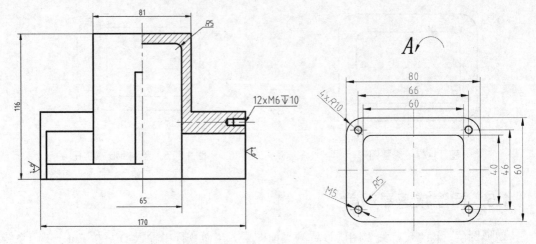

图 11-81　左视图尺寸标注　　　　　　　图 11-82　*A* 向视图尺寸标注

(5) 在命令行中输入 MT 后按 Enter 键，启动"多行文字"命令，打开"文字格式"编辑器，在其中填写技术要求，如图 11-83 所示。

技术要求

1. 箱盖铸造成后，应清理并进行时效处理。

2. 箱盖和箱座合箱后，边缘应平齐，相互错位每边不大于2mm。

3. 应仔细检查箱盖与箱座剖分面接触的密合性，用0.5mm塞尺塞入深度不得大于剖面深度的三分之一，用涂色检查接触面积达到每平方厘米面积内不少于一个斑点。

4. 未注的铸造圆角为R3～R5。

5. 未注倒角为C2。

图 11-83　标注技术要求

11.1.6　插入图框

在命令行中输入 I 后按 Enter 键，启动"插入块"命令，在绘图区插入"\data\图形块"文件夹中的 A1-H 图框和国标规定标题栏，将标题栏放置在图框的右下角，填写标题栏信息，然后将标注好的视图放置到图框合适的位置，减速器箱盖设计最终效果如图 11-1 所示。

11.2　减速器箱体设计

减速器箱体的绘制过程是使用 AutoCAD 2024 二维绘图功能的综合实例。绘制的减速箱体如图 11-84 所示。绘制过程是依次绘制减速器箱体俯视图、主视图、左视图和向视图，充分利用多视图投影对应关系，绘制辅助定位直线。对于箱体本身，从上至下划分为 3 个部分，即箱体顶面、箱体中间膛体和箱体底座，每一个视图的绘制也将围绕这 3 个部分分别进行。在箱体的绘制过程中也充分应用了局部剖视图。

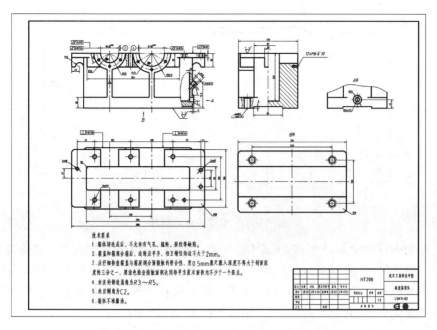

图 11-84　减速器箱体

11.2.1　绘制减速器箱体俯视图

　　减速器箱体的俯视图与箱盖的俯视图在边缘轮廓上是存在重合部分的，而且孔的相对位置不变，依据图 11-85 中减速器箱体俯视图结构特征，可以在 11.1 节绘制好的箱盖俯视图的基础上进行编辑和修改，以提高绘图效率。具体绘图步骤如下。

　　(1)　建立新文件。打开 AutoCAD 2024 应用程序，以 "\data\绘图样板\机械样板.dwt" 样板文件为模板，建立新文件。

　　(2)　将 11.1 节绘制好的箱盖俯视图复制到新建文件的绘图区。

　　(3)　在命令行中输入 RO 后按 Enter 键，启动 "旋转" 命令，框选复制过来的图形，以水平中心线的左端点为基点旋转 180°，结果如图 11-85 所示。

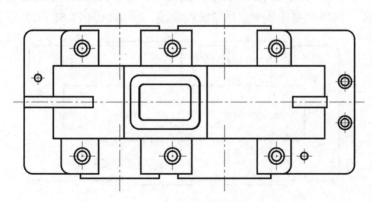

图 11-85　旋转图形

　　(4)　删除吊耳、沉孔、透视盖以及箱盖中间部位和其他多余部分的轮廓线，结果如图 11-86 所示。

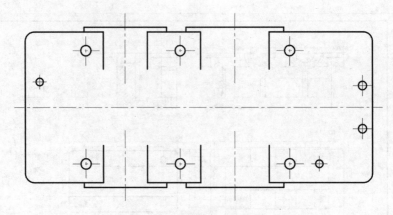

图 11-86 删除多余轮廓线

(5) 在命令行中输入 O 后按 Enter 键，启动"偏移"命令，以最左侧竖直轮廓线为偏移对象，向右侧偏移 43 的距离。重复执行"偏移"命令，将最右侧的竖直轮廓线向左偏移 43 的距离。重复执行"偏移"命令，以水平中心线为偏移对象，分别向上、下两侧偏移 32.5 的距离，调整偏移线的线型为粗实线，结果如图 11-87 所示。

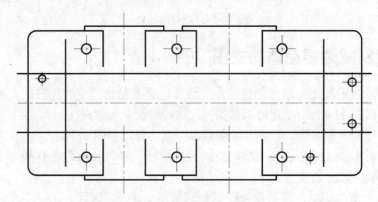

图 11-87 绘制俯视图中间膛体轮廓

(6) 在命令行中输入 TR 后按 Enter 键，启动"修剪"命令，剪掉第(5)步绘制的偏移线多余部分的线段。然后调整箱体半圆柱轮廓线宽度，结果如图 11-88 所示。

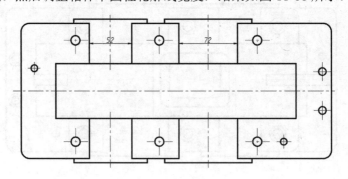

图 11-88 修整图形

(7) 绘制箱体底座俯视图轮廓。在命令行中输入 O 后按 Enter 键，启动"偏移"命令，以最左侧竖直轮廓线为偏移对象，向右侧偏移 35 和 345 的距离。重复执行"偏移"命令，以水平中心线为偏移对象，分别向上、下两侧偏移 85 的距离，调整偏移线的线型为粗实线。
结果如图 11-89 所示。

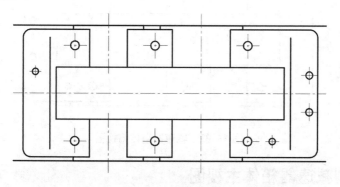

图 11-89　偏移直线

(8)　在命令行中输入 EX 后按 Enter 键，启动"延伸"命令，将第(7)步绘制的竖直偏移
线分别向两侧延伸，延伸至绘制的水平偏移线，结果如图 11-90 所示。

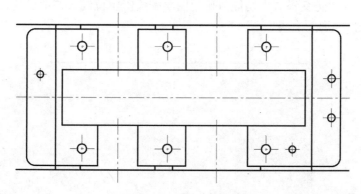

图 11-90　延伸轮廓线

(9)　在命令行中输入 F 后按 Enter 键，启动"圆角"命令，选择修剪模式，对第(8)步绘
制的封闭偏移直线的四个角进行倒圆角，圆角大小为 R10。重复执行"圆角"命令，对中间
膛体的 4 个角倒圆角，圆角大小为 R5，结果如图 11-91 所示。

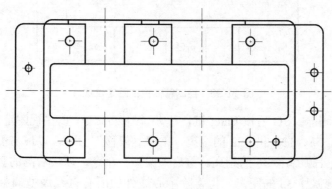

图 11-91　倒圆角

(10) 在命令行中输入 TR 后按 Enter 键，启动"修剪"命令，修剪底座不可见部分的轮
廓线，箱体俯视图就绘制完成。结果如图 11-92 所示。

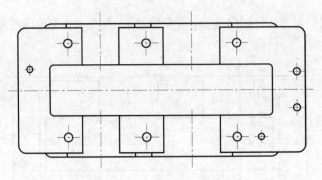

图 11-92　减速器箱体俯视图

11.2.2　绘制减速器箱体主视图

减速器箱体主视图绘图步骤如下。

(1)　绘制箱体主视图定位线。在命令行中输入 L 后按 Enter 键，启动"直线"命令，利用"对象捕捉"和"正交模式"功能从俯视图绘制投影定位线，在适当的位置绘制箱体主视图定位线及孔中心线，结果如图 11-93 所示。

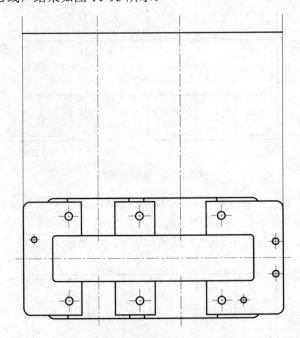

图 11-93　绘制箱体主视图定位线

(2)　在命令行中输入 O 后按 Enter 键，启动"偏移"命令，以主视图定位线为偏移对象，分别向下偏移 12、38、122 和 152 的距离。重启"偏移"命令，以最左侧的竖直定位线为偏移对象，将其向右侧偏移 35 的距离。重启"偏移"命令，以最右侧的竖直定位线为偏移对象，将其向左侧偏移 35 的距离。再将除中心线外的所有直线线型调整为粗实线，结果如图 11-94 所示。

(3)　在命令行中输入 TR 后按 Enter 键，启动"剪切"命令，剪切掉多余的线段，绘制出的箱体大致轮廓如图 11-95 所示。

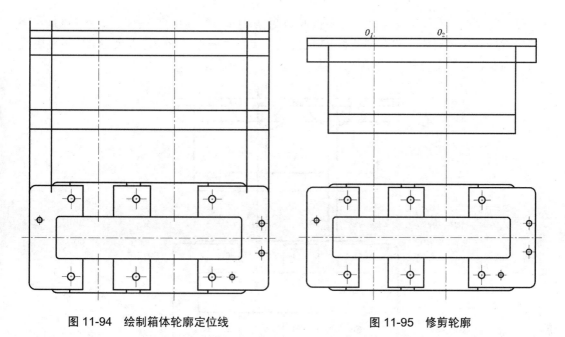

| 图 11-94　绘制箱体轮廓定位线 | 图 11-95　修剪轮廓 |

（4）在命令行中输入 ARC 后按 Enter 键，启动"圆弧"命令，以 O_1 为圆心，绘制半径分别为 26 和 45 的半圆弧。重启"圆弧"命令，以 O_2 为圆心，绘制半径分别为 36 和 53.5 的半圆弧，结果如图 11-96 所示。

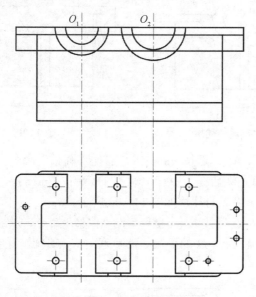

图 11-96　绘制半圆弧轮廓

（5）在命令行中输入 O 后按 Enter 键，启动"偏移"命令，以左侧竖直中心线为偏移对象，分别向左、右两侧偏移 7 的距离。重复"偏移"命令，以右侧竖直中心线为偏移对象，分别向左、右两侧偏移 7 的距离，调整偏移线的线型为粗实线，结果如图 11-97 所示。

（6）在命令行中输入 TR 后按 Enter 键，启动"剪切"命令，剪切掉多余的线段，然后利用夹点编辑功能调整竖直中心线的长度，修整后的箱体轮廓如图 11-98 所示。

(7) 绘制左、右耳片。在命令行中输入 O 后按 Enter 键，启动"偏移"命令，以最左侧竖直轮廓线为偏移对象，向右侧偏移 23 的距离。重复"偏移"命令，以最右侧竖直轮廓线为偏移对象，向左侧偏移 23 的距离，结果如图 11-99 所示。

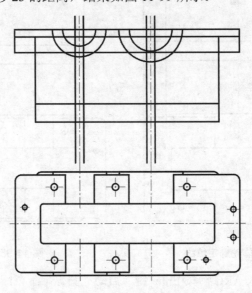

图 11-97　绘制筋轮廓

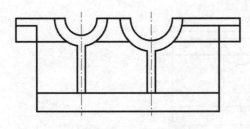

图 11-98　修整后的箱体轮廓

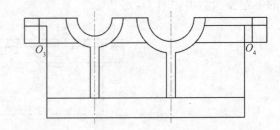

图 11-99　确定耳片中心

(8) 在命令行中输入 ARC 后按 Enter 键，启动"圆弧"命令，分别以 O_3 和 O_4 为圆心绘制半径为 12 的半圆弧。然后在命令行中输入 TR 后按 Enter 键，启动"修剪"命令，对多余的线段进行修剪，修整后的耳片如图 11-100 所示。

(9) 在命令行中输入 O 后按 Enter 键，启动"偏移"命令，以最左侧竖直轮廓线为偏移对象，分别向右侧偏移 45 和 309 的距离，然后通过夹点编辑功能调整局部轮廓，结果如图 11-101 所示。

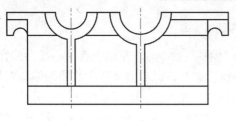

图 11-100　绘制耳片轮廓

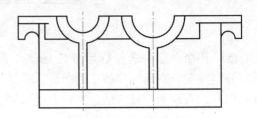

图 11-101　调整局部轮廓

(10) 绘制螺栓通孔及销孔局部剖视图。切换图层，将"中心线"图层设置为当前图层。

在命令行中输入 L 后按 Enter 键, 启动"直线"命令, 以俯视图中螺栓通孔及销孔中心为参考, 绘制竖直投影辅助线, 如图 11-102 所示。

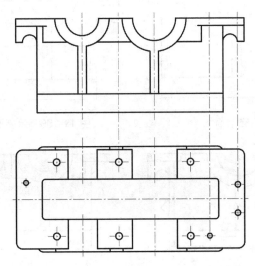

图 11-102　确定孔中心

(11) 绘制孔轮廓。在命令行中输入 L 后按 Enter 键, 启动"直线"命令, 从左至右依次绘制$\phi 11$、$\phi 8$ 和 $\phi 9$ 这 3 个通孔轮廓,利用夹点编辑功能调整孔中心线长度,结果如图 11-103 所示。

(12) 绘制样条曲线。切换图层, 将"细实线"图层设置为当前图层。在命令行中输入 SPL 后按 Enter 键, 启动"样条曲线"命令, 绘制孔局部剖视图边界线。结果如图 11-104 所示。

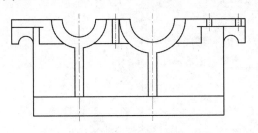

图 11-103　绘制孔轮廓

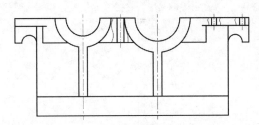

图 11-104　绘制孔局部剖视图边界线

(13) 切换图层, 将"剖面线"图层设置为当前图层。在命令行中输入 H 后按 Enter 键, 系统弹出"图案填充和渐变色"对话框, 绘制孔轮廓局部剖面线, 结果如图 11-105 所示。

(14) 绘制油标尺安装孔轮廓线。在命令行中输入 O 后按 Enter 键, 启动"偏移"命令, 以箱底水平轮廓线为偏移对象, 向上侧偏移 80 的距离。在命令行中输入 L 后按 Enter 键, 启动"直线"命令, 以偏移线与箱体右侧轮廓线的交点为起点绘制直线, 其余点的坐标为 (@20<-45)、(@20<-135), 绘制结果如图 11-106 所示。

(15) 绘制样条曲线和偏移直线。在命令行中输入 SPL 后按 Enter 键, 启动"样条曲线"命令, 绘制油标尺安装孔剖面界线。然后在命令行中输入 O 后按 Enter 键, 启动"偏移"命令, 以箱底水平轮廓线为偏移对象, 向上侧偏移 5 和 20 的距离, 结果如图 11-107 所示。

(16) 在命令行中输入 TR 后按 Enter 键, 启动"修剪"命令, 完成箱体内壁轮廓线的绘制，如图 11-108 所示。

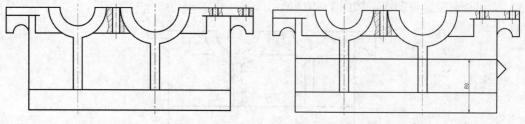

图 11-105　填充剖面线　　　　　　　　图 11-106　绘制油标尺安装孔轮廓线

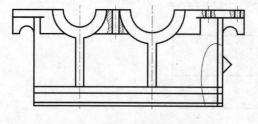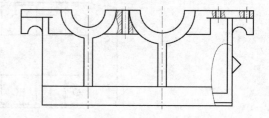

图 11-107　绘制剖面界线及偏移线　　　　　图 11-108　修剪后的结果

(17) 绘制油标尺安装孔 M12。在命令行中输入 O 后按 Enter 键，启动"偏移"命令。以斜向下的外轮廓线为偏移对象，向斜上侧分别偏移 4、5.2、10、14.8 和 16 的距离，将中间偏移线的线型调整为中心线，偏距为 4 和 16 的偏移线调整为细实线，然后利用夹点编辑功能编辑各偏移线的长度，结果如图 11-109 所示。

(18) 绘制螺纹深度。在命令行中输入 O 后按 Enter 键，启动"偏移"命令，以油标安装孔端面为偏移对象，斜向下偏移 10 的距离，修剪掉多余的线段，结果如图 11-110 所示。

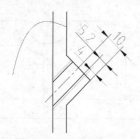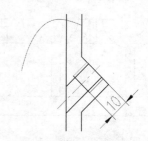

图 11-109　绘制油标尺安装孔　　　　　图 11-110　修剪油标尺安装孔轮廓

(19) 绘制排油孔外轮廓。在命令行中输入 O 后按 Enter 键，启动"偏移"命令，以箱体下部最右侧的竖直轮廓线为偏移对象，向右侧偏移 4 的距离。重复"偏移"命令，以箱底水平轮廓线为偏移对象，向上侧偏移 12 和 36 的距离，结果如图 11-111 所示。

(20) 在命令行中输入 TR 后按 Enter 键，启动"修剪"命令，对排油孔外轮廓进行修剪，结果如图 11-112 所示。

(21) 绘制排油孔 M14。在命令行中输入 L 后按 Enter 键，启动"直线"命令，过排油孔右侧外轮廓中点绘制一条水平直线，然后启动"偏移"命令，以该直线为偏移对象，向上、下两侧分别偏移 6 和 7 的距离，将中间水平直线的线型调整为中心线，将最外侧的偏移线调整为细实线，结果如图 11-113 所示。

(22) 利用夹点编辑功能调整线段的长度，整理排油孔轮廓如图 11-114 所示。

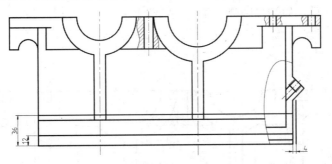

图 11-111　偏移直线

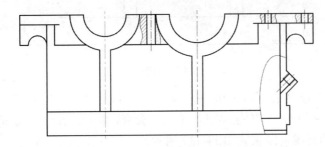

图 11-112　修剪排油孔外轮廓

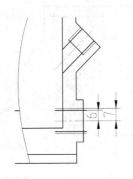

图 11-113　绘制排油孔

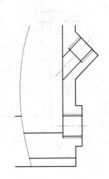

图 11-114　整理图形

(23) 切换图层，将"剖面线"图层设置为当前图层。在命令行中输入 H 后按 Enter 键，系统弹出"图案填充和渐变色"对话框，绘制箱底内侧、排油孔以及油标尺安装孔轮廓局部剖面线，结果如图 11-115 所示。

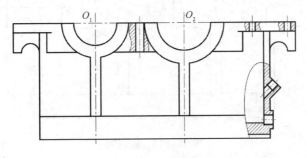

图 11-115　填充剖面线

(24) 绘制端盖安装孔。切换图层，将"中心线"图层设置为当前图层。在命令行中输入 ARC 后按 Enter 键，启动"圆弧"命令，以图 11-115 中 O_1 点为圆心绘制半径为 36 的半圆弧。重复执行"圆弧"命令，以 O_2 点为圆心绘制半径为 45 的半圆弧，结果如图 11-116 所示。

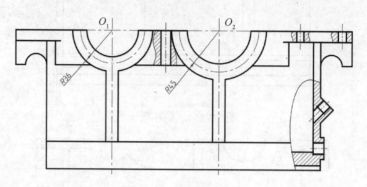

图 11-116　绘制半圆弧

(25) 在命令行中输入 L 后按 Enter 键，启动"直线"命令，以 O_1 为起点，绘制与水平线成 30°夹角、长度为 42 的直线。重启"直线"命令，以 O_2 为起点，绘制与水平线成 30°夹角、长度为 50 的直线，结果如图 11-117 所示。

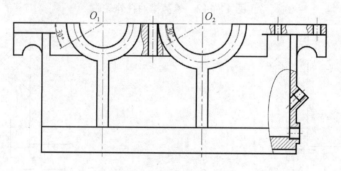

图 11-117　绘制安装孔中心

(26) 切换图层。将"细实线"图层设定为当前图层。在命令行中输入 C 后按 Enter 键，启动"圆"命令。分别以第(25)步绘制的两直线与圆弧的交点为圆心，绘制半径为 3 的圆。结果如图 11-118 所示。

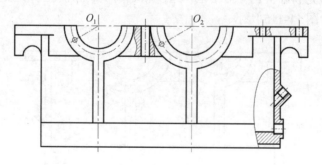

图 11-118　绘制圆

(27) 在命令行中输入 O 后按 Enter 键，启动"偏移"命令。以第(26)步绘制的两圆为偏移对象，向内侧偏移 0.5 的距离，调整线型为轮廓线，然后在命令行中输入 TR 后按 Enter 键，启动"修剪"命令，对图 11-116 中两细实线圆进行修剪，完成 M6 螺纹孔的绘制，结果如图 11-119 所示。

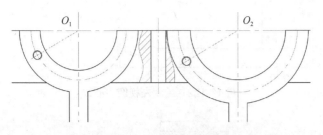

图 11-119　完成 M6 螺纹孔的绘制

(28) 启动"环形阵列"命令，以第(27)步绘制好的螺纹孔及中心线为阵列对象，分别以 O_1 点和 O_2 点为基点，阵列数量为 3，角度范围为 120°。阵列后的结果如图 11-120 所示。

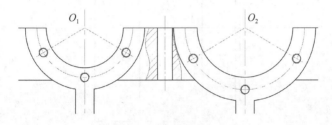

图 11-120　阵列螺纹孔

(29) 在命令行中输入 F 后按 Enter 键，启动"圆角"命令，选择修剪模式，对箱体的部分轮廓连接处倒圆角，圆角半径为 3，减速器箱体的主视图绘制完成，如图 11-121 所示。

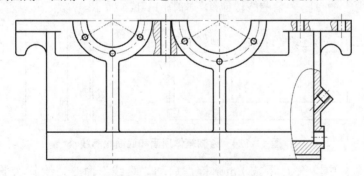

图 11-121　减速器箱体主视图

11.2.3　绘制减速器箱体左视图

减速器箱体左视图绘图步骤如下。

(1) 切换图层，将"中心线"图层设置为当前图层。在命令行中输入 L 后按 Enter 键，启动"直线"命令，绘制一条竖直中心线，如图 11-122 所示。

(2) 切换图层，将"轮廓线"图层设置为当前图层。在命令行中输入 O 后按 Enter 键，启动"偏移"命令，以第(1)步绘制的竖直中心线为偏移对象，向左侧偏移 85、80 和 40.5

的距离，向右侧偏移 85 和 32.5 的距离，调整线型为轮廓线，如图 11-123 所示。

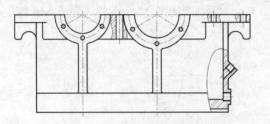

图 11-122　绘制左视图中心线

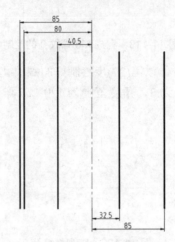

图 11-123　偏移直线

(3) 在命令行中输入 L 后按 Enter 键，启动"直线"命令，绘制箱体顶面和底面轮廓线，然后启动"修剪"命令将多余的线段删除，如图 11-124 所示。

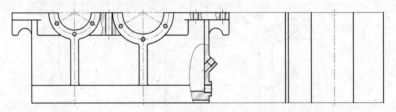

图 11-124　绘制箱体顶面和底面轮廓线

(4) 在命令行中输入 L 后按 Enter 键，启动"直线"命令，绘制水平投影辅助线，如图 11-125 所示。

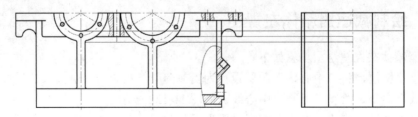

图 11-125　绘制水平投影辅助线

(5) 在命令行中输入 O 后按 Enter 键，启动"偏移"命令，以竖直中心线为偏移对象，向左侧偏移 10 的距离，调整线型为粗实线。

(6) 在命令行中输入 TR 后按 Enter 键，启动"修剪"命令，剪掉多余的线段，并利用夹点编辑功能调整线段长度，修整后的轮廓如图 11-126 所示。

(7) 绘制箱座沉头孔局部剖视图。在命令行中输入 O 后按 Enter 键，启动"偏移"命令，以竖直中心线为偏移对象，向左侧偏移 60 的距离，然后利用夹点编辑功能调整偏移中心线的长度，沉头孔中心如图 11-127 所示。

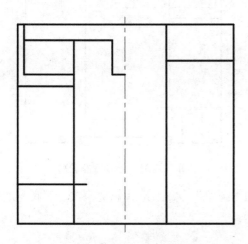

图 11-126　修整后的轮廓

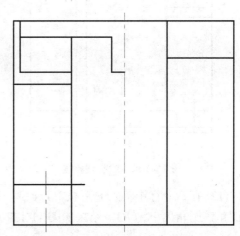

图 11-127　绘制箱座沉头孔中心线

(8) 在命令行中输入 O 后按 Enter 键，启动"偏移"命令，以第(7)步绘制的孔中心线为对象，分别向左、右两侧偏移 8.5 和 12 的距离，调整偏移线的线型为粗实线。重复"偏移"命令，以箱座顶面轮廓线为偏移对象，向下偏移 2 的距离，结果如图 11-128 所示。

(9) 在命令行中输入 TR 后按 Enter 键，启动"修剪"命令，修整出的沉头孔轮廓如图 11-129 所示。

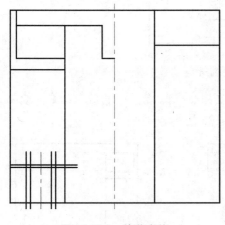

图 11-128　偏移直线

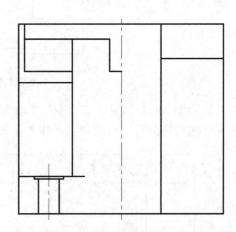

图 11-129　绘制沉头孔轮廓

(10) 绘制底座剖面结构。在命令行中输入 O 后按 Enter 键，启动"偏移"命令，以竖直中心线为偏移对象，分别向左、右两侧偏移 42 的距离，将偏移线的线型调整为粗实线。重复"偏移"命令，以底座下表面水平轮廓线为偏移对象，向上侧偏移 5 和 20 的距离，结果如图 11-130 所示。

(11) 在命令行中输入 TR 后按 Enter 键，启动"修剪"命令，修整出的底座轮廓如图 11-131 所示。

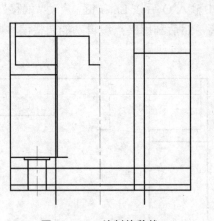

图 11-130　绘制偏移线

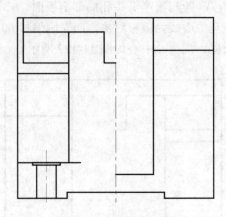

图 11-131　绘制底座轮廓

(12) 在命令行中输入 F 后按 Enter 键，启动"圆角"命令，选择修剪模式，对底座通槽倒圆角，圆角大小为 $R3$，结果如图 11-132 所示。

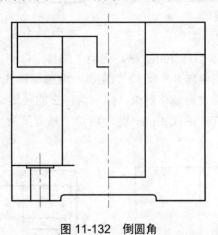

图 11-132　倒圆角

(13) 绘制 M6 螺纹孔。在命令行中输入 L 后按 Enter 键，启动"直线"命令，绘制螺纹孔的水平投影辅助线，确定螺纹孔中心，如图 11-133 所示。

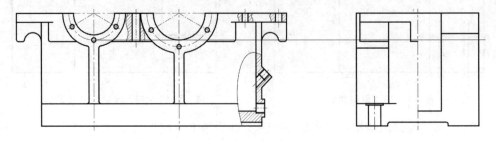

图 11-133　确定螺纹孔中心

(14) 利用"直线""偏移"和"修剪"命令绘制螺纹孔(具体步骤可以参见箱盖中的螺纹孔绘制),并对图形进行整理,结果如图 11-134 所示。

(15) 绘制沉头孔局部剖视图边界线。在命令行中输入 SPL 后按 Enter 键,启动"样条曲线"命令,绘制的沉头孔局部剖视图边界线如图 11-135 所示。

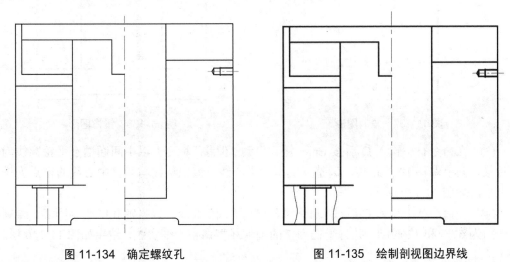

图 11-134　确定螺纹孔　　　　　图 11-135　绘制剖视图边界线

(16) 切换图层,将"剖面线"图层设置为当前图层。在命令行中输入 H 后按 Enter 键,系统弹出"图案填充和渐变色"对话框,绘制沉头孔剖面及箱体右侧截面的剖面线,结果如图 11-136 所示。

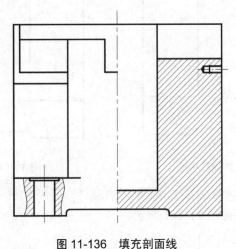

图 11-136　填充剖面线

11.2.4　绘制 A 向视图

A 向视图绘图步骤如下。

(1) 在命令行中输入 CO 后按 Enter 键,启动"复制"命令,以左视图中心线及左下侧轮廓线为复制对象,结果如图 11-137 所示。

(2) 在命令行中输入 MI 后按 Enter 键,启动"镜像"命令,以图 11-135 所示的中心线为镜像中心线,对其左侧图形进行镜像,结果如图 11-138 所示。

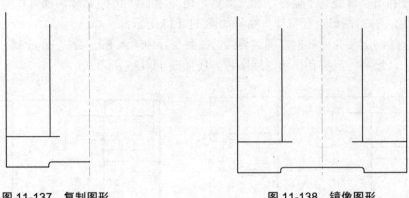

图 11-137　复制图形　　　　　　　　　　　　　图 11-138　镜像图形

　　(3)　在命令行中输入 O 后按 Enter 键，启动"偏移"命令，以中间通槽水平轮廓线为偏移对象，向上偏移 19 的距离，调整其线型为中心线，该偏移线与竖直中心线的交点为排油孔中心，如图 11-139 所示。

　　(4)　在命令行中输入 C 后按 Enter 键，启动"圆"命令，以排油孔中心为圆心，绘制半径分别为 6、7 和 12 的圆，并将半径为 7 的圆的线型调整为细实线，结果如图 11-140 所示。

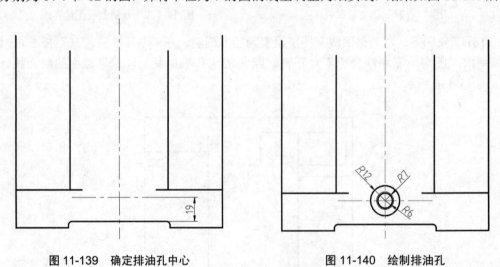

图 11-139　确定排油孔中心　　　　　　　　　　图 11-140　绘制排油孔

　　(5)　在命令行中输入 TR 后按 Enter 键，启动"修剪"命令，以半径为 7 的圆作为修剪对象，绘制螺纹孔，结果如图 11-141 所示。

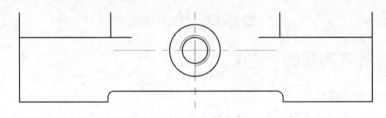

图 11-141　绘制螺纹孔

　　(6)　绘制 A 向视图边界线。将"细实线"图层设置为当前图层，在命令行中输入 SPL 后按 Enter 键，启动"样条曲线"命令，绘制 A 向视图边界线，然后修剪掉边界线外的曲线，结果如图 11-142 所示。

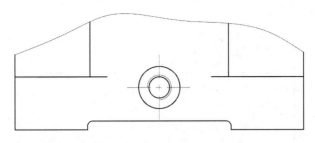

图 11-142　完成 A 向视图绘制

11.2.5　绘制 B 向视图

B 向视图绘图步骤如下。

（1）在命令行中输入 REC 后按 Enter 键，启动"矩形"命令，绘制长 310、宽 170 的矩形，然后启动"分解"命令，将该矩形分解，结果如图 11-143 所示。

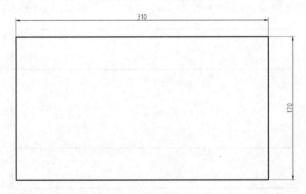

图 11-143　绘制矩形

（2）在命令行中输入 O 后按 Enter 键，启动"偏移"命令，以矩形上侧长边为偏移对象，分别向下偏移 43 和 127 的距离，如图 11-144 所示。

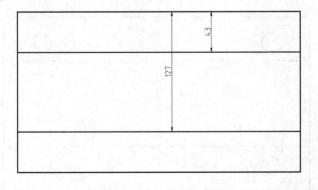

图 11-144　偏移直线

（3）重复"偏移"命令，以左侧竖直轮廓线为偏移对象，向右侧偏移 40 的距离。重复"偏移"命令，以上方外侧的水平轮廓线为偏移对象，向下偏移 25 的距离，调整线型为中心线，并利用夹点编辑功能调整中心线的长度，结果如图 11-145 所示。

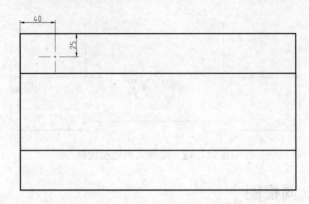

图 11-145　绘制孔中心线

(4)　在命令行中输入 C 后按 Enter 键，启动"圆"命令，以第(3)步绘制的中心线交点为圆心，绘制半径为 8.5 的圆。然后切换图层，将"虚线"图层设置为当前图层，重复"圆"命令，以中心线交点为圆心，绘制半径为 12 的圆。结果如图 11-146 所示。

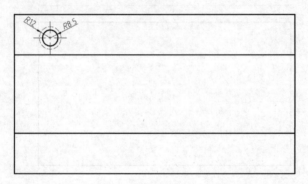

图 11-146　绘制沉头孔

(5)　启动"矩形阵列"命令，以第(4)步绘制的圆及中心线为阵列对象，行数为 2，行间距为−120，列数为 2，列间距为 230，阵列后的结果如图 11-147 所示。

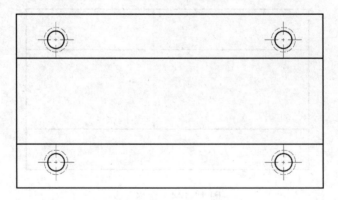

图 11-147　阵列沉头孔

(6)　在命令行中输入 F 后按 Enter 键，启动"圆角"命令，选择修剪模式，对矩形的 4

个角进行倒圆角，圆角半径为 *R*10，完成 *B* 向视图的绘制。结果如图 11-148 所示。

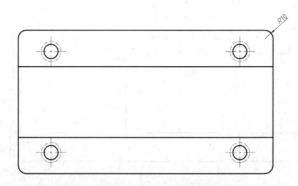

图 11-148　完成 *B* 向视图的绘制

11.2.6　标注减速器箱盖

切换图层。将"尺寸线"图层设置为当前图层。在命令行中输入 D 后按 Enter 键，系统弹出"标注样式管理器"对话框，将"机械样式"设置为当前使用的标注样式。

(1)　在命令行中输入 SC 后按 Enter 键，启动"缩放"命令，单击图形区域任意一点，输入缩放比例为 0.5，完成视图的缩放。

(2)　在命令行中输入 D 后按 Enter 键，系统弹出"标注样式管理器"对话框，单击"修改"按钮，在弹出的"修改标注样式：机械样式"对话框中打开"主单位"选项卡，设置"比例因子"为 2，如图 11-149 所示。

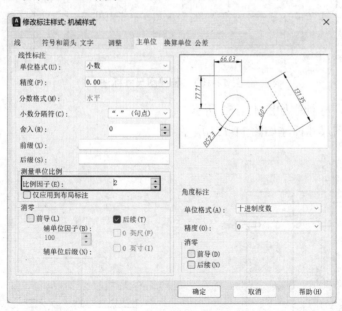

图 11-149　调整比例因子

(3)　主视图尺寸标注如图 11-150 所示。

(4)　俯视图尺寸标注如图 11-151 所示。

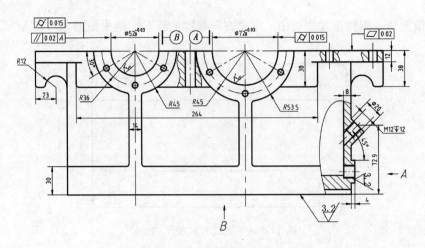

图 11-150　主视图尺寸标注

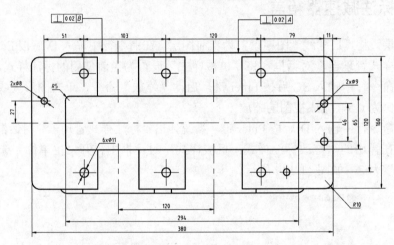

图 11-151　俯视图尺寸标注

(5)　左视图尺寸标注如图 11-152 所示。

(6)　A 向视图尺寸标注如图 11-153 所示。

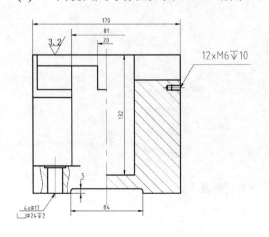

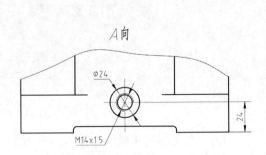

图 11-152　左视图尺寸标注　　　　　图 11-153　A 向视图尺寸标注

(7) B 向视图尺寸标注如图 11-154 所示。

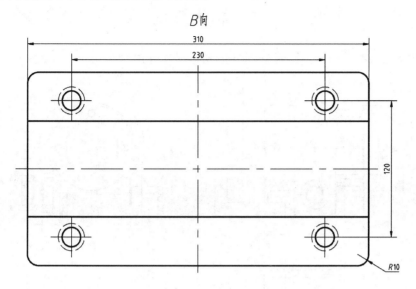

图 11-154 *B* 向视图尺寸标注

(8) 在命令行中输入 MT 后按 Enter 键，启动"多行文字"命令，打开"文字格式"编辑器，在其中输入技术要求，如图 11-155 所示。

技术要求
1.箱体铸造成后，不允许有气孔、疏松、裂纹等缺陷；
2.箱盖和箱座合箱后，边缘应平齐，相互错位每边不大于2mm；
3.应仔细检查箱盖与箱座剖分面接触的密合性，用0.5mm塞尺塞入深度不得大于剖面深度的三分之一，用涂色检查接触面积达到每平方厘米面积内不少于一个斑点；
4.未注的铸造圆角为R3～R5；
5.未注倒角为C2；
6.箱体不准漏油。

图 11-155 标注技术要求

11.2.7 插入图框

在命令行中输入 I 后按 Enter 键，启动"插入块"命令，在绘图区插入"\data\图形块"文件夹中的 A2-H 图框和国标规定标题栏，将标题栏放置在图框的右下角，填写标题栏信息，然后将标注好的视图放置到图框合适的位置。减速器箱体设计最终效果如图 11-84 所示。

11.3 本 章 小 结

减速器箱盖和箱体是典型的箱壳类零件，其形状千变万化，是较为复杂的一种零件。本章综合多种常用二维绘图命令及对象捕捉、追踪等辅助绘图功能，以绘制减速器箱盖和箱体为例，详细讲述了箱壳类零件各种视图的表达、定位、绘制方法及绘制技巧。在绘制过程中，充分使用了视图中的"长对正""宽相等""高平齐"等对正关系。

11.4　思考与练习

(1)　综合运用所学知识，绘制图 11-156 所示的零件图。

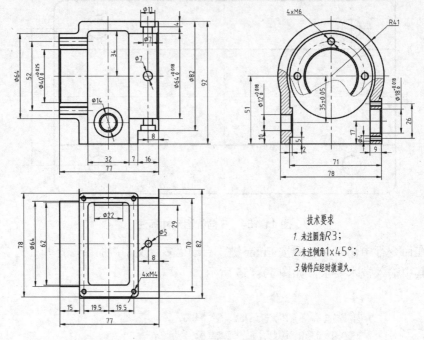

技术要求

1. 未注圆角R3；
2. 未注倒角1×45°；
3. 铸件应经时效退火。

图 11-156　绘制蜗轮箱零件图

(2)　综合运用所学知识，绘制图 11-157 所示的零件图。

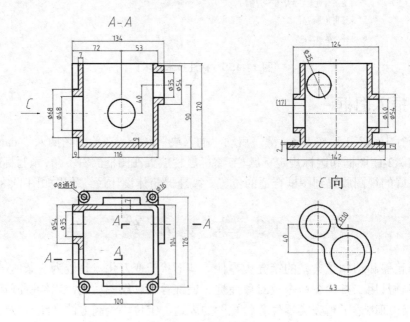

图 11-157　箱体

第 **12** 章

装配图设计

表达机器(或部件)的图样称为装配图，它是设计部门提交给生产部门的重要技术文件。装配图要反映设计者的意图，表达机器(或部件)的工作原理、性能要求、零件间的装配关系和零件的主要结构形状，以及在装配、检验、安装时所需要的尺寸数据和技术要求。本章将以减速器装配设计为例，详细讲解装配图的组成、绘制方法与技巧。

本章导读

本章主要介绍 AutoCAD 2024 绘制装配图的方法和技巧，主要内容如下：

◎ 熟悉装配图的内容；

◎ 掌握机器(或部件)装配图的表达方法；

◎ 熟悉一级圆柱齿轮减速器整体设计及装配图的绘制方法与技巧。

12.1 装配图简介

装配图的绘制是 AutoCAD 的一种综合设计应用。在设计过程中，需要运用前几章所介绍过的各种零件的绘制方法，同时又有新的内容。例如，在装配图中拼装零件，对装配图进行二次编辑以及在装配中零件的编号与明细表的填写等。本章将讲述如何把装配图所需的零件封装成图块，以及如何在装配图中拼装和修剪这些零件图块。

12.1.1 装配图的内容

如图 12-1 所示，一幅完整的装配图应包括下列内容。

(1) 一组视图。装配图由一组视图组成，用以表达各组成零件的相互位置和装配关系以及部件或机器的工作原理和结构特点。

(2) 必要的尺寸。必要的尺寸包括部件或机器的性能规格尺寸、零件之间的配合尺寸、外形尺寸、部件或机器的安装尺寸和其他重要尺寸等。

(3) 技术要求。说明部件或机器的装配、安装、检验和运转的技术要求，一般用文字写出。

(4) 零部件序号、明细栏和标题栏。在装配图中，应对每个不同的零部件编写序号，并在明细栏中依次填写序号、名称、件数、材料和备注等内容。标题栏与零件图中的标题栏相同。

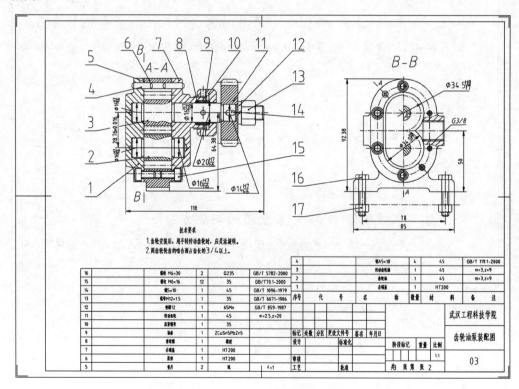

图 12-1　装配图

12.1.2　装配图的表达方法

1. 规定画法

(1) 剖面线的画法。

在装配图中，两个相邻金属零件的剖面线应画成倾斜方向相反或间隔不同，但同一零件在各剖视图和断面图中的剖面线倾斜方向和间隔均应一致。对于视图上两轮廓线间的距离不大于 2mm 的剖面区域，其剖面符号用涂黑表示，如垫片的剖面表示。

(2) 标准件及实心件的表达方法。

在装配图中，对于标准件及轴、连杆、球、杆件等实心零件，若按纵向剖切且剖切平面通过其对称平面或轴线时，这些零件按不剖绘制。如果需要特别表明这些零件上的结构，如凹槽、键槽、销孔等，则可采用局部剖视表示。

(3) 零件接触面与配合面的画法。

在装配图中，两个零件的接触表面和配合表面只画一条线，而不接触的表面或非配合表面之间则应画成两条线，分别表示它们的轮廓。

2. 特殊画法

(1) 拆卸画法。

当机器或部件上的某些零件在某一视图中遮住了其他需要表达的部分时，可假想沿零件的接合面剖切或假想将某些零件拆卸后再画出该视图。当采用沿零件的接合面剖切时，零件上的接合面不画剖面线，也可以不加标注。

(2) 单个零件的表达方法。

当某个零件需要表达的结构形状在装配图中尚未表达清楚时，允许单独画出该零件的某个视图(或剖视图、断面图)，并按向视图(或剖视图、断面图)的标注方法进行标注。

(3) 夸大画法。

对于某些薄垫片、较小间隙、较小锥度等，按其实际尺寸画出不能表达清楚时，允许将尺寸适当加大后画出。

(4) 假想投影画法。

对于有一定活动范围的运动零件，一般画出它们的一个极限位置，另一个极限位置可用双点画线画出。

用双点画线还可以画出与部件有安装、连接关系的其他零部件的假想投影。

3. 简化画法

(1) 对于装配图中若干相同的零件组，如螺纹紧固件等，可仅详细地画出一组或几组，其余只需用点画线表示其装配位置即可。

(2) 对于零件的工艺结构，如小圆角、倒角、退刀槽等，可省略不画。

(3) 当剖切平面通过某些部件的对称中心线或轴线时，该部件可按不剖绘制，只画其外形即可。

12.1.3　装配图的视图选择

1. 选择主视图

(1) 工作位置。

机器或部件工作时所处的位置称为工作位置。为了使装配工作更加方便、读图更加符合习惯，在选择主视图时应先确定机器或部件如何摆放。通常将机器或部件按工作位置摆放。有些机器或部件，如滑动轴承、阀类等，由于应用场合不同，可能有不同的工作位置，可将其常见或习惯的位置确定为摆放位置。

(2) 部件特征。

反映机器或部件工作原理的结构、各零件间装配关系和主要零件结构形状等称为部件特征。在确定主视图的投射方向时，应考虑能清楚地显示机器或部件尽可能多的特征，特别是装配关系特征。通常，机器或部件中各零件是沿一条或几条轴线装配而成的，这些轴线称为装配干线。每一条装配干线反映了这条轴线上各零件间的装配关系。

2. 选择其他视图

主视图确定之后，再根据装配图应表达的内容，检查还有哪些没有表达或尚未表达清楚的内容，据此选择其他视图来表达这些内容。选择其他视图，一般首先考虑左视图或俯视图，其次考虑其他视图。所选的每个视图都应有明确的表达目的。

12.1.4　装配图的尺寸

装配图与零件图在生产中的作用不同，对标注尺寸的要求也不相同。装配图只标注与机器或部件的规格、性能、装配、检验、安装、运输及使用等有关的尺寸。

1. 特性尺寸

表示机器或部件的规格或性能的尺寸称为特性尺寸。它是设计的主要参数，也是用户选用产品的依据。

2. 装配尺寸

机器或部件中与装配有关的尺寸为装配尺寸。它是装配工作的主要依据，是保证机器或部件的性能所必需的重要尺寸。装配尺寸一般包括配合尺寸、连接尺寸和重要的相对位置尺寸。

(1) 配合尺寸。

配合尺寸是指相同基本尺寸的孔与轴有配合要求的尺寸，一般由基本尺寸和表示配合种类的配合代号组成。

(2) 连接尺寸。

连接尺寸一般包括非标准件的螺纹连接尺寸及标准件的相对位置尺寸。对于螺纹紧固件，其连接部分的尺寸由明细表中的名称反映出来。

(3) 相对位置尺寸。

◎　主要轴线到安装基准面之间的距离。

◎　主要平行轴之间的距离。

◎　装配后两零件之间必须保证的间隙。

3. 外形尺寸

表示机器或部件的总长、总宽和总高的尺寸称为外形尺寸。它反映了机器或部件所占空间的大小，是包装、运输、安装以及厂房设计所需要的数据。

4. 安装尺寸

将机器或部件安装到其他零件、部件、机座间时所需要的与安装相关的尺寸称为安装尺寸。

装配图中除上述尺寸外，设计中通过计算确定的重要尺寸及运动件活动范围的极限尺寸等也需要标注。

12.1.5　装配图的零件序号、明细表和技术要求

1. 序号

(1)　零件序号注写在指引线的水平线上或圆内，如图 12-2 所示。序号字号比图中所注尺寸数字的字号大一号或两号，同一张装配图上编排零件序号的形式应一致。

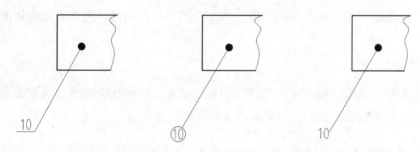

图 12-2　装配图中编注序号的方法(1)

(2)　零件序号的指引线从零件的可见轮廓内用细实线引出，指引线在零件内末端画一个小圆点，如图 12-2 所示。若所指部分很薄或为涂黑的剖面不便画圆点时，可在指引线末端画箭头指向该部分的轮廓，如图 12-3 所示。

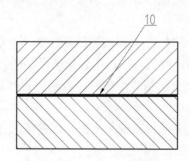

图 12-3　装配图中编注序号的方法(2)

(3)　零件序号的指引线不能互相交叉。指引线通过剖面区域时，也不应与剖面线平行。必要时指引线可画成折线，但只可曲折一次。

(4) 一组紧固件或装配关系清楚的零件组，可采用公共指引线进行编号，如图 12-4 所示。

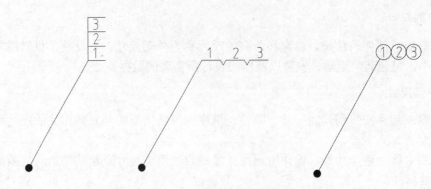

图 12-4　公共指引线的编注形式

(5) 装配图中序号应按水平方向或垂直方向排列，并按一定方向依次排列整齐。在整个图上无法连续时，可只在每个水平方向或垂直方向依次排列。

2. 明细表

明细表是说明零件序号、代号、名称、规格、数量、材料等内容的表格，画在标题栏的上方，外框为粗实线，内格为细实线，假如空间不够，也可将明细表分段依次画在标题栏的左方。

3. 技术要求

在装配图的空白处，用简明的文字说明对机器或部件的性能要求、装配要求、试验和验收要求、外观和包装要求、使用要求以及执行标准等内容。

12.2　装配图的一般绘制过程与方法

12.2.1　装配图的一般绘制过程

装配图的绘制过程与零件图比较相似，但又具有自身的特点，下面简单介绍装配图的一般绘制过程。

(1) 在绘制装配图之前，同样需要根据图纸幅面大小和版式的不同，分别建立符合机械制图国家标准的若干机械图样模板。模板中包括图纸幅面、图层、使用文字的一般样式、尺寸标注的一般样式等，由此在绘制装配图时，就可以直接调用建立好的模板进行绘图，这样有利于提高工作效率。

(2) 使用绘制装配图的方法绘制完成装配图，这些方法将在 12.2.2 节做详细的介绍。

(3) 对装配图进行尺寸标注。

(4) 编写零部件序号。在命令行中输入 QLEADER 命令，绘制编写序号的指引线及注写序号。

(5) 绘制明细栏(也可以将明细栏的单元格创建为图块，用时插入即可)，填写标题栏及明细栏，注写技术要求。

(6) 保存图形文件。

12.2.2 装配图的绘制方法

利用 AutoCAD 2024 绘制装配图可以采用以下几种方法，即零件图块插入法、零件图形文件插入法、根据零件图直接绘制以及利用设计中心拼画装配图等方法。

1. 零件图块插入法

零件图块插入法，即将组成部件或机器的各个零件的图形先创建为图块，然后按零件间的相对位置关系，将零件图块逐个插入，拼画成装配图的一种方法。

2. 零件图形文件插入法

由于在 AutoCAD 2024 中，可以使用插入块命令 INSERT，直接插入图形文件到不同的图形中，因此，可以用直接插入零件图形文件的方法来拼画装配图，该方法与零件图块插入法极其相似，不同的是，此时插入基点为零件图形的左下角坐标(0,0)，这样在拼画装配图时，就无法准确地确定零件图形在装配图中的位置。因此，为了插入图形时能将图形准确地放到需要的位置，在绘制完零件图形后，应首先使用定义基点命令 BASE 设置插入基点，然后保存文件，这样在用插入块命令 INSERT 将该图形文件插入时，就可以定义的基点为插入点进行插入，从而完成装配图的拼画。

3. 根据零件图直接绘制

对于一些比较简单的装配图，可以直接利用 AutoCAD 的二维绘图及编辑命令，按照装配图的画图步骤将其绘制出来，在绘制过程中，还要用到对象捕捉及正交模式等辅助绘图工具帮助我们进行精确绘图，并用对象追踪来保证视图之间的投影关系。

4. 利用设计中心拼画装配图

在 AutoCAD 2024 设计中心中，可以直接插入其他图形中定义的图块，但是一次只能插入一个图块。图块被插入图形中后，如果原来的图块被修改，那插入图形中的图块也将随之改变。

12.3 减速器装配图设计

减速器装配图绘制思路：首先将减速器箱体图块插入预先设置好的装配图纸中，起到为后续零件装配定位的作用；然后分别插入其他零件图块，调用"移动"命令，使其安装到减速器箱体中合适的位置；其次修剪装配图，删除图中多余的作图线，补绘漏缺的轮廓线；最后，标注装配图配合尺寸，给各个零件编号，填写标题栏和明细表。减速器装配图如图 12-5 所示。

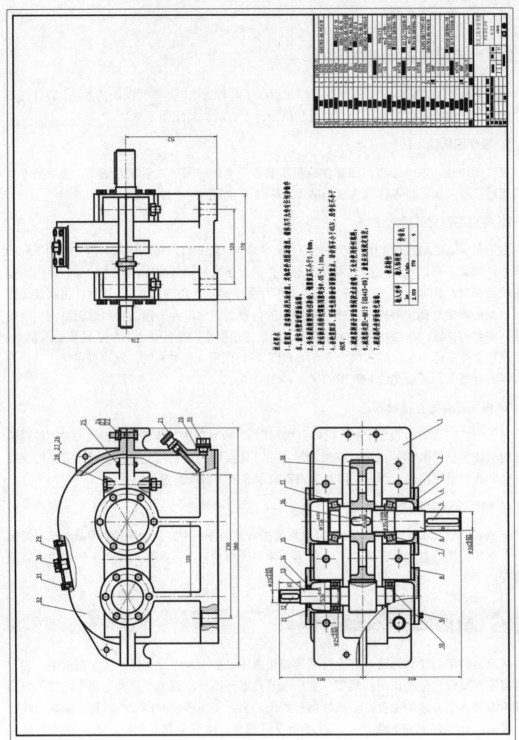

图 12-5　减速器装配图

12.3.1　装配俯视图

装配俯视图绘图步骤如下。

(1)　建立新文件。打开 AutoCAD 2024 应用程序，以"\data\绘图样板\机械样板.dwt"样板文件为模板，建立新文件。

(2)　在命令行中输入 I 后按 Enter 键，打开"块"选项板，插入"\data\ch12\减速器箱体俯视图块.dwg"，然后在屏幕上任意位置单击，缩放比例和旋转角度使用默认设置。重复"插入块"操作，插入"\data\ch12\齿轮轴图块.dwg"，将齿轮轴安装到减速器箱体中，使齿轮轴与箱体膛腔内壁相距 10 的距离，如图 12-6 所示。

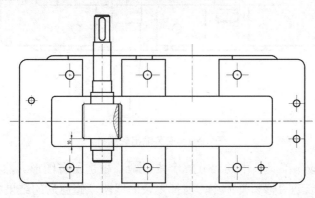

图 12-6　安装齿轮轴

(3)　安装输出轴组件。在命令行中输入 I 后按 Enter 键，打开"块"选项板，插入"\data\ch12\输出轴图块.dwg"，然后在屏幕上任意位置单击放置输出轴。

(4)　在命令行中输入 RO 后按 Enter 键，启动"旋转"命令，将输出轴旋转 90°，结果如图 12-7 所示。

(5)　重复"插入块"操作，插入"\data\ch12\大齿轮图块.dwg"，通过"移动"命令将大齿轮安装在输出轴上，结果如图 12-8 所示。

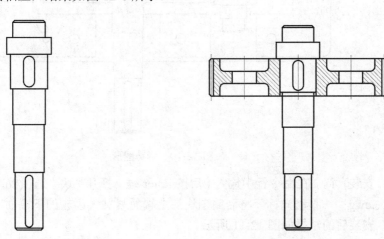

图 12-7　旋转输出轴至竖直状态　　　　图 12-8　安装大齿轮

(6) 将输出轴组件安装至减速箱。在命令行中输入 M 后按 Enter 键，启动"移动"命令，使齿轮端面与箱体膛腔内壁相距 12.5 的距离，结果如图 12-9 所示。

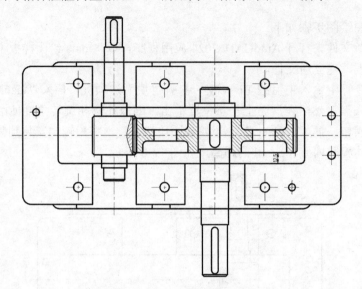

图 12-9 安装输出轴组件

(7) 单击"修改"工具条中的"分解"按钮，框选所有图形。然后在命令行中输入 TR 后按 Enter 键，启动"修剪"命令，剪掉多余的线段。修剪后的结果如图 12-10 所示。

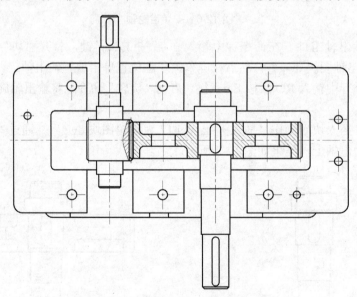

图 12-10 修剪图形

(8) 安装套筒。在命令行中输入 I 后按 Enter 键，打开"块"选项板，插入"\data\ch12\套筒图块.dwg"，移动光标，将套筒图块的上端面紧贴大齿轮的下端面，轴心与输出轴轴心同轴，安装后的结果如图 12-11 所示。

(9) 修剪多余线段。启动"分解"命令，将安装好的套筒进行分解，然后在命令行中输入 TR 后按 Enter 键，启动"修剪"命令，剪掉多余的线段。修剪后的结果如图 12-12 所示。

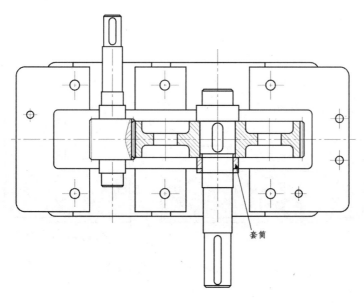

套筒

图 12-11　安装套筒

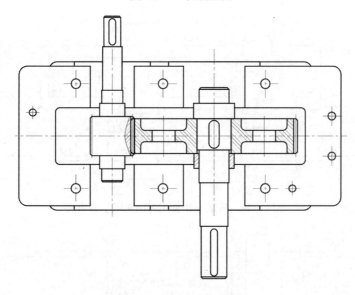

图 12-12　修剪多余线段

(10) 安装输出轴下方的圆锥滚子轴承。在命令行中输入 I 后按 Enter 键，打开"块"选项板，插入"\data\ch12\圆锥滚子轴承图块.dwg"，轴承安装方式采用正装，轴承轴线与输出轴同轴，轴承端面与套筒下端面紧贴，安装后的效果如图 12-13 所示。

(11) 安装输出轴上方的圆锥滚子轴承。重复"插入块"操作，插入"\data\ch12\圆锥滚子轴承图块.dwg"。首先在图形区域任意位置放置圆锥滚子轴承图块，然后在命令行中输入 RO 后按 Enter 键，启动"旋转"命令，将刚插入的圆锥滚子轴承旋转 180°，轴承的轴线与输出轴同轴，端面与输出轴上方轴肩端面紧贴，安装后的效果如图 12-14 所示。

(12) 修剪多余线段。启动"分解"命令，将安装好的一对圆锥滚子轴承进行分解，然后在命令行中输入 TR 后按 Enter 键，启动"修剪"命令，剪掉多余的线段。修剪后的结果如图 12-15 所示。

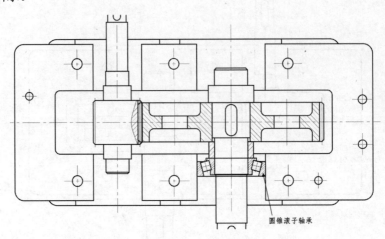

图 12-13　安装输出轴下方圆锥滚子轴承

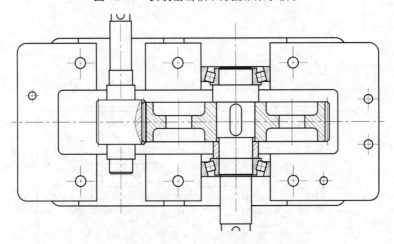

图 12-14　安装输出轴上方圆锥滚子轴承

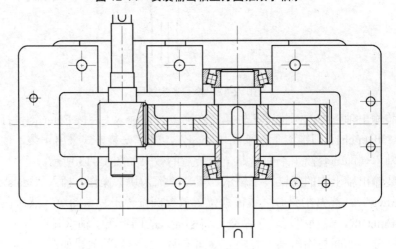

图 12-15　修剪多余线段

(13) 组装输出轴上方的轴承端盖组件。在命令行中输入 I 后按 Enter 键，打开"块"选项板，插入"\data\ch12\轴承端盖 1 图块.dwg"和"输出轴端调整垫片图块.dwg"，通过"移动"命令将轴承端盖 1 和调整垫片进行装配，装配后的结果如图 12-16 所示。

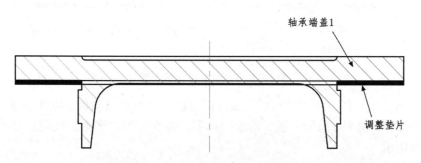

图 12-16　组装轴承端盖 1 组件

(14) 修剪多余线段。启动"分解"命令，将安装好的轴承端盖 1 组件进行分解，然后在命令行中输入 TR 后按 Enter 键，启动"修剪"命令，剪掉多余的线段。修剪后的结果如图 12-17 所示。

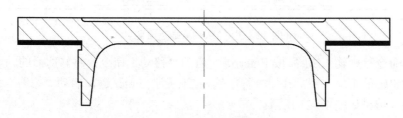

图 12-17　修剪轴承端盖 1 组件

(15) 在命令行中输入 M 后按 Enter 键，启动"移动"命令，将修剪后的轴承端盖 1 组件安装在输出轴的上端。安装效果如图 12-18 所示。

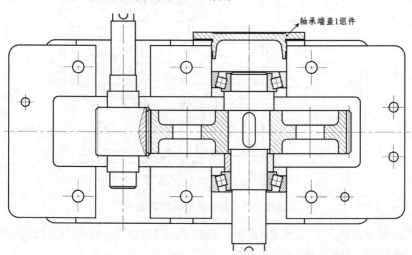

图 12-18　装配轴承端盖 1 组件

(16) 重复第(13)步操作，插入并组装轴承端盖 2 组件(由轴承端盖 2、输出轴端调整垫片 1 和毡圈 1 组成)。组装效果如图 12-19 所示。

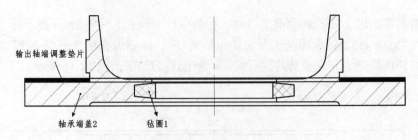

图 12-19　组装轴承端盖 2 组件

（17）修剪多余线段。启动"分解"命令，将组装好的轴承端盖 2 组件进行分解，然后在命令行中输入 TR 后按 Enter 键，启动"修剪"命令，剪掉多余的线段。修剪后的结果如图 12-20 所示。

图 12-20　修剪轴承端盖 2 组件

（18）在命令行中输入 M 后按 Enter 键，启动"移动"命令，将修剪后的轴承端盖 2 组件安装在输出轴的下端，然后在命令行中输入 TR 后按 Enter 键，启动"修剪"命令，剪掉多余的线段。结果如图 12-21 所示。

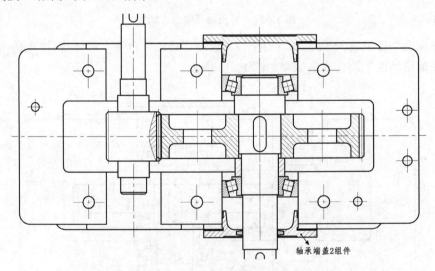

图 12-21　安装轴承端盖 2 组件

（19）在命令行中输入 L 后按 Enter 键，启动"直线"命令，绘制与圆锥滚子轴承外圈紧贴的定位零件轮廓。结果如图 12-22 所示。

（20）安装深沟球轴承。在命令行中输入 I 后按 Enter 键，打开"块"选项板，插入"\data\ch12\深沟球轴承图块.dwg"，通过"移动"命令使深沟球轴承的轴线与齿轮轴轴线重合，轴承内圈端面与轴肩紧靠。装配后的结果如图 12-23 所示。

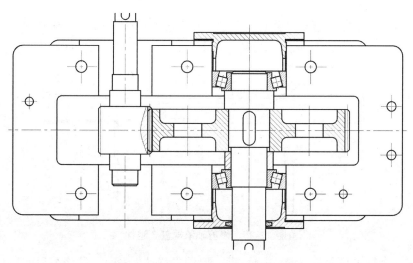

图 12-22　绘制轴承外圈定位零件轮廓

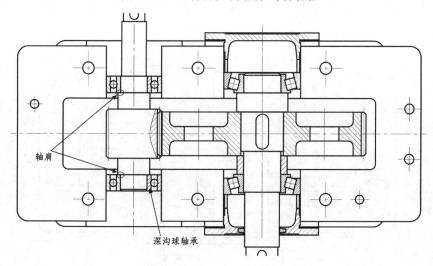

图 12-23　安装深沟球轴承

(21) 重复第(13)步操作，插入并组装轴承端盖 3 组件(由轴承端盖 3、齿轮轴轴端调整垫片和毡圈 2 组成)。组装效果如图 12-24 所示。

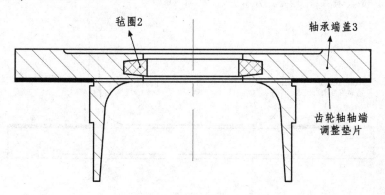

图 12-24　组装轴承端盖 3 组件

(22) 修剪多余线段。启动"分解"命令，将组装好的轴承端盖 3 组件进行分解，然后在命令行中输入 TR 后按 Enter 键，启动"修剪"命令，剪掉多余的线段。修剪后的结果如图 12-25 所示。

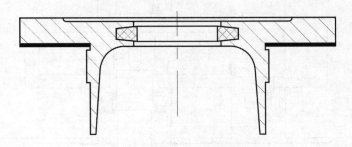

图 12-25　修剪轴承端盖 3 组件

(23) 在命令行中输入 M 后按 Enter 键，启动"移动"命令，将修剪后的轴承端盖 3 组件安装在齿轮轴的上端，然后在命令行中输入 TR 后按 Enter 键，启动"修剪"命令，剪掉多余的线段。结果如图 12-26 所示。

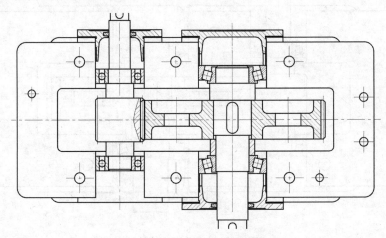

图 12-26　安装轴承端盖 3 组件

(24) 重复第(13)步操作，插入并组装轴承端盖 4 组件(由轴承端盖 4 和齿轮轴轴端调整垫片组成)。组装效果如图 12-27 所示。

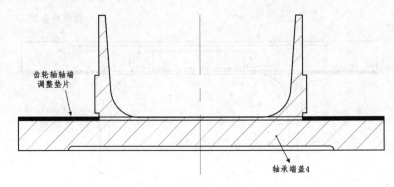

图 12-27　组装轴承端盖 4 组件

(25) 修剪多余线段。启动"分解"命令，将组装好的轴承端盖 4 组件进行分解，然后在命令行中输入 TR 后按 Enter 键，启动"修剪"命令，剪掉多余的线段。修剪后的结果如图 12-28 所示。

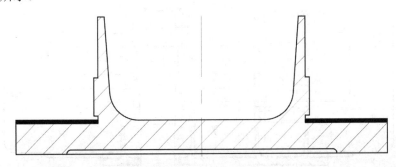

图 12-28　修剪轴承端盖 4 组件

(26) 在命令行中输入 M 后按 Enter 键，启动"移动"命令，将修剪后的轴承端盖 4 组件安装在齿轮轴的上端，然后在命令行中输入 TR 后按 Enter 键，启动"修剪"命令，剪掉多余的线段。结果如图 12-29 所示。

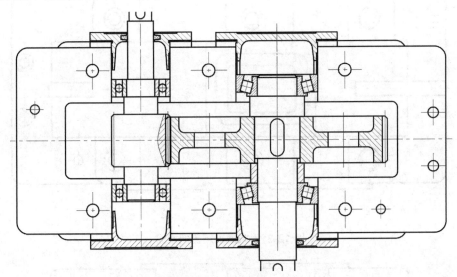

图 12-29　安装轴承端盖 4 组件

(27) 重复第(19)步操作，绘制与深沟球轴承外圈紧贴的定位零件轮廓。结果如图 12-30 所示。

(28) 绘制减速器俯视图中未剖切部位。在命令行中输入 I 后按 Enter 键，打开"块"选项板，插入"\data\ch12\减速器箱盖俯视图块.dwg"和"M10 外六角螺栓俯视图块.dwg"，通过"移动"命令将 M10 外六角螺栓的俯视图安装在左下角ϕ20 沉头孔中，删除ϕ11 安装孔轮廓，结果如图 12-31 所示。

(29) 补画轴承端盖 4 及调整垫片外轮廓，结果如图 12-32 所示。

(30) 切换图层，将"细实线"图层设置为当前图层。在命令行中输入 SPL 后按 Enter 键，启动"样条曲线"命令，绘制图 12-33 所示的样条曲线。

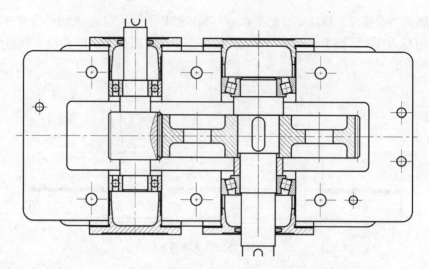

图 12-30　绘制深沟球轴承外圈定位零件轮廓

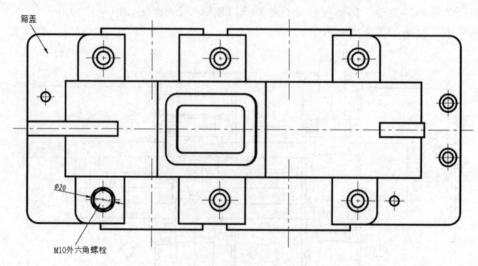

图 12-31　减速器箱盖俯视图

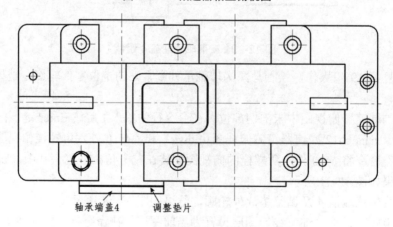

图 12-32　补画轴承端盖 4 及调整垫片外轮廓

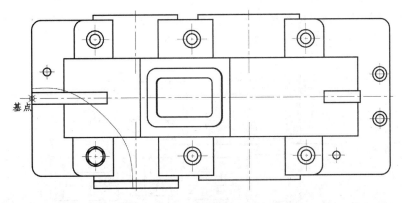

图 12-33　绘制样条曲线

(31) 在命令行中输入 CO 后按 Enter 键，启动"复制"命令，以第(30)步绘制的样条曲线为复制对象，以图 12-33 中的点为基点，移动鼠标，在减速器俯视图中单击水平中心线与最左侧轮廓线的交点，从而将其复制到减速器俯视图中。结果如图 12-34 所示。

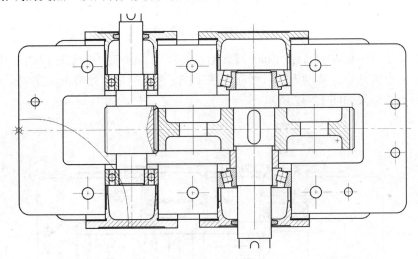

图 12-34　复制样条曲线

(32) 在命令行中输入 TR 后按 Enter 键，启动"修剪"命令，剪掉图 12-33 中样条曲线右上侧的部分，保留左下侧轮廓，结果如图 12-35 所示。

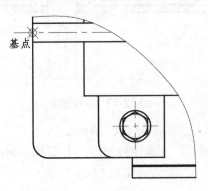

图 12-35　修剪图形

(33) 在命令行中输入 TR 后按 Enter 键，启动"修剪"命令，剪掉图 12-34 中样条曲线左下侧的部分，保留右上侧轮廓。结果如图 12-36 所示。

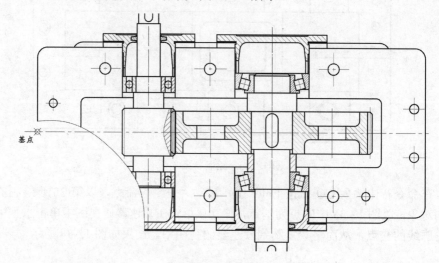

图 12-36　修剪装配图

(34) 在命令行中输入 M 后按 Enter 键，启动"移动"命令，框选图 12-35 中所有图形，以图中标记的点为基点，移动光标，然后在图 12-36 标记的基点处单击，完成图形的拼接，并删除标记点。结果如图 12-37 所示。

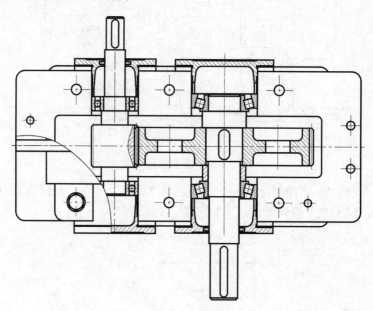

图 12-37　拼接图形

(35) 绘制螺纹及销截面，结果如图 12-38 所示。

(36) 安装 M6×10 六角螺钉。在命令行中输入 L 后按 Enter 键，启动"直线"命令，绘制连接轴承端盖的六角螺钉。绘制结果如图 12-39 所示。

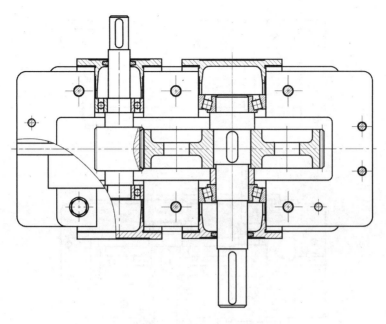

图 12-38 绘制螺纹及销截面

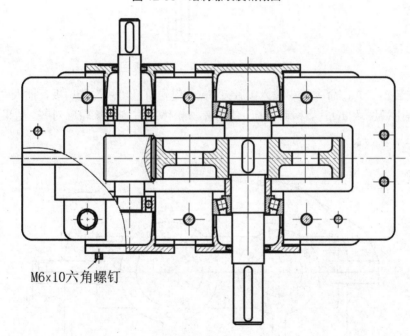

M6×10六角螺钉

图 12-39 安装 M6×10 六角螺钉

12.3.2 装配主视图

装配主视图绘图步骤如下。

(1) 插入减速器箱体主视图。在命令行中输入 I 后按 Enter 键，打开"块"选项板，插入"\data\ch12\减速器箱体主视图块.dwg"，移动鼠标，将箱体最左侧轮廓线与俯视图的左侧轮廓线对齐，如图 12-40 所示。

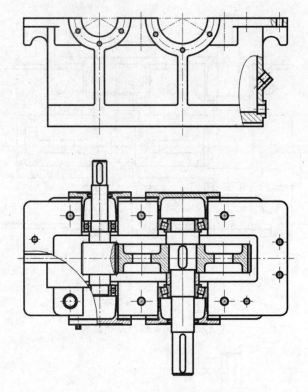

图 12-40 插入减速器箱体主视图

(2) 安装箱盖。在命令行中输入 I 后按 Enter 键，打开"块"选项板，插入"\data\ch12\减速器箱盖主视图块.dwg"，移动光标，使箱盖与箱体左右侧边缘轮廓对齐。结果如图 12-41 所示。

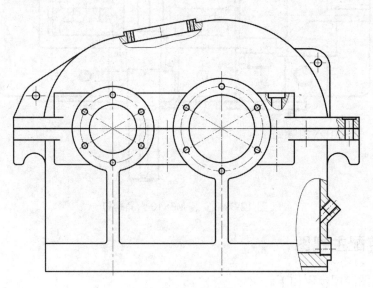

图 12-41 安装箱盖

(3) 分解视图。单击"修改"工具条中的"分解"按钮，框选所有图形。然后删除所有的剖面线及部分局部剖视图边界。修整后的图形如图 12-42 所示。

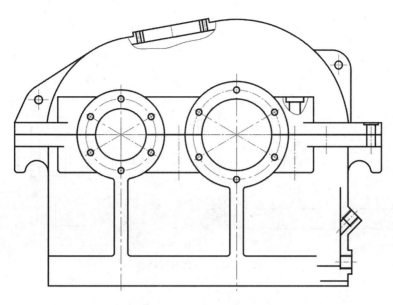

图 12-42　分解并修整图形

(4)　在命令行中输入 SPL 后按 Enter 键,启动"样条曲线"命令,绘制局部剖视图边界线。结果如图 12-43 所示。

(5)　组装油塞组件。在命令行中输入 I 后按 Enter 键,打开"块"选项板,插入"\data\ch12\油塞图块.dwg"和"封油圈图块.dwg",通过"移动"命令将封油圈右侧端面与油塞端面紧贴,封油圈轴线与油塞轴线重合。组装后的结果如图 12-44 所示。

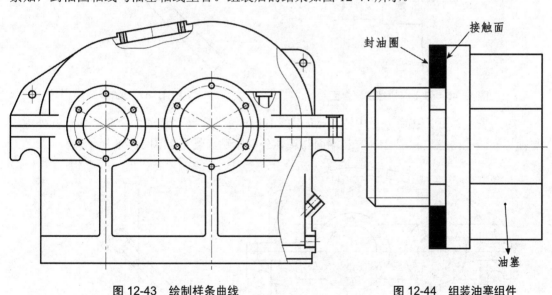

图 12-43　绘制样条曲线　　　　　　　　　　　　图 12-44　组装油塞组件

(6)　安装油塞组件。在命令行中输入 M 后按 Enter 键,启动"移动"命令,使油塞外螺纹与排油孔内螺纹相配合,封油圈端面与箱体外壁紧贴。结果如图 12-45 所示。

(7)　修正内外螺纹配合面。利用夹点编辑法调整排油孔小径长度,修正后的结果如图 12-46 所示。

(8)　插入油标图块。在命令行中输入 I 后按 Enter 键,打开"块"选项板,插入"\data\ch12\

油标图块.dwg",油标结构如图 12-47 所示。

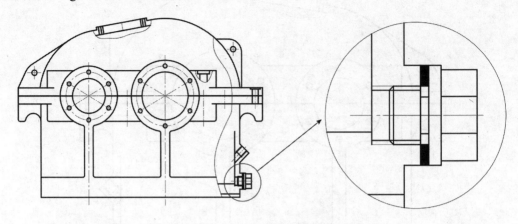

图 12-45　安装油塞组件

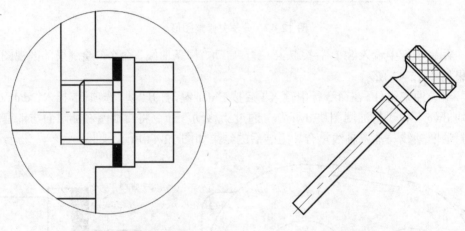

图 12-46　修正内外螺纹配合面　　　　　　图 12-47　油标

(9) 安装油标。在命令行中输入 M 后按 Enter 键,启动"移动"命令,使油标外螺纹与油标安装孔内螺纹相配合,安装端面与箱体外壁紧贴。结果如图 12-48 所示。

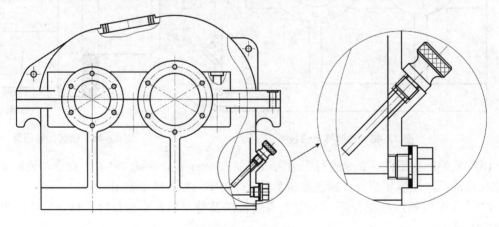

图 12-48　安装油标

(10) 修整图形。在命令行中输入 TR 后按 Enter 键，启动"修剪"命令，剪掉多余的线段，并利用夹点编辑功能重复第(7)步的操作，调整内外螺纹的配合关系。修整后的结果如图 12-49 所示。

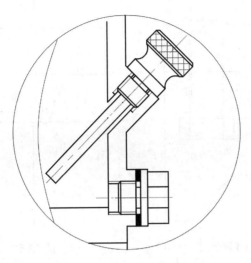

图 12-49　修整图形

(11) 安装 M8×40 六角螺栓。在命令行中输入 I 后按 Enter 键，打开"块"选项板，插入"\data\ch12\ M8×40 六角螺栓图块.dwg"，安装时螺栓轴线与 $\phi9$ 安装孔轴线同轴，六角头端面紧贴安装面。结果如图 12-50 所示。

(12) 修剪图形。在命令行中输入 TR 后按 Enter 键，启动"修剪"命令，剪掉多余的图形。修剪后如图 12-51 所示。

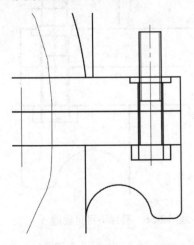

图 12-50　安装 M8×40 六角螺栓

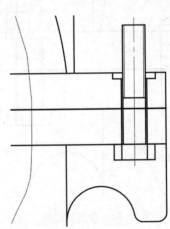

图 12-51　修剪图形

(13) 绘制弹簧垫圈。在命令行中输入 L 后按 Enter 键，启动"直线"命令。绘制弹簧垫圈，并剪掉多余的线段，结果如图 12-52 所示。

(14) 绘制六角螺母。重复执行"直线"命令，绘制六角螺母，并剪掉多余的线段，结果如图 12-53 所示。

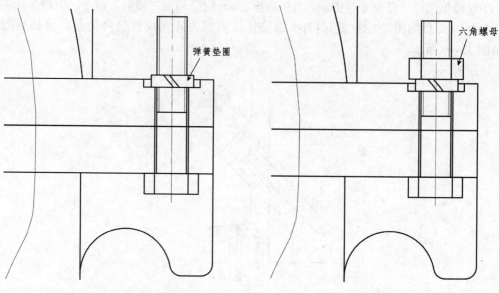

<table>
<tr><td>图 12-52 绘制弹簧垫圈</td><td>图 12-53 绘制六角螺母</td></tr>
</table>

(15) 安装圆锥销。在命令行中输入 I 后按 Enter 键，打开"块"选项板，插入"\data\ch12\圆锥销图块.dwg"，安装效果如图 12-54 所示。

(16) 修剪图形。在命令行中输入 TR 后按 Enter 键，启动"修剪"命令。剪掉不可见轮廓线段，结果如图 12-55 所示。

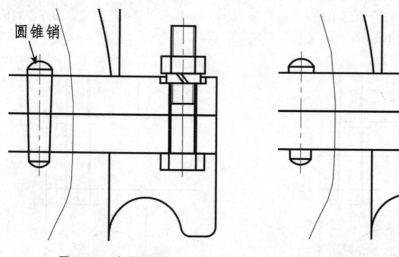

图 12-54 安装圆锥销　　　　　　　图 12-55 剪掉不可见轮廓

(17) 在命令行中输入 I 后按 Enter 键，打开"块"选项板，插入"\data\ch12\M10×90 六角螺栓组图块.dwg"，重复第(11)～(14)步操作，绘制结果如图 12-56 所示。

(18) 绘制局部剖视图。在命令行中输入 SPL 后按 Enter 键，启动"样条曲线"命令。绘制局部剖视图的边界线，然后删除不可见部分的轮廓曲线，填充剖面线，结果如图 12-57 所示。

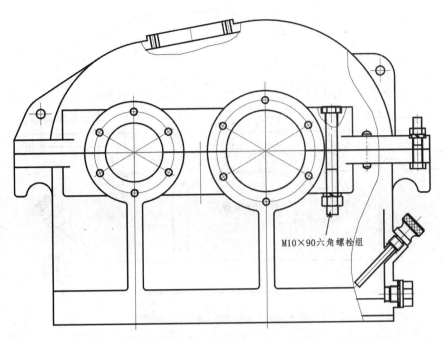

图 12-56　安装 M10×90 六角螺栓组

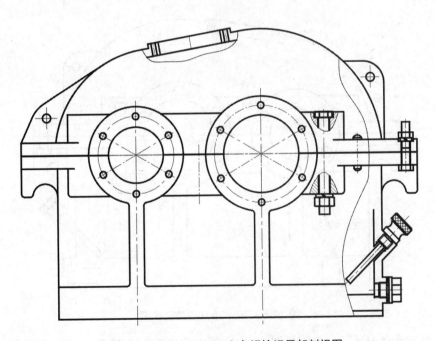

图 12-57　绘制 M10×90 六角螺栓组局部剖视图

(19) 安装 M6×10 六角头螺钉。删除均布在轴承端盖上的 M6 螺纹孔轮廓，然后在命令行中输入 I 后按 Enter 键，打开"块"选项板，插入"\data\ch12\ M6×10 六角螺钉头图块.dwg"，将螺钉头中心与孔中心重合，结果如图 12-58 所示。

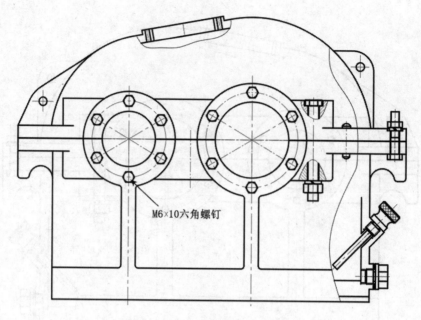

图 12-58　安装 M6×10 六角头螺钉

(20) 绘制减速器箱体底座安装孔轮廓。利用"直线"命令和"偏移"命令绘制安装孔轮廓，结果如图 12-59 所示。

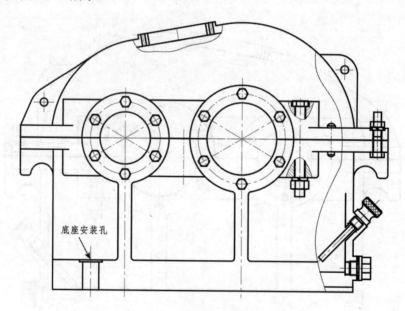

图 12-59　绘制底座安装孔轮廓

(21) 绘制底座安装孔局部剖视图。在命令行中输入 SPL 后按 Enter 键，启动"样条曲线"命令。绘制局部剖视图的边界线，然后填充剖面线。结果如图 12-60 所示。

(22) 绘制右侧边界线内的局部剖视图。在命令行中输入 O 后按 Enter 键，启动"偏移"命令，以箱盖 R116 圆弧轮廓为偏移对象，向内侧偏移 8 的距离，然后启动"修剪"命令，剪掉多余的轮廓曲线，最后填充剖面线。结果如图 12-61 所示。

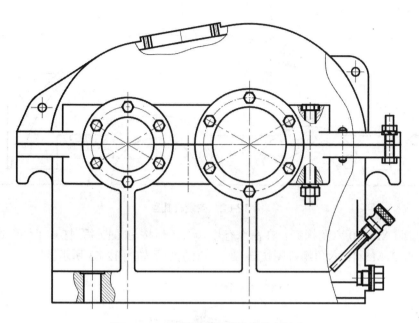

图 12-60　绘制底座安装孔局部剖视图

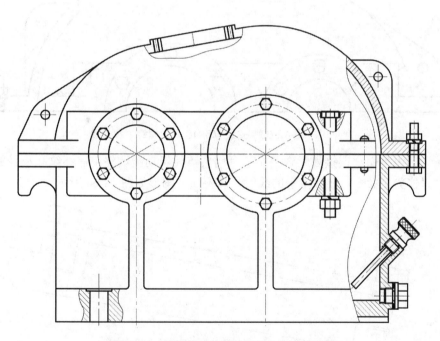

图 12-61　绘制箱体与箱盖接触面局部剖视图

(23) 安装视孔盖。在命令行中输入 I 后按 Enter 键，打开"块"选项板，插入"\data\ch12\视孔盖图块.dwg"，安装结果如图 12-62 所示。

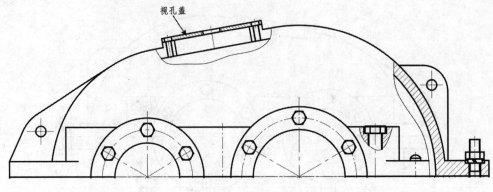

图 12-62　安装视孔盖

(24) 安装 M5×10 六角螺钉。在命令行中输入 I 后按 Enter 键，打开"块"选项板，插入"\data\ch12\ M5×10 六角螺钉图块.dwg"。安装结果如图 12-63 所示。

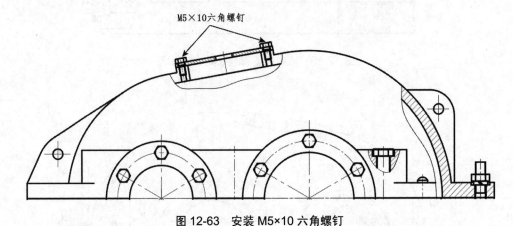

图 12-63　安装 M5×10 六角螺钉

(25) 调整内外螺纹连接处配合关系。利用夹点编辑功能调整箱盖螺纹孔小径的长度，然后启动"修剪"命令，删除多余的线段。修整后的图形如图 12-64 所示。

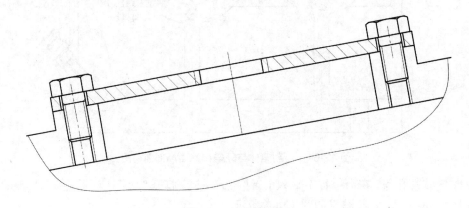

图 12-64　修整图形

(26) 安装通气器。在命令行中输入 I 后按 Enter 键，打开"块"选项板，插入"\data\ch12\ 通气器图块.dwg"，然后删除多余的线段。结果如图 12-65 所示。

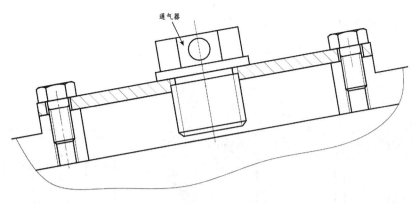

图 12-65　安装通气器

(27) 绘制局部剖视图中箱盖剖面线，从而完成减速器主视图绘制。绘制结果如图 12-66 所示。

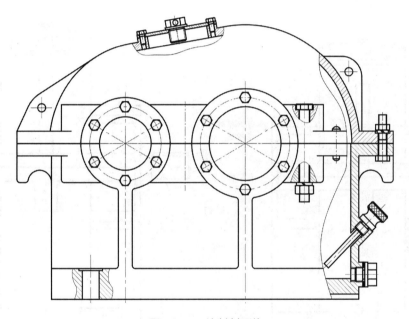

图 12-66　绘制剖面线

12.3.3　装配左视图

装配左视图绘图步骤如下。

(1) 插入减速器箱体左视图。在命令行中输入 I 后按 Enter 键，打开"块"选项板，插入 "\data\ch12\减速器箱体左视图块.dwg"，将其放置在主视图右侧适当位置，箱体底面与主视图箱体底面平齐，如图 12-67 所示。

(2) 安装箱盖组件。在命令行中输入 I 后按 Enter 键，打开"块"选项板，插入"\data\ch12\减速器箱盖左视图块.dwg"，将箱盖组件的左端面与箱体左端面平齐，使二者的接触面重合。结果如图 12-68 所示。

(3) 绘制齿轮轴伸出端。在命令行中输入 L 后按 Enter 键，启动"直线"命令，绘制齿轮轴伸出端及平键轮廓。结果如图 12-69 所示。

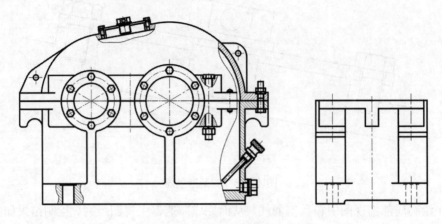

图 12-67　插入减速器箱体左视图

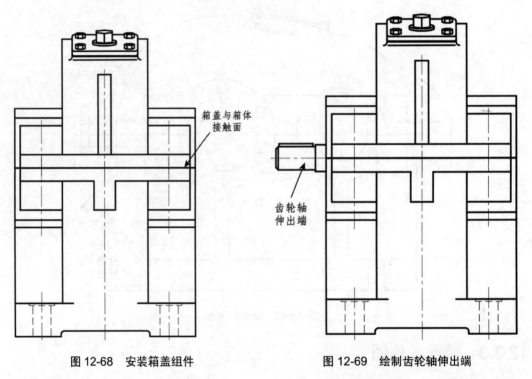

图 12-68　安装箱盖组件　　　　　　图 12-69　绘制齿轮轴伸出端

　　(4)　绘制输出轴伸出端。重复第(3)步操作，绘制输出轴伸出端及平键轮廓。结果如图 12-70 所示。

　　(5)　安装圆锥销。在命令行中输入 I 后按 Enter 键，打开"块"选项板，插入"\data\ch12\圆锥销图块.dwg"，销孔中心距中间中心线 27 的距离，安装效果如图 12-71 所示。

　　(6)　绘制圆锥销连接局部剖视图。在命令行中输入 SPL 后按 Enter 键，启动"样条曲线"命令，绘制局部剖视图边界线，删掉不可见轮廓线，然后填充剖面。结果如图 12-72 所示。

　　(7)　绘制 M10×90 六角螺栓组可见轮廓。利用"复制"命令，将主视图中 M10×90 六角螺栓组局部剖视图移至左视图中，删除剖面线，然后利用"镜像"命令将 M10×90 六角螺栓组可见轮廓沿中间竖直中心线镜像，再利用"修剪"命令剪掉不可见部分轮廓线。结果如图 12-73 所示。

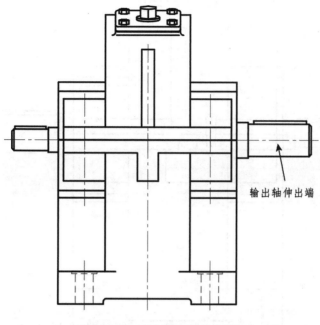

图 12-70　绘制输出轴伸出端

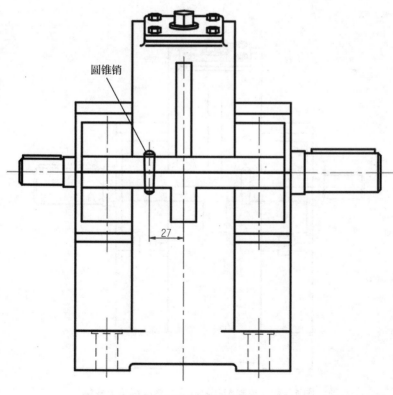

图 12-71　安装圆锥销

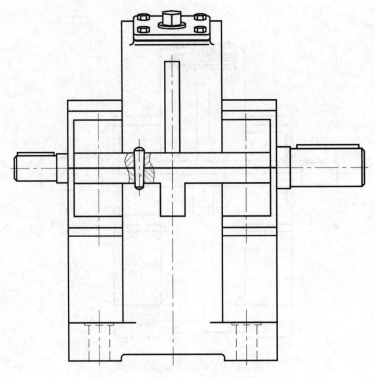

图 12-72　绘制圆锥销连接局部剖视图

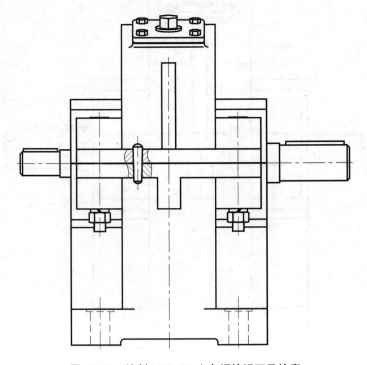

图 12-73　绘制 M10×90 六角螺栓组可见轮廓

(8) 绘制 M6×10 六角螺钉可见轮廓，完成左视图的绘制。绘制结果如图 12-74 所示。

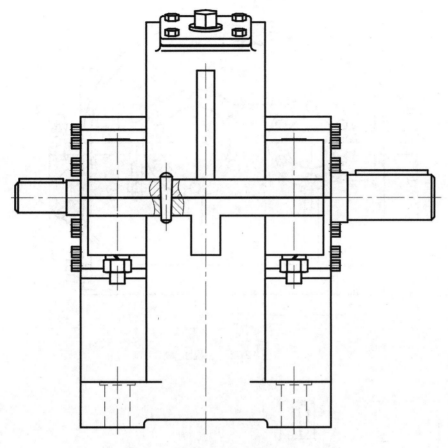

图 12-74 绘制 M6×10 六角螺钉可见轮廓

12.3.4 标注总装图

(1) 设置尺寸标注样式。在命令行中输入 D 后按 Enter 键，打开"标注样式管理器"对话框，选择"机械样式"，修改其设置，将其设置为当前使用的标注样式，并将"尺寸标注"图层设置为当前图层。

(2) 标注带公差的配合尺寸。在命令行中输入 DLI 后按 Enter 键，启动"线性"标注命令，标注小齿轮轴与小轴承的配合尺寸、小轴承与箱体轴孔的配合尺寸、大齿轮轴与大齿轮的配合尺寸、大齿轮轴与大轴承的配合尺寸以及大轴承与箱体轴孔的配合尺寸。

(3) 标注零件号。在命令行中输入 LE 命令，绘制引线；利用"多行文字"命令标注各个零件的零件号，标注顺序为从装配图右下角开始，沿装配图外表面按逆时针顺序依次给各个减速器零件进行编号，结果如图 12-75 至图 12-77 所示。

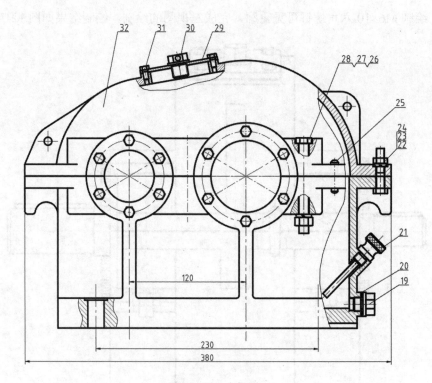

图 12-75　主视图

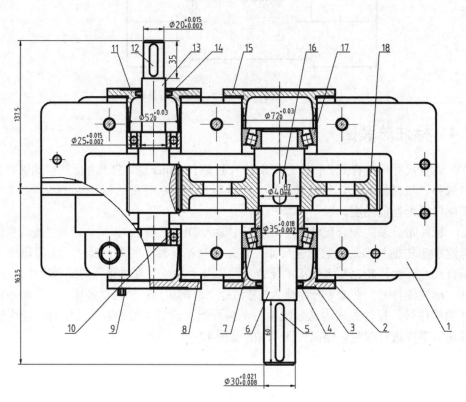

图 12-76　俯视图

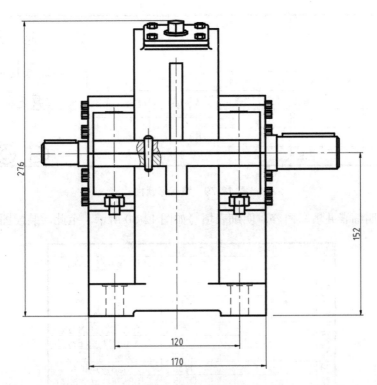

图 12-77　左视图

(4) 填写技术要求。利用"多行文字"命令填写技术要求，如图 12-78 所示。

技术要求

1.装配前，滚动轴承用汽油清洗，其他零件用煤油清洗，箱体内不允许有任何杂物存在，箱体内壁涂耐磨油油漆；

2.齿轮副的侧隙用铅丝检验，侧隙值应不小于0.14mm；

3.滚动轴承的轴向调整间隙均为0.05~0.1mm；

4.齿轮装配后，用涂色法检验齿面接触斑点，沿齿高不小于45%，沿齿长不小于60%；

5.减速器剖面分面涂密封胶或水玻璃，不允许使用任何填料；

6.减速器内装L-AN15（GB443-89），油量应达到规定高度；

7.减速器外表面涂绿色油漆。

图 12-78　填写技术要求

12.3.5　填写标题栏和明细表

(1) 填写标题栏。标题栏填写如图 12-79 所示。

标记	处数	分区	更改文件号	签名	年月日				武汉工程科技学院	
设计	(签名)	(年月日)	标准化	(签名)	(年月日)	阶段标记	重量	比例	单级圆柱齿轮	
制图									减速器	
审核								1:1	LSK12	
工艺			批准			共 张 第 张				

图 12-79 填写标题栏

(2) 绘制明细表并填写内容。明细表填写如图 12-80 所示。至此,装配图绘制完毕。

32	减速器箱盖	1	QT500-7	
31	螺钉	4	Q235	GB5783-86 M5X10
30	通气器	1	Q235	
29	视孔盖	1	Q235	
28	弹簧垫片	6	65Mn	垫圈GB93-87 10
27	螺母	6	Q235	GB6170-86 10
26	螺栓	6	Q235	GB5782-86 M10X90
25	圆锥销	2	35	销 GB117-86 B8x35
24	弹簧垫片	1	65Mn	垫圈GB93-87 8
23	螺母	1	Q235	GB6170-86 8
22	螺栓	1	Q235	GB5782-86 M8X40
21	油标尺			组合件
20	封油圈	1	石棉橡胶纸	
19	油塞	1	Q235	M14X1.5
18	大齿轮	1	45	m=2 z=96
17	圆锥滚子轴承	2		3207 GB/T297-93
16	平键	1	45	键12X32 GB1096-79
15	轴承盖	1	HT150	
14	油封毡圈	1	半粗羊毛毡	毡圈 22 FZ/T92010-91
13	齿轮轴	1	45	m=2 z=24
12	平键	1	45	键C8X30 GB1096-79
11	轴承盖	1	HT150	
10	深沟球轴承	2		6205 GB/T297-93
9	螺钉	24	Q235	GB5783-86 M6X10
8	调整垫片	2组	08F	
7	套筒	1	45	
6	输出轴	1	45	
5	平键	1	45	键C8X50 GB1096-79
4	油封毡圈	1	半粗羊毛毡	毡圈 32 FZ/T92010-91
3	轴承盖	1	HT150	
2	调整垫片	2组	08F	
1	减速器箱体	1	QT500-7	
序号	名 称	数 量	材 料	规格及标准代号

图 12-80 绘制并填写明细表

12.4 本 章 小 结

本章以单级圆柱齿轮减速器为例,介绍了利用 AutoCAD 2024 绘制装配图的方法和技巧,在学习完本章以后,同学们应熟悉装配图的组成、画法以及视图表达方法,掌握利用零件图块插入法,拼画成装配图的方法和技巧。

12.5　思考与练习

综合运用所学知识，绘制图 12-81 所示的装配图。

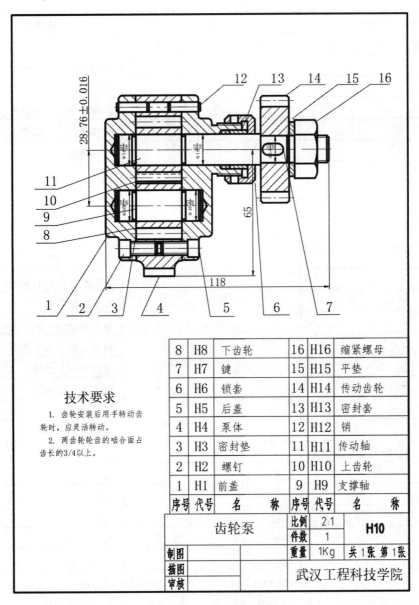

8	H8	下齿轮	16	H16	缩紧螺母
7	H7	键	15	H15	平垫
6	H6	锁套	14	H14	传动齿轮
5	H5	后盖	13	H13	密封套
4	H4	泵体	12	H12	销
3	H3	密封垫	11	H11	传动轴
2	H2	螺钉	10	H10	上齿轮
1	H1	前盖	9	H9	支撑轴
序号	代号	名　称	序号	代号	名　称

技术要求

1. 齿轮安装后用手转动齿轮时，应灵活转动。
2. 两齿轮轮齿的啮合面占齿长的3/4以上。

齿轮泵	比例	2:1	H10
	件数	1	
制图		重量	1Kg　共1张 第1张
描图		武汉工程科技学院	
审核			

图 12-81　齿轮泵装配图

附录　AutoCAD 的快捷键及命令大全

快捷键/命令	或	操作定义
系统快捷键		
Ctrl+A		选择图形中的所有对象
Ctrl+B	F9	切换捕捉
Ctrl+C		将对象复制到剪贴板
Ctrl+F	F3	切换执行对象捕捉
Ctrl+G	F7	切换栅格
Ctrl+J	回车或空格键	执行上一个命令
Ctrl+L		切换正交模式
Ctrl+N		创建新图形
Ctrl+O		打开现有图形
Ctrl+P		打印当前图形
Ctrl+R		在布局视图之间循环
Ctrl+S		保存当前图形
Ctrl+V		粘贴剪贴板中的数据
Ctrl+X		将对象剪切到剪贴板
Ctrl+Y		重复上一个操作
Ctrl+Z		撤销上一个操作
F1		显示帮助
F2		打开/关闭文本窗口
AutoCAD 快捷键/绘图及编辑命令		
L	LINE	直线
XL		构造线
A	ARC	圆弧
C	CIRCLE	圆
SPL	SPLINE	样条曲线
I	INSERT	插入块
B	BLOCK	定义块/生成块
PO	POINT	点
H	HATCH	填充
T	MT	多行文字
DT	TEXT	单行文字
E	ERASE	删除

快捷键/命令	或	操作定义
CO	COPY	复制
MI	MIRROR	镜像
O	OFFSET	偏移
AR	ARRAY	阵列/矩阵
M	MOVE	移动
RO	ROTATE	旋转
AutoCAD 快捷键/绘图及编辑命令		
SC	SCALE	缩放
TR	TRIM	修剪
EX	EXTEND	延伸
F	FILLET	倒圆角
CHA	CHAMFER	倒角
AutoCAD 快捷键/尺寸标注		
DLI		直线标注
DAL		对齐标注
DRA		半径标注
DDI		直径标注
DAN		角度标注
DCE		中心标注
DOR		点标注
TOL		标注形位公差
DBA		基线标注
LE		快速引出标注
DCO		连续标注
D		标注样式
DED		编辑标注

参 考 文 献

[1] 全国技术产品文件标准化技术委员. 技术产品文件标准汇编 技术制图卷[S]. 北京：中国标准出版社，2009.

[2] 全国技术产品文件标准化技术委员. 技术产品文件标准汇编 机械制图卷[S]. 北京：中国标准出版社，2009.

[3] 胡仁喜，沈炳振. 详解 AutoCAD 2022 机械设计[M]. 北京：电子工业出版社，2022.

[4] 王菁. AutoCAD 2022 机械设计从入门到精通[M]. 北京：电子工业出版社，2021.

[5] 马洪亮，孙燕华. AutoCAD 机械制图[M]. 北京：机械工业出版社，2021.

[6] 郑爱云. 机械制图[M]. 北京：机械工业出版社，2017.